최상위
수학S 6₂ 학습 스케줄표

짧은 기간에 집중력 있게 한 학기 과정을 학습할 수 있도록 설계하였습니다.
방학 때 미리 공부하고 싶다면 8주 완성 과정을 이용하세요.

공부한 날짜를 쓰고 하루 분량 학습을 마친 후, 부모님께 확인 check☑를 받으세요.

	월 일	월 일	월 일	월 일	월 일
1주	**1. 분수의 나눗셈**				
	8~13쪽 ☐	14~17쪽 ☐	18~21쪽 ☐	22~25쪽 ☐	26~28쪽 ☐

	월 일	월 일	월 일	월 일	월 일
2주	**1. 분수의 나눗셈**		**2. 소수의 나눗셈**		
	29~30쪽 ☐	32~35쪽 ☐	36~39쪽 ☐	40~43쪽 ☐	44~47쪽 ☐

	월 일	월 일	월 일	월 일	월 일
3주	**2. 소수의 나눗셈**			**3. 공간과 입체**	
	48~51쪽 ☐	52~54쪽 ☐	55~56쪽 ☐	58~61쪽 ☐	62~65쪽 ☐

	월 일	월 일	월 일	월 일	월 일
4주	**3. 공간과 입체**				
	66~69쪽 ☐	70~73쪽 ☐	74~77쪽 ☐	78~80쪽 ☐	81~82쪽 ☐

공부를 잘 하는 학생들의 좋은 습관 8가지

 매일매일 규칙적인 학습 시간 계획을 세워요.

 과제에 대한 시간 관리를 잘 해요.

 책상 정리정돈을 잘 해요.

 열심히 공부한 다음 적당한 휴식을 가져요.

12주
완성

ㅍ

최상위
수학S 6·2 학습 스케줄표

부담되지 않는 학습량으로 공부 습관을 기를 수 있도록 설계하였습니다.
학기 중 교과서와 함께 공부하고 싶다면 12주 완성 과정을 이용하세요.

공부한 날짜를 쓰고 하루 분량 학습을 마친 후, 부모님께 확인 check ☑ 를 받으세요.

1주

월 일	월 일	월 일	월 일	월 일
1. 분수의 나눗셈				
8~11쪽	12~13쪽	14~17쪽	18~21쪽	22~25쪽
☐	☐	☐	☐	☐

2주

월 일	월 일	월 일	월 일	월 일
1. 분수의 나눗셈			**2. 소수의 나눗셈**	
26~27쪽	28~29쪽	30쪽	32~35쪽	36~37쪽
☐	☐	☐	☐	☐

3주

월 일	월 일	월 일	월 일	월 일
2. 소수의 나눗셈				
38~41쪽	42~45쪽	46~49쪽	50~51쪽	52~53쪽
☐	☐	☐	☐	☐

4주

월 일	월 일	월 일	월 일	월 일
2. 소수의 나눗셈		**3. 공간과 입체**		
54~55쪽	56쪽	58~61쪽	62~63쪽	64~67쪽
☐	☐	☐	☐	☐

5주

월 일	월 일	월 일	월 일	월 일
3. 공간과 입체				
68~69쪽	70~71쪽	72~73쪽	74~75쪽	76~77쪽
☐	☐	☐	☐	☐

6주

월 일	월 일	월 일	월 일	월 일
3. 공간과 입체			**4. 비례식과 비례배분**	
78~79쪽	80~81쪽	82쪽	84~87쪽	88~89쪽
☐	☐	☐	☐	☐

8주
완성

표

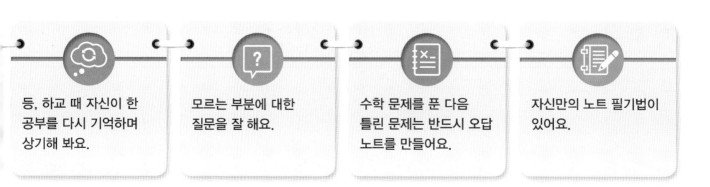

등, 하교 때 자신이 한 공부를 다시 기억하며 상기해 봐요.

모르는 부분에 대한 질문을 잘 해요.

수학 문제를 푼 다음 틀린 문제는 반드시 오답 노트를 만들어요.

자신만의 노트 필기법이 있어요.

상위권의 기준

최상위
수학
S

디딤돌

상위권의 힘, 느낌!

처음 자전거를 배울 때, 설명만 듣고 탈 수는 없습니다.
하지만, 직접 자전거를 타고 넘어져 가며
방법을 몸으로 느끼고 나면
나는 이제 '자전거를 탈 수 있는 사람'이 됩니다.
그리고 평생 자전거를 탈 수 있습니다.

수학을 배우는 것도 꼭 이와 같습니다.
자세한 설명, 반복학습 모두 필요하지만
가장 중요한 것은 "느꼈는가"입니다.
느껴야 이해할 수 있고,
이해해야 평생 '수학을 할 수 있는 사람'이 됩니다.

" 최상위 수학 S는
수학에 대한 느낌과 이해를 통해
중고등까지 상위권이 될 수 있는 힘을 길러줍니다. "

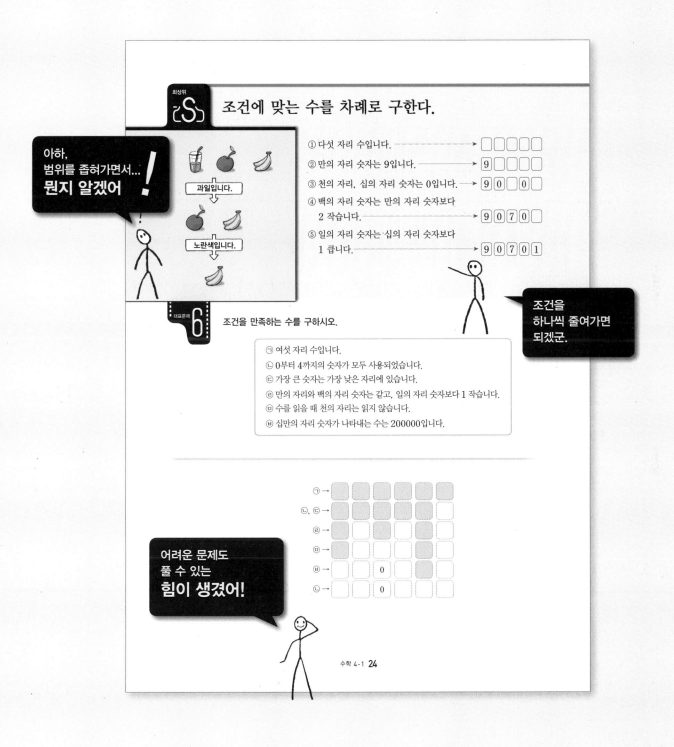

조건에 맞는 수를 차례로 구한다.

① 다섯 자리 수입니다. → ☐☐☐☐☐
② 만의 자리 숫자는 9입니다. → 9☐☐☐☐
③ 천의 자리, 십의 자리 숫자는 0입니다. → 9 0 ☐ 0 ☐
④ 백의 자리 숫자는 만의 자리 숫자보다 2 작습니다. → 9 0 7 0 ☐
⑤ 일의 자리 숫자는 십의 자리 숫자보다 1 큽니다. → 9 0 7 0 1

대표문제 6

조건을 만족하는 수를 구하시오.

ㄱ 여섯 자리 수입니다.
ㄴ 0부터 4까지의 숫자가 모두 사용되었습니다.
ㄷ 가장 큰 숫자는 가장 낮은 자리에 있습니다.
ㄹ 만의 자리와 백의 자리 숫자는 같고, 일의 자리 숫자보다 1 작습니다.
ㅁ 수를 읽을 때 천의 자리는 읽지 않습니다.
ㅂ 십만의 자리 숫자가 나타내는 수는 200000입니다.

수학 4-1 **24**

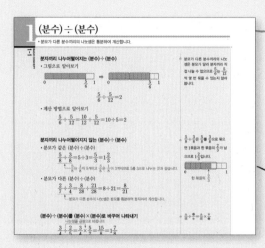

교과서 개념부터
심화 · 중등개념까지!

수학을 느껴야
이해할 수 있고

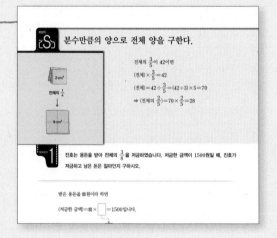

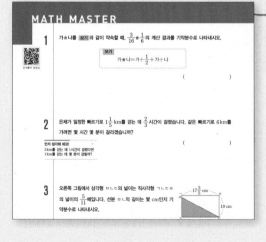

이해해야
어떤 문제라도
풀 수 있습니다.

CONTENTS

1

분수의 나눗셈

(분수) ÷ (분수)

• 분모가 다른 분수끼리의 나눗셈은 통분하여 계산합니다.

분자끼리 나누어떨어지는 (분수) ÷ (분수)

• 그림으로 알아보기

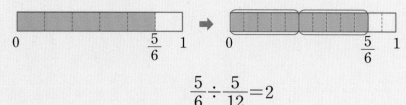

$$\frac{5}{6} \div \frac{5}{12} = 2$$

• 계산 방법으로 알아보기

$$\frac{5}{6} \div \frac{5}{12} = \frac{10}{12} \div \frac{5}{12} = 10 \div 5 = 2$$

분모가 다른 분수끼리의 나눗셈은 분모가 달라 분자끼리 직접 나눌 수 없으므로 $\frac{5}{6}$는 $\frac{5}{12}$씩 몇 번 묶을 수 있는지 알아봅니다.

분자끼리 나누어떨어지지 않는 (분수) ÷ (분수)

• 분모가 같은 (분수) ÷ (분수)

$$\frac{5}{8} \div \frac{3}{8} = 5 \div 3 = \frac{5}{3} = 1\frac{2}{3}$$

└ $\frac{5}{8}$는 $\frac{1}{8}$이 5개이고 $\frac{3}{8}$은 $\frac{1}{8}$이 3개이므로 5를 3으로 나누는 것과 같습니다.

• 분모가 다른 (분수) ÷ (분수)

$$\frac{2}{7} \div \frac{3}{4} = \frac{8}{28} \div \frac{21}{28} = 8 \div 21 = \frac{8}{21}$$

└ 분모가 다른 분수의 나눗셈은 분모를 통분하여 분자끼리 계산합니다.

$\frac{5}{8} \div \frac{3}{8}$은 $\frac{5}{8}$를 $\frac{3}{8}$으로 묶으면 1묶음과 한 묶음의 $\frac{2}{3}$가 남으므로 $1\frac{2}{3}$입니다.

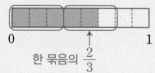

한 묶음의 $\frac{2}{3}$

(분수) ÷ (분수)를 (분수) × (분수)로 바꾸어 나타내기

나눗셈을 곱셈으로 바꿉니다.

$$\frac{3}{4} \div \frac{2}{5} = \frac{3}{4} \times \frac{5}{2} = \frac{15}{8} = 1\frac{7}{8}$$

분모와 분자를 바꿉니다.

---

1 $\dfrac{11}{13} \div \dfrac{2}{13}$의 계산 결과를 알아본 것입니다. 그림을 보고 □ 안에 알맞은 수를 써넣으시오.

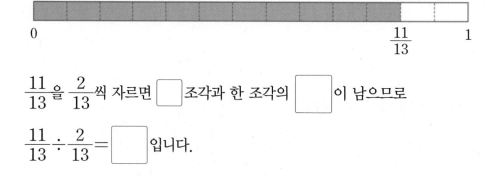

$\dfrac{11}{13}$을 $\dfrac{2}{13}$씩 자르면 □ 조각과 한 조각의 □ 이 남으므로

$\dfrac{11}{13} \div \dfrac{2}{13} = $ □ 입니다.

2 다음 중 계산 결과가 자연수인 것을 찾아 기호를 쓰시오.

$$⑦ \ \frac{4}{5} \div \frac{3}{5} \qquad ⓒ \ \frac{5}{7} \div \frac{10}{21} \qquad ⓒ \ \frac{3}{8} \div \frac{3}{16} \qquad ⓔ \ \frac{2}{11} \div \frac{8}{11}$$

(   )

3 어떤 기약분수의 $\frac{5}{6}$ 는 $\frac{10}{21}$ 입니다. 어떤 기약분수를 구하시오.

(   )

4 냉장고에 있는 주스의 양 $\frac{3}{4}$ L는 우유 양의 $\frac{5}{7}$ 배와 같습니다 냉장고에 있는 우유의 양은 몇 L인지 구하시오.

(   )

역수 중등 연계

두 수의 곱이 1이 될 때, 한 수를 다른 수의 **역수**라고 합니다.

예) $3 \times \frac{1}{3} = 1$ ➡ 3은 $\frac{1}{3}$ 의 역수이고, $\frac{1}{3}$ 은 3의 역수입니다.

5 다음 수의 역수를 구하시오.

(1) $\frac{1}{6}$ ➡ (   )   (2) 70 ➡ (   )

2 (자연수)÷(분수), (대분수)÷(분수)

· $\frac{나}{가}$ 로 나누는 것은 $\frac{가}{나}$ 를 곱하는 것과 같습니다.

(자연수)÷(분수)

$$2 \div \frac{4}{7} = (2 \div 4) \times 7 = \frac{1}{2} \times 7 = \frac{7}{2} = 3\frac{1}{2}$$

(가분수)÷(분수)

방법1 통분하여 계산하기

$$\frac{4}{3} \div \frac{5}{6} = \frac{8}{6} \div \frac{5}{6} = 8 \div 5 = \frac{8}{5} = 1\frac{3}{5}$$

방법2 분수의 곱셈으로 바꿔서 계산하기

$$\frac{4}{3} \div \frac{5}{6} = \frac{4}{\underset{1}{3}} \times \frac{\overset{2}{6}}{5} = \frac{8}{5} = 1\frac{3}{5}$$

(대분수)÷(분수) — 대분수를 가분수로 바꿉니다.

방법1 통분하여 계산하기

$$2\frac{1}{5} \div \frac{2}{3} = \frac{11}{5} \div \frac{2}{3} = \frac{33}{15} \div \frac{10}{15}$$
$$= 33 \div 10 = \frac{33}{10} = 3\frac{3}{10}$$

방법2 분수의 곱셈으로 바꿔서 계산하기

$$2\frac{1}{5} \div \frac{2}{3} = \frac{11}{5} \div \frac{2}{3} = \frac{11}{5} \times \frac{3}{2}$$
$$= \frac{33}{10} = 3\frac{3}{10}$$

(대분수)÷(대분수) — 대분수를 가분수로 바꿉니다.

방법1 통분하여 계산하기

$$3\frac{1}{4} \div 1\frac{2}{3} = \frac{13}{4} \div \frac{5}{3} = \frac{39}{12} \div \frac{20}{12}$$
$$= 39 \div 20 = \frac{39}{20} = 1\frac{19}{20}$$

방법2 분수의 곱셈으로 바꿔서 계산하기

$$3\frac{1}{4} \div 1\frac{2}{3} = \frac{13}{4} \div \frac{5}{3} = \frac{13}{4} \times \frac{3}{5}$$
$$= \frac{39}{20} = 1\frac{19}{20}$$

1 □ 안에 알맞은 수를 써넣으시오.

$$6 \div 3 = \boxed{}$$
$$\Big\downarrow \times 2 \quad \Big\downarrow \times 2$$
$$12 \div 6 = \boxed{}$$

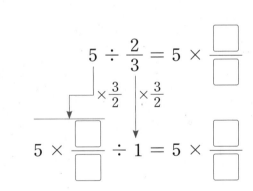

2 다음 중 계산 결과가 <u>다른</u> 것을 찾아 기호를 쓰시오.

| ㉠ $\frac{5}{6} \div 2\frac{3}{4}$ | ㉡ $\frac{5}{6} \div \frac{11}{4}$ | ㉢ $\frac{5}{6} \div \frac{4}{11}$ | ㉣ $\frac{5}{6} \times \frac{4}{11}$ |

(   )

3 8 m는 $\frac{4}{5}$ m의 몇 배입니까?

(   )

4 1분에 $\frac{3}{5}$ km를 가는 자전거가 있습니다. 이 자전거가 같은 빠르기로 $6\frac{2}{3}$ km를 가는 데 걸리는 시간은 몇 분인지 대분수로 나타내시오.

(   )

BASIC CONCEPT
2-2

나누어지는 수와 몫의 관계

1로 나눌 때	1보다 작은 수로 나눌 때	1보다 큰 수로 나눌 때
나누어지는 수 = 몫	나누어지는 수 < 몫	나누어지는 수 > 몫
20÷1=20	$20÷\frac{2}{5}=50$	$20÷3\frac{1}{3}=6$

5 몫이 나누어지는 수보다 작은 것을 찾아 기호를 쓰시오.

$$ⓐ\ 60÷\frac{2}{3} \qquad ⓑ\ 60÷1\frac{1}{2} \qquad ⓒ\ 60÷\frac{1}{4} \qquad ⓓ\ 60÷\frac{5}{6}$$

(   )

6 □ 안에 알맞은 분수를 써넣으시오.

$$15 ÷ \boxed{} > 15 \qquad\qquad 15 ÷ \boxed{} < 15$$

3 분수의 나눗셈 활용

• 곱셈식은 나눗셈식으로, 나눗셈식은 곱셈식으로 만들 수 있습니다.

3-1
BASIC CONCEPT

식에서 모르는 수 구하기
곱셈과 나눗셈의 관계를 이용하여 구합니다.

$$● \times □ = ▲ \Rightarrow □ = ▲ \div ● \qquad ● \div □ = ▲ \Rightarrow □ = ● \div ▲$$
$$□ \div ★ = ◆ \Rightarrow □ = ◆ \times ★$$

예 $\dfrac{5}{6} \times □ = \dfrac{1}{2} \Rightarrow □ = \dfrac{1}{2} \div \dfrac{5}{6} = \dfrac{1}{2} \times \dfrac{\overset{3}{\cancel{6}}}{5} = \dfrac{3}{5}$

$\dfrac{5}{8} \div □ = \dfrac{3}{4} \Rightarrow □ = \dfrac{5}{8} \div \dfrac{3}{4} = \dfrac{5}{\underset{2}{\cancel{8}}} \times \dfrac{\overset{1}{\cancel{4}}}{3} = \dfrac{5}{6}$

$□ \div \dfrac{2}{5} = \dfrac{3}{7} \Rightarrow □ = \dfrac{3}{7} \times \dfrac{2}{5} = \dfrac{6}{35}$

---

1 □ 안에 알맞은 수를 구하시오.

$$□ \times \dfrac{7}{8} = 28$$

(   )

2 넓이가 $\dfrac{8}{9}$ cm²인 직사각형이 있습니다. 이 직사각형의 세로가 $\dfrac{1}{6}$ cm일 때, 가로는 몇 cm인지 구하시오.

(   )

3 길이가 10 cm인 철사를 모두 사용하여 정다각형을 만들었습니다. 만든 정다각형의 한 변의 길이가 $1\dfrac{1}{4}$ cm일 때, 이 정다각형의 이름을 쓰시오.

(   )

4 넓이가 $3\frac{3}{4}$ cm²인 마름모가 있습니다. 이 마름모의 한 대각선의 길이가 $2\frac{1}{4}$ cm일 때 다른 대각선의 길이는 몇 cm인지 구하시오.

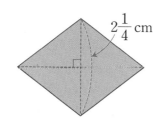

(   )

5 $1\frac{1}{14}$ 을 어떤 수로 나누어야 할 것을 잘못하여 어떤 수를 곱하였더니 $1\frac{4}{21}$ 가 되었습니다. 바르게 계산한 값을 구하시오.

(   )

단위량 구하기

$1\frac{5}{6}$ L의 휘발유로 $10\frac{1}{12}$ km를 가는 자동차

→ ⎡ (1L의 휘발유로 갈 수 있는 거리)$=10\frac{1}{12}\div1\frac{5}{6}=5\frac{1}{2}$ (km)

⎣ (1km를 가는 데 필요한 휘발유의 양)$=1\frac{5}{6}\div10\frac{1}{12}=\frac{2}{11}$ (L)

6 $\frac{3}{4}$ L의 휘발유로 $6\frac{1}{2}$ km를 가는 자동차가 있습니다. 이 자동차로 24 km를 가는 데 필요한 휘발유의 양은 몇 L인지 구하시오.

(   )

분수만큼의 양으로 전체 양을 구한다.

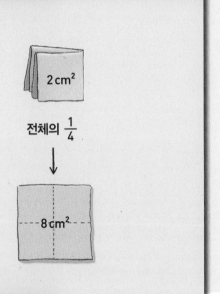

2 cm²

전체의 $\frac{1}{4}$

8 cm²

전체의 $\frac{3}{5}$이 42이면

(전체)$\times\frac{3}{5}=42$

(전체)$=42\div\frac{3}{5}=(42\div3)\times5=70$

➡ (전체의 $\frac{2}{5}$)$=70\times\frac{2}{5}=28$

진호는 용돈을 받아 전체의 $\frac{3}{8}$을 저금하였습니다. 저금한 금액이 1500원일 때, 진호가 저금하고 남은 돈은 얼마인지 구하시오.

받은 용돈을 ■원이라 하면

(저금한 금액)$=$ ■ $\times$ ☐ $=1500$입니다.

■ $=1500\div$ ☐ $=(1500\div$ ☐ $)\times$ ☐ $=$ ☐

따라서 저금하고 남은 돈은 ☐ $-1500=$ ☐ (원)입니다.

1-1 준서는 오늘 책을 16쪽 읽었습니다. 오늘 읽은 쪽수가 전체의 $\dfrac{2}{29}$일 때, 책의 전체 쪽수를 구하시오.

(   )

1-2 지유가 만든 쿠키 중 $\dfrac{2}{9}$가 탔습니다. 탄 쿠키 8개를 제외하고 남은 쿠키를 한 상자에 4개씩 담아 친구에게 선물하려고 합니다. 모두 몇 상자를 선물할 수 있는지 구하시오.

(   )

1-3 냉장고에 있던 우유의 $\dfrac{4}{7}$를 마셨더니 우유가 $\dfrac{3}{8}$ L 남았습니다. 마신 우유는 몇 L인지 구하시오.

(   )

1-4 떨어진 높이의 $\dfrac{3}{5}$만큼씩 일정하게 튀어 오르는 공이 있습니다. 이 공이 두 번째로 튀어 오른 높이가 $3\dfrac{6}{7}$ m일 때, 처음 공을 떨어뜨린 높이는 몇 m입니까?

(   )

단위량을 구해 해결한다.

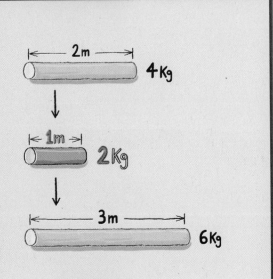

굵기가 일정한 막대 $\frac{5}{7}$ m의 무게가 $1\frac{1}{4}$ kg이면

$$\div\frac{5}{7} \qquad \div\frac{5}{7}$$

막대 1 m의 무게는 $1\frac{1}{4}\div\frac{5}{7}=1\frac{3}{4}$ (kg)

➡ 막대 2 m의 무게는 $1\frac{3}{4}\times2=3\frac{1}{2}$ (kg)입니다.

대표문제 2

굵기가 일정한 쇠막대 $\frac{3}{4}$ m의 무게는 $1\frac{4}{5}$ kg입니다. 같은 쇠막대 2 m의 무게는 몇 kg 인지 구하시오.

무게를 길이로 나누어 1 m의 무게가 몇 kg인지 구합니다.

$$(\text{쇠막대 } 1\text{ m의 무게})=1\frac{4}{5}\div\boxed{}=\frac{\boxed{}}{5}\div\frac{3}{4}=\frac{\boxed{}}{5}\times\frac{\boxed{}}{\boxed{}}$$

$$=\frac{\boxed{}}{5}=\boxed{}\text{ (kg)}$$

따라서 쇠막대 2 m의 무게는 $\boxed{}\times2=\frac{\boxed{}}{5}\times2=\frac{\boxed{}}{5}=\boxed{}$ (kg)입니다.

2-1 굵기가 일정한 통나무 $\frac{19}{20}$ m의 무게는 $2\frac{3}{5}$ kg입니다. 같은 통나무 1 kg의 길이는 몇 m인지 구하시오.

(   )

2-2 정육점에서 돼지고기 $\frac{3}{25}$ kg을 900원에 판매한다고 합니다. 이 돼지고기 $1\frac{8}{15}$ kg의 가격은 얼마인지 구하시오.

(   )

서술형 **2-3** 두 과일 가게 ㉮와 ㉯가 있습니다. ㉮ 가게에서는 사과 $\frac{3}{4}$ kg을 600원에, ㉯ 가게에서는 사과 $1\frac{1}{4}$ kg을 800원에 판매할 때, 어느 가게에서 사과를 사는 것이 더 저렴한지 풀이 과정을 쓰고 답을 구하시오.

풀이

답

2-4 $\frac{1}{24}$ L의 휘발유로 $\frac{3}{4}$ km를 가는 자동차가 있습니다. 휘발유 1L의 값이 1530원일 때, 이 자동차로 40 km를 가는 데 필요한 휘발유의 값을 구하시오.

(   )

모르는 수를 기호로 써서 식을 만든다.

 + 100원 = 300원

↓

○ + 100 = 300

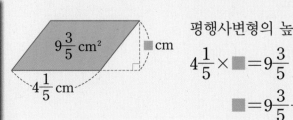

평행사변형의 높이를 ■cm라 하면

$4\frac{1}{5} \times ■ = 9\frac{3}{5}$

$■ = 9\frac{3}{5} \div 4\frac{1}{5}$

$= \frac{48}{5} \div \frac{21}{5}$

$= 48 \div 21$

$= \frac{48}{21} = \frac{16}{7} = 2\frac{2}{7}$

대표문제 3 오른쪽은 넓이가 $8\frac{1}{8}$ cm²인 삼각형입니다. 이 삼각형의 밑변의 길이가 $6\frac{1}{4}$ cm일 때, 높이는 몇 cm인지 구하시오.

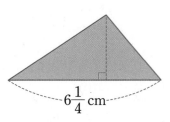

$6\frac{1}{4}$ cm

삼각형의 높이를 cm라 하면 $\boxed{} \times ■ \div 2 = 8\frac{1}{8}$ 입니다.

$■ = 8\frac{1}{8} \times 2 \div \boxed{}$

$= \frac{65}{8} \times 2 \div \dfrac{\boxed{}}{4} = \dfrac{\boxed{}}{4} \times \dfrac{4}{\boxed{}}$

$= \dfrac{\boxed{}}{5} = \boxed{}$

따라서 삼각형의 높이는 $\boxed{}$ cm입니다.

3-1 오른쪽은 넓이가 $\dfrac{14}{25}$ cm²인 마름모입니다. 이 마름모의 한 대각선의 길이가 $1\dfrac{2}{5}$ cm일 때, 다른 대각선의 길이를 구하시오.

(   )

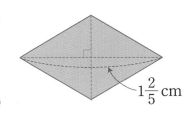

$1\dfrac{2}{5}$ cm

3-2 오른쪽은 넓이가 $5\dfrac{1}{3}$ cm²인 직사각형입니다. 이 직사각형의 세로가 $1\dfrac{1}{3}$ cm일 때, 가로는 세로의 몇 배인지 구하시오.

(   )

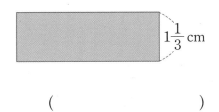

$1\dfrac{1}{3}$ cm

3-3 오른쪽은 넓이가 $11\dfrac{1}{4}$ cm²인 사다리꼴입니다. 이 사다리꼴의 윗변과 아랫변의 길이가 각각 $2\dfrac{4}{5}$ cm, $3\dfrac{1}{2}$ cm일 때, 높이를 구하시오.

(   )

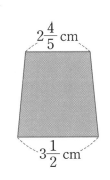

$2\dfrac{4}{5}$ cm

$3\dfrac{1}{2}$ cm

3-4 오른쪽 직사각형과 넓이가 같은 평행사변형의 밑변의 길이가 $3\dfrac{1}{6}$ cm일 때, 평행사변형의 높이를 구하시오.

(   )

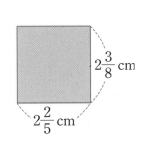

$2\dfrac{3}{8}$ cm

$2\dfrac{2}{5}$ cm

식을 계산하여 간단히 나타낸다.

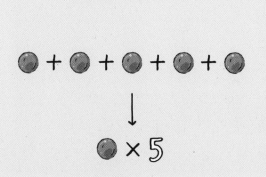

$$6\frac{3}{10} \div 1\frac{1}{8} < 8 \div \frac{4}{\blacksquare} < 10$$

$$5\frac{3}{5} < (8 \div 4) \times \blacksquare < 10$$

$$5\frac{3}{5} < 2 \times \blacksquare < 10$$

➡ $\blacksquare$가 될 수 있는 수는 3, 4입니다.

대표문제 4

● 안에 들어갈 수 있는 자연수를 모두 구하시오.

$$9\frac{1}{6} \div 2\frac{3}{4} < 42 \div \frac{7}{\bullet} < 28$$

나눗셈식을 계산하여 간단히 나타냅니다.

$$9\frac{1}{6} \div 2\frac{3}{4} = \frac{\boxed{}}{6} \div \frac{\boxed{}}{4} = \frac{\boxed{}}{6} \times \frac{\boxed{}}{\boxed{}} = \frac{\boxed{}}{3} = \boxed{}$$

$$42 \div \frac{7}{\bullet} = (42 \div \boxed{}) \times \bullet = \boxed{} \times \bullet$$

➡ $\boxed{} < \boxed{} \times \bullet < 28$

따라서 ● 안에 들어갈 수 있는 자연수는 $\boxed{}$, $\boxed{}$, $\boxed{}$, $\boxed{}$입니다.

4-1 ● 안에 들어갈 수 있는 자연수는 모두 몇 개인지 구하시오.

$$6\frac{3}{4} < 25 \div \frac{5}{●} < 44$$

(   )

4-2 ● 안에 들어갈 수 있는 자연수를 구하시오.

$$12 \div \frac{9}{11} < 2 \div \frac{1}{●} < 18$$

(   )

4-3 ● 안에 들어갈 수 있는 자연수는 모두 몇 개인지 구하시오.

$$8\frac{1}{3} \div \frac{5}{9} < \frac{●}{6} \div \frac{7}{12} < 26 \div 1\frac{4}{9}$$

(   )

4-4 ●가 6의 약수일 때, ● 안에 들어갈 수 있는 자연수를 모두 구하시오.

$$1\frac{5}{6} \div 1\frac{3}{8} < \frac{2}{9} \div \frac{●}{27} < 6 \div \frac{9}{10}$$

(   )

작은 수를 큰 수로 나누어야 몫이 작아진다.

수 카드 중 2장으로 가장 작은 진분수를 만들고
남은 3장으로 가장 큰 대분수를 만들 때

| 2 | 3 | 4 | 5 | 7 |

몫이 가장 작은 경우: (가장 작은 수)÷(가장 큰 수)

$$\Rightarrow \frac{2}{7} \div 5\frac{3}{4}$$

몫이 가장 큰 경우: (가장 큰 수)÷(가장 작은 수)

$$\Rightarrow 5\frac{3}{4} \div \frac{2}{7}$$

대표문제 5

수 카드 중 2장을 골라 진분수를 만들고, 남은 수 카드 3장을 모두 사용하여 대분수를 만들었습니다. 만든 두 분수로 몫이 가장 작게 되는 나눗셈식을 만들고 몫을 기약분수로 나타내시오.

| 2 | 4 | 6 | 7 | 9 |

나눗셈의 몫을 가장 작게 하려면 가장 작은 수를 가장 큰 수로 나누어야 하므로
진분수를 가장 작게, 대분수를 가장 크게 만듭니다.

① 수 카드 2장을 골라 만들 수 있는 가장 작은 진분수: ☐ 분모가 클수록, 분자가 작을수록 작은 분수입니다.

② 남은 수 카드 ☐, ☐, ☐을 모두 사용하여 만들 수 있는 가장 큰 대분수: ☐

가장 큰 수를 자연수 부분에 놓습니다.

따라서 ☐ ÷ ☐ = ☐ × ☐ = ☐ 입니다.

5-1 수 카드 중 2장을 골라 만든 진분수와 $1\frac{3}{10}$으로 몫이 가장 작게 되는 나눗셈식을 만들 때, 몫을 기약분수로 나타내시오.

$$\boxed{1} \quad \boxed{3} \quad \boxed{5}$$

(   )

5-2 수 카드 중 3장을 골라 가장 작은 대분수를 만들고, 남은 수 카드 2장을 모두 사용하여 진분수를 만들었습니다. 만든 두 분수로 몫이 가장 크게 되는 나눗셈식을 만들 때, 몫을 기약분수로 나타내시오.

$$\boxed{1} \quad \boxed{2} \quad \boxed{3} \quad \boxed{6} \quad \boxed{8}$$

(   )

5-3 4장의 수 카드를 한 번씩만 사용하여 (자연수)÷(대분수)를 만들려고 합니다. 몫이 가장 크게 되는 나눗셈식을 만들 때, 몫을 기약분수로 나타내시오.

$$\boxed{2} \quad \boxed{4} \quad \boxed{5} \quad \boxed{8}$$

(   )

5-4 소미와 은호는 각자 가지고 있는 수 카드 중 3장을 골라 대분수를 만들었습니다. 두 사람이 만든 대분수로 몫이 가장 작게 되는 나눗셈식을 만들 때, 몫을 기약분수로 나타내시오.

<소미>   <은호>

$$\boxed{1} \quad \boxed{2} \quad \boxed{3} \quad \boxed{4} \qquad\qquad \boxed{5} \quad \boxed{6} \quad \boxed{7} \quad \boxed{8}$$

(   )

최상위 S2

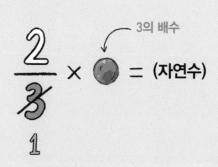

분수의

곱이 자연수이려면 분모가 약분되어 1이 돼야 한다.

$$\frac{\blacktriangle}{\blacksquare} \div \frac{3}{4} = (\text{자연수}), \qquad \frac{\blacktriangle}{\blacksquare} \div \frac{2}{5} = (\text{자연수})$$

$$\downarrow \qquad\qquad\qquad \downarrow$$

$$\frac{\blacktriangle}{\blacksquare} \times \frac{4}{3} = (\text{자연수}), \qquad \frac{\blacktriangle}{\blacksquare} \times \frac{5}{2} = (\text{자연수})$$

$$\downarrow \qquad\qquad\qquad \downarrow$$

▲ : 3의 배수   ▲ : 2의 배수

■ : 4의 약수   ■ : 5의 약수

$$\downarrow$$

▲ : 3과 2의 공배수   ■ : 4와 5의 공약수

대표문제 6

$\frac{3}{8}$으로 나눈 몫과 $1\frac{1}{6}$로 나눈 몫이 모두 자연수가 되는 분수 중에서 가장 작은 가분수를 구하시오.

구하려는 가장 작은 가분수를 $\frac{\blacktriangle}{\blacksquare}$라 하면

$\dfrac{\blacktriangle}{\blacksquare} \div \dfrac{3}{8} = \dfrac{\blacktriangle}{\blacksquare} \times \boxed{}$ 과 $\dfrac{\blacktriangle}{\blacksquare} \div 1\dfrac{1}{6} = \dfrac{\blacktriangle}{\blacksquare} \times \boxed{}$ 의 계산 결과가 모두 자연수가 되어야 합니다.

▲는 $\boxed{}$ 과 $\boxed{}$ 의 최소공배수 ➡ ▲ = $\boxed{}$

■는 $\boxed{}$ 과 $\boxed{}$ 의 최대공약수 ➡ ■ = $\boxed{}$

따라서 $\dfrac{\blacktriangle}{\blacksquare} = \boxed{}$ 입니다.

6-1 $\dfrac{\bullet}{12}$가 기약분수일 때, 나눗셈의 몫이 자연수가 되는 ●의 값을 구하시오.

$$\frac{1}{3} \div \frac{\bullet}{12}$$

(   )

서술형 6-2 $\dfrac{4}{9}$로 나눈 몫과 $\dfrac{7}{12}$로 나눈 몫이 모두 자연수가 되는 분수 중에서 가장 작은 가분수는 얼마인지 풀이 과정을 쓰고 답을 구하시오.

풀이

답

6-3 다음 두 수로 각각 나눈 몫이 모두 자연수가 되는 분수 중에서 가장 작은 대분수를 구하시오.

$$1\frac{5}{14} \qquad 1\frac{17}{21}$$

(   )

6-4 세 분수 $\dfrac{1}{8}$, $\dfrac{3}{4}$, $\dfrac{1}{3}$ 중 두 분수를 곱한 후 남은 한 분수로 나눈 계산 결과가 자연수일 때, 그 값을 구하시오.

(   )

몇 배는 곱셈으로, 몇 배 하기 전의 수는 나눗셈으로 구한다.

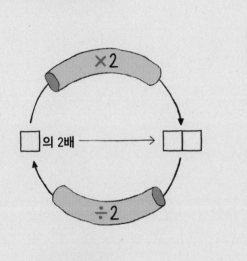

㉮는 ㉯의 $1\frac{1}{3}$배 ➡ $㉮ = ㉯ \times 1\frac{1}{3}$

㉰는 ㉮의 $\frac{5}{6}$배 ➡ $㉰ = ㉮ \times \frac{5}{6}$

$㉰ = ㉯ \times 1\frac{1}{3} \times \frac{5}{6}$

$= ㉯ \times 1\frac{1}{9}$ ➡ ㉰는 ㉯의 $1\frac{1}{9}$배

대표문제 7

형이 받은 용돈은 내가 받은 용돈의 $2\frac{1}{2}$배이고, 동생이 받은 용돈은 내가 받은 용돈의 $\frac{3}{4}$배입니다. 동생이 받은 용돈은 형이 받은 용돈의 몇 배인지 기약분수로 나타내시오.

내가 받은 용돈을 ■원이라 하면

(형이 받은 용돈)$= ■ \times 2\frac{1}{2}$이므로 ■$=$(형이 받은 용돈)$\div \boxed{}$입니다.

(동생이 받은 용돈)$= ■ \times \frac{3}{4}$

$=$(형이 받은 용돈)$\div \boxed{} \times \frac{3}{4}$

$=$(형이 받은 용돈)$\times \boxed{} \times \frac{3}{4}$

$=$(형이 받은 용돈)$\times \dfrac{\boxed{}}{10}$

따라서 동생이 받은 용돈은 형이 받은 용돈의 $\boxed{}$배입니다.

7-1 다음에서 ●는 ▲의 몇 배인지 기약분수로 나타내시오.

(   )

7-2 오른쪽과 같이 원 ㉮, ㉯, ㉰는 서로 겹쳐져 있습니다. ㉠의 넓이는 원 ㉮의 넓이의 $\frac{1}{4}$ 배이고, ㉡의 넓이는 원 ㉰의 넓이의 $\frac{1}{6}$ 배입니다. ㉠과 ㉡의 넓이가 같다면, 원 ㉰의 넓이는 원 ㉮의 넓이의 몇 배인지 기약분수로 나타내시오.

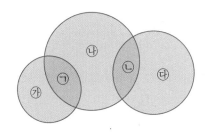

(   )

7-3 도형 ㉮, ㉯, ㉰가 있습니다. ㉮의 넓이는 ㉯의 넓이의 $\frac{3}{5}$ 배이고, ㉰의 넓이는 ㉯의 넓이의 $\frac{9}{10}$ 배입니다. ㉮의 넓이가 $30\,cm^2$이면 ㉰의 넓이는 몇 cm^2입니까?

(   )

7-4 길이가 서로 다른 두 막대 ㉮와 ㉯를 물이 들어 있는 통에 수직으로 넣었더니 ㉮는 $\frac{3}{10}$ 만큼, ㉯는 $\frac{6}{11}$ 만큼 물에 잠겼습니다. 막대 ㉮와 ㉯의 길이의 합이 $124\,cm$일 때, 막대 ㉯의 길이는 몇 cm인지 구하시오.

두 막대의 물에 잠긴 부분의 길이는 같아.

(   )

1 가★나를 보기 와 같이 약속할 때, $\dfrac{3}{16}$★$\dfrac{1}{6}$의 계산 결과를 기약분수로 나타내시오.

> **보기**
>
> $$가★나 = 가 ÷ \dfrac{1}{2} + 가 ÷ 나$$

(   )

2 은채가 일정한 빠르기로 $1\dfrac{1}{5}$ km를 걷는 데 $\dfrac{2}{3}$ 시간이 걸렸습니다. 같은 빠르기로 6 km를 가려면 몇 시간 몇 분이 걸리겠습니까?

(   )

먼저 생각해 봐요!
2 km를 걷는 데 1시간이 걸렸다면
1 km를 걷는 데 몇 분이 걸릴까?

3 오른쪽 그림에서 삼각형 ㅁㄴㄷ의 넓이는 직사각형 ㄱㄴㄷㄹ 의 넓이의 $\dfrac{5}{11}$ 배입니다. 선분 ㅁㄴ의 길이는 몇 cm인지 기약분수로 나타내시오.

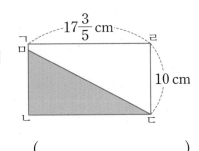

(   )

4 ▲와 ●가 자연수일 때, 다음 식을 만족하는 ▲와 ●의 쌍 (▲, ●)은 모두 몇 가지인지 구하시오.

$$9 ÷ \dfrac{▲}{4} = ●$$

(   )

5 길이가 $16\,\text{cm}$인 양초에 불을 붙이고 $1\frac{1}{4}$시간이 지난 후 남은 양초의 길이를 재어 보니 $14\frac{2}{7}\,\text{cm}$였습니다. 같은 빠르기로 남은 양초가 다 타려면 몇 시간 몇 분이 걸리겠습니까?

(   )

서술형 **6** 벽 $13\frac{1}{2}\,\text{m}^2$를 칠하려면 페인트 $2\frac{1}{4}\,\text{L}$가 필요합니다. 페인트 $5\,\text{L}$로 벽 $20\,\text{m}^2$를 칠했다면 남은 페인트는 몇 L인지 풀이 과정을 쓰고 답을 구하시오.

풀이

답

7 어느 날 낮의 길이가 밤의 길이의 $\frac{7}{11}$배였습니다. 이 날 밤의 길이는 몇 시간 몇 분인지 구하시오.

먼저 생각해 봐요!
하루는 24시간
➡ 낮＋밤＝24시간

(   )

8 진우네 학교 6학년 학생 중 전체의 $\frac{3}{8}$은 축구를 좋아하고, 전체의 $\frac{2}{5}$는 야구를 좋아합니다. 농구를 좋아하는 학생 수는 축구와 야구를 좋아하는 학생 수의 차의 $6\frac{1}{4}$배이고, 남은 22명은 다른 운동을 좋아합니다. 진우네 학교 6학년 학생은 모두 몇 명입니까?

(   )

9 빈 병에 전체의 $\frac{3}{7}$만큼 물을 넣어 무게를 재어 보니 $420\,g$이었고, 넣은 물의 $\frac{2}{3}$를 마신 후 다시 무게를 재어 보니 $290\,g$이었습니다. 빈 병의 무게는 몇 g인지 구하시오.

(   )

10 길이가 서로 다른 막대 ㉮, ㉯, ㉰를 물이 들어 있는 통에 수직으로 넣었더니 ㉯는 $\frac{5}{11}$만큼, ㉰는 $\frac{10}{21}$만큼 물에 잠겼습니다. 막대의 길이가 다음과 같을 때, 통에 들어 있는 물의 높이를 구하시오.

중등 연계
$$\begin{array}{r} x+y=210 \\ -)x+z=205 \\ \hline y-z=5 \end{array}$$

- (㉮의 길이)+(㉯의 길이)$=210\,cm$
- (㉮의 길이)+(㉰의 길이)$=205\,cm$

(   )

2

소수의 나눗셈

소수의 나눗셈, (자연수)÷(소수)

- 소수의 나눗셈은 분수의 나눗셈으로 바꾸어 계산할 수 있습니다.
- 나누는 수와 나누어지는 수에 각각 같은 수를 곱하면 몫은 변하지 않습니다.

소수의 나눗셈

- 자릿수가 같은 소수의 나눗셈

방법1

$$32.5 \div 1.3 = \frac{325}{10} \div \frac{13}{10}$$
$$= 325 \div 13 = 25$$

방법2

$$1.3 \overline{)32.5} \Rightarrow 1.3 \overline{)32.5}$$

$$
\begin{array}{r}
2\ 5 \\
1.3\overline{)3\ 2.5} \\
2\ 6 \\
\hline
6\ 5 \\
6\ 5 \\
\hline
0
\end{array}
$$

$$32.5 \div 1.3 = 25$$
$$\times 10 \qquad \times 10$$
$$325 \div 13 = 25$$
$$\Rightarrow 32.5 \div 1.3 = 25$$

- 자릿수가 다른 소수의 나눗셈

방법1

$$8.64 \div 2.4 = \frac{86.4}{10} \div \frac{24}{10}$$
$$= 86.4 \div 24 = 3.6$$

방법2

$$2.4\overline{)8.64} \Rightarrow 2.4\overline{)8.64}$$

$$
\begin{array}{r}
3.6 \\
2.4\overline{)8.6\ 4} \\
7\ 2 \\
\hline
1\ 4\ 4 \\
1\ 4\ 4 \\
\hline
0
\end{array}
$$

$$8.64 \div 2.4 = 3.6$$
$$\times 100 \qquad \times 100$$
$$864 \div 240 = 3.6$$
$$\Rightarrow 8.64 \div 2.4 = 3.6$$

(자연수)÷(소수)

방법1

$$21 \div 4.2 = \frac{210}{10} \div \frac{42}{10}$$
$$= 210 \div 42 = 5$$

방법2

$$4.2\overline{)21} \Rightarrow 4.2\overline{)21.0}$$

$$
\begin{array}{r}
5 \\
4.2\overline{)2\ 1.0} \\
2\ 1\ 0 \\
\hline
0
\end{array}
$$

$$21 \div 4.2 = 5$$
$$\times 10 \qquad \times 10$$
$$210 \div 42 = 5$$
$$\Rightarrow 21 \div 4.2 = 5$$

1 □ 안에 알맞은 수를 써넣으시오.

$$4284 \div 204 = \boxed{}$$

$$428.4 \div 20.4 = \boxed{}$$

$$42.84 \div 2.04 = \boxed{}$$

2 다음 중 몫이 <u>다른</u> 하나는 어느 것입니까? (   )

① $15.04 \div 4.7$ ② $150.4 \div 47$ ③ $1.504 \div 0.47$
④ $15.04 \div 0.47$ ⑤ $1504 \div 470$

3 집에서 학교까지의 거리는 $1.8 \, \text{km}$이고, 집에서 도서관까지의 거리는 $5.76 \, \text{km}$입니다. 집에서 도서관까지의 거리는 집에서 학교까지의 거리의 몇 배입니까?

(   )

4 오른쪽은 넓이가 $24.72 \, \text{cm}^2$인 직사각형입니다. 이 직사각형의 세로가 $4.12 \, \text{cm}$일 때 가로는 몇 cm입니까?

(   )

넓이: $24.72 \, \text{cm}^2$ $4.12 \, \text{cm}$

1보다 큰 수와 1보다 작은 수로 나눈 몫의 크기 비교하기

$4.5 \div 0.5 = 9$ ➡ $4.5 < 9$ ⟶ 나누는 수가 1보다 작으면 몫은 나누어지는 수보다 큽니다.

$4.5 \div 1.5 = 3$ ➡ $4.5 > 3$ ⟶ 나누는 수가 1보다 크면 몫은 나누어지는 수보다 작습니다.

5 다음 중 몫이 192보다 작은 것을 모두 찾아 기호를 쓰시오.

┌─────────────────────────────┐
│ ㉠ $192 \div 0.8$ ㉡ $192 \div 1.2$ │
│ ㉢ $192 \div 0.96$ ㉣ $192 \div 4.8$ │
└─────────────────────────────┘

(   )

2 몫을 반올림하여 나타내기, 남는 양 알아보기

- 나누어떨어지지 않는 몫은 어림(올림, 반올림, 버림)하여 나타냅니다.
- 사람 수, 버스 대수 등의 몫은 자연수이어야 합니다.

몫을 어림하기

$$7 \div 11 = 0.6363 \cdots$$

- 몫을 어림하여 소수 첫째 자리까지 나타내기

올림	버림	반올림
0.7	0.6	0.6

- 몫을 어림하여 소수 둘째 자리까지 나타내기

올림	버림	반올림
0.64	0.63	0.64

- 올림: 구하려는 자리 아래 수를 올려서 나타내는 방법

- 버림: 구하려는 자리 아래 수를 버려서 나타내는 방법

- 반올림: 구하려는 자리 바로 아래 자리의 숫자가 0, 1, 2, 3, 4이면 버리고 5, 6, 7, 8, 9이면 올리는 방법

몫을 반올림하여 나타내기

- 몫을 반올림하여 소수 첫째 자리까지 나타내려면 소수 둘째 자리에서 반올림해야 합니다.

  예 $2.51 \div 6 = 0.41 \cdots$이고 소수 둘째 자리 숫자가 1이므로 버림합니다. ➡ 0.4

- 몫을 반올림하여 소수 둘째 자리까지 나타내려면 소수 셋째 자리에서 반올림해야 합니다.

  예 $2.51 \div 6 = 0.418 \cdots$이고 소수 셋째 자리 숫자가 8이므로 올림합니다. ➡ 0.42

나누어 주고 남는 양 알아보기

예 물 8.7 L를 한 사람에게 2 L씩 나누어 줄 때

$$8.7 \underbrace{-2-2-2-2}_{2씩 \ 4번 \ 뺍니다.} = \underbrace{0.7}_{남는 \ 양}$$

```
        4   ← 나누어 줄 수 있는 사람 수
  2)8.7
    8
    0.7   ← 남는 양
```

➡ 4명에게 나누어 줄 수 있고 0.7 L가 남습니다.

---

1 굵기가 일정한 철근 3 m의 무게는 14.5 kg입니다. 이 철근 1 m의 무게는 몇 kg인지 반올림하여 소수 첫째 자리까지 나타내시오.

(   )

2 □ 안에 알맞은 수를 써넣으시오.

```
            4 ← 몫
  7.2)3 0.6
      2 8 8
      □   ← 남는 수
```

3 다음과 같이 우유를 나누어 줄 때 남는 양이 더 많은 것을 찾아 기호를 쓰시오.

> ㉠ 우유 5.4 L를 한 사람에게 0.8 L씩 나누어 줄 때
> ㉡ 우유 6.8 L를 한 사람에게 0.9 L씩 나누어 줄 때

(   )

4 $14.76 \div 3.6$의 몫은 $14.76 \div 0.36$의 몫의 몇 배인지 구하시오.

(   )

5 나눗셈의 몫을 반올림하여 소수 첫째 자리까지 나타낸 값과 소수 둘째 자리까지 나타낸 값의 차를 구하시오.

$$24.35 \div 7.5$$

(   )

BASIC CONCEPT 2-2

유한소수와 무한소수

중등 연계

- <u>유</u>한소수: $\frac{1}{5} = 0.2$, $\frac{3}{4} = 0.75$와 같이 소수점 아래 숫자의 개수를 셀 수 있는 소수
  (有限, 한계가 있는)

- <u>무</u>한소수: $\frac{1}{7} = 0.142857 \cdots$과 같이 소수점 아래에 0이 아닌 숫자가 끝없이 계속되는 소수
  (無限, 한계가 없는)

6 분수를 소수로 나타내었을 때, 무한소수인 것은 어느 것입니까? (   )

① $\frac{3}{4}$ ② $1\frac{1}{2}$ ③ $\frac{7}{8}$

④ $\frac{4}{9}$ ⑤ $2\frac{3}{5}$

몫의 일의 자리 미만을 버리는 경우

• 물건을 포장할 수 있는 상자의 최대 개수
• 물건을 나누어 줄 수 있는 최대 인원 수 등

(예) 밀가루 9.8kg을 한 봉지에 2.4kg씩 담아
서 팔 때

$$2.4 \overline{)9.8}$$

→ [팔 수 있는 봉지 수: 4개
남는 밀가루 양: 0.2kg]

몫의 일의 자리 미만을 올리는 경우

• 물을 나누어 담을 때 필요한 병의 최소 개수
• 물건을 실을 수 있는 트럭의 최소 대수 등

(예) 참기름 19.6L를 1.3L들이 병에 나누어
담아 모두 보관할 때

$$1.3 \overline{)19.6}$$

→ 병 15개에 담고 남은
0.1L도 병에 담아야 하므
로 필요한 병은 모두 16개
입니다.

1 길이가 19.65m인 끈이 있습니다. 상자 하나를 포장하는 데 필요한 끈이 0.7m일 때, 포장
할 수 있는 상자는 최대 몇 상자이고, 이때 남는 끈의 길이는 몇 m입니까?

상자 수 (   )

남는 끈 (   )

2 물 105.5L를 4.5L들이 통에 나누어 담으려고 합니다. 물을 남김없이 모두 담으려면 통은
적어도 몇 개가 필요합니까?

(   )

3 어느 과수원에서 한 상자에 3.7kg씩 들어 있는 비료를 25상자 사서 한 봉지에 2.9kg씩 남
김없이 모두 나누어 담으려고 합니다. 필요한 봉지는 모두 몇 개입니까?

(   )

거리, 속력, 시간 사이의 관계

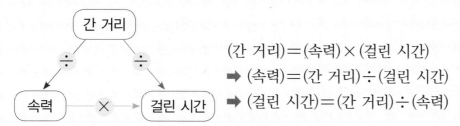

(간 거리)＝(속력)×(걸린 시간)
➡ (속력)＝(간 거리)÷(걸린 시간)
➡ (걸린 시간)＝(간 거리)÷(속력)

㉖ 자동차가 1시간 30분 동안 90 km를 달렸다면
이 자동차는 한 시간 동안 90÷1.5＝60(km)를 달린 셈입니다.
1시간 30분＝1.5시간

4 1시간 동안 64 km를 가는 자동차가 있습니다. 이 자동차가 같은 빠르기로 176 km를 가려면 몇 시간 몇 분이 걸리는지 구하시오.

(   )

5 1시간 15분 동안 76.25 km를 가는 자동차가 있습니다. 이 자동차가 같은 빠르기로 2시간 동안 달리면 몇 km를 가는지 구하시오.

(   )

6 2시간 12분 동안 114.4 km를 가는 자동차가 있습니다. 이 자동차가 같은 빠르기로 182 km를 가려면 몇 시간 몇 분이 걸리는지 구하시오.

(   )

곱셈과 덧셈으로 나누어지는 수를 알 수 있다.

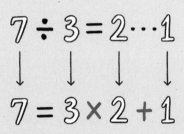

$$7 \div 3 = 2 \cdots 1$$

$$7 = 3 \times 2 + 1$$

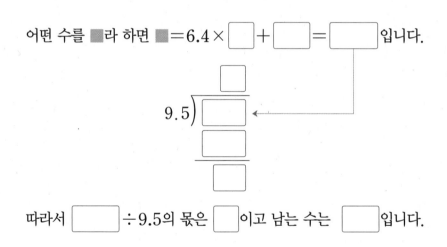

$\boxed{} - 3.2 - 3.2 = 1.4$

$\boxed{}$에서 3.2를 2번 뺄 수 있습니다.

➡ 나누어지는 수: $\boxed{}$, 나누는 수: 3.2, 몫: 2

$3.2 \overline{)\boxed{}}^{\,2}$ ➡ $\boxed{} = 3.2 \times 2 + 1.4$

$\underset{1.4}{\bigcirc}$ $= 7.8$

대표문제 1

어떤 수를 6.4로 나누어 자연수까지 구한 몫은 5이고 남는 수는 1.2입니다. 어떤 수를 9.5로 나누어 몫을 자연수까지 구했을 때 남는 수는 얼마입니까?

어떤 수를 ■라 하면 ■$= 6.4 \times \boxed{} + \boxed{} = \boxed{}$입니다.

$9.5 \overline{)\boxed{}}$

따라서 $\boxed{} \div 9.5$의 몫은 $\boxed{}$이고 남는 수는 $\boxed{}$입니다.

1-1 어떤 수를 7로 나누어 자연수까지 구한 몫은 4이고 남는 수는 1.5입니다. 어떤 수를 구하시오.

(   )

1-2 어떤 수를 4.7로 나누어 자연수까지 구한 몫은 3이고 남는 수는 2.1입니다. 어떤 수를 5.8로 나누어 몫을 자연수까지 구했을 때, 몫과 남는 수는 얼마입니까?

몫 (   )

남는 수 (   )

1-3 어떤 수를 3.2로 나누어 자연수까지 구한 몫은 2이고 남는 수는 1.2입니다. 어떤 수를 2.9로 나누었을 때의 몫을 소수 첫째 자리까지 구하면 남는 수는 얼마입니까?

(   )

1-4 어떤 수를 1.96으로 나누어 자연수까지 구한 몫은 15이고 남는 수는 소수 한 자리 수인 □.△입니다. 어떤 수가 될 수 있는 수 중 가장 큰 수를 6.04로 나누었을 때의 몫을 반올림하여 소수 첫째 자리까지 나타내시오. (단, □.△<1.96입니다.)

(   )

소수를 사용하면 작은 단위를 큰 단위로 나타낼 수 있다.

300 m = 0.3 Km

300 g = 0.3 Kg

3 mm = 0.3 cm

30분 = 0.5 시간

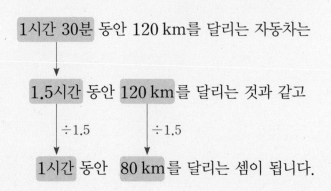

1시간 30분 동안 120 km를 달리는 자동차는

1.5시간 동안 120 km를 달리는 것과 같고

÷1.5   ÷1.5

1시간 동안 80 km를 달리는 셈이 됩니다.

대표문제 2

1시간 48분 동안 160 km를 일정한 빠르기로 달리는 자동차가 있습니다. 이 자동차가 한 시간 동안 달리는 거리는 몇 km인지 반올림하여 소수 첫째 자리까지 나타내시오.

1시간 48분 = $1\dfrac{\boxed{}}{60}$ 시간 = $\boxed{}$ 시간입니다.

(속력) = (간 거리) ÷ (걸린 시간)에서

160 ÷ $\boxed{}$ 의 몫을 소수 둘째 자리까지 구한 $\boxed{}$ 의 소수 둘째 자리 숫자가 $\boxed{}$ 이므

로 올림을 하면 $\boxed{}$ 입니다.

따라서 자동차가 한 시간 동안 달린 거리는 $\boxed{}$ km입니다.

2-1 1시간 30분 동안 30 L의 물이 일정하게 나오는 수도가 있습니다. 이 수도로 한 시간 동안 받은 물은 몇 L입니까?

(   )

2-2 1시간 18분 동안 194 km를 일정한 빠르기로 달리는 기차가 있습니다. 이 기차가 한 시간 동안 달리는 거리는 몇 km인지 반올림하여 소수 첫째 자리까지 나타내시오.

(   )

서술형 **2-3** 사과 400 kg을 한 상자에 3 kg 500 g씩 담아 판매하려고 합니다. 판매할 수 있는 사과는 몇 상자인지 풀이 과정을 쓰고 답을 구하시오.

풀이 ....

....

....

답 ....

2-4 길이가 1206 m인 터널의 양쪽에 처음부터 끝까지 40 m 20 cm의 간격으로 전등을 설치하려고 합니다. 전등은 몇 개가 필요합니까?

(   )

나누어떨어지려면 남는 수를 빼거나 몫을 1 크게 한다.

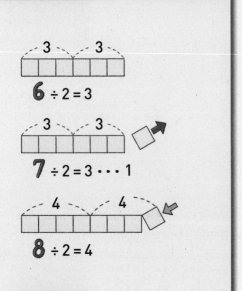

$$6 \div 2 = 3$$

$$7 \div 2 = 3 \cdots 1$$

$$8 \div 2 = 4$$

$$\begin{array}{r} 4 \\ 5.3{\overline{\smash{\big)}\,2\,1.2}} \\ \underline{2\,1\,2} \\ 0 \end{array}$$

남는 수를 뺍니다.

$$\begin{array}{r} 4 \\ 5.3{\overline{\smash{\big)}\,2\,4.8}} \\ \underline{2\,1\,2} \\ 3.6 \end{array}$$

몫을 1 크게 합니다. →

$$\begin{array}{r} 5 \\ 5.3{\overline{\smash{\big)}\,2\,6.5}} \\ \underline{2\,6\,5} \\ 0 \end{array}$$

$24.8 - 3.6 = 21.2$
남는 수 3.6을 나누어지는 수에서 뺍니다.

$24.8 + 1.7 = 26.5$
부족한 수 5.3 − 3.6 = 1.7을 나누어지는 수에 더합니다.

호두 84.06 kg을 한 자루에 2.63 kg씩 남김없이 담으려고 합니다. 모두 자루에 2.63 kg씩 담으려면 호두는 적어도 몇 kg이 더 필요합니까?

84.06 ÷ 2.63의 몫을 자연수 부분까지 구하여 남는 호두의 양을 알아봅니다.

$$\begin{array}{r} \boxed{} \\ 2.6\,3{\overline{\smash{\big)}\,8\,4.0\,6}} \\ \underline{7\,8\,9} \\ 5\,1\,6 \\ \underline{\boxed{}} \\ \boxed{} \end{array}$$

따라서 남는 호두 $\boxed{}$ kg으로 한 자루를 더 담으려면

적어도 2.63 − $\boxed{}$ = $\boxed{}$ (kg)이 더 필요합니다.

3-1 사탕 1 kg을 한 봉지에 0.12 kg씩 남김없이 모두 담으려면 적어도 몇 봉지가 필요합니까?

( )

3-2 소금 50.2 kg을 한 자루에 3.4 kg씩 남김없이 담으려고 합니다. 모든 자루에 3.4 kg씩 담으려면 소금은 적어도 몇 kg이 더 필요합니까?

( )

3-3 고춧가루 2t을 24 kg씩 81자루에 담고 남은 고춧가루는 봉지에 1.9 kg씩 남김없이 담으려고 합니다. 모든 봉지에 1.9 kg씩 담으려면 고춧가루는 적어도 몇 kg이 더 필요합니까?

( )

3-4 다음 나눗셈의 몫이 소수 첫째 자리에서 나누어떨어지도록 하려면 나누어지는 수에 적어도

소수 첫째 자리 얼마를 더해야 하는지 구하시오.
에서 나누어떨어
지는 가장 작은
몫을 생각해 봐.

$$10.73 \div 6.15$$

( )

소수점 아래 자리 숫자가 무한히 반복되는 소수가 있다.

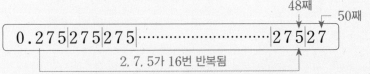

$$0.36|36|36\cdots\cdots$$

→ ┌ 소수점 아래 짝수째 자리 숫자: 6
  └ 소수점 아래 홀수째 자리 숫자: 3

48째   50째
$$0.275|275|275\cdots\cdots\cdots\cdots\cdots\cdots\cdots275|27$$
2, 7, 5가 16번 반복됨

2, 7, 5가 반복되므로 소수 50째 자리 숫자는
50÷3에서 몫이 16이고 2가 남으므로 16번 반복되고 두 번째
숫자인 7입니다.

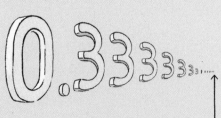

소수 100째 자리 숫자도 3

대표문제 4

나눗셈에서 몫의 소수 10째 자리 숫자와 소수 15째 자리 숫자를 각각 구하시오.

$$8.7 \div 5.5$$

$8.7 \div 5.5 = 1.5\boxed{}\boxed{}\boxed{}\boxed{}\cdots\cdots$에서

몫의 소수 첫째 자리 숫자는 5이고, 몫의 소수 둘째 자리 숫자부터 $\boxed{}$, $\boxed{}$이 반복됩니다.

따라서 몫의 소수 10째 자리 숫자는 소수 둘째 자리 숫자와 같은 $\boxed{}$이고,

몫의 소수 15째 자리 숫자는 소수 셋째 자리 숫자와 같은 $\boxed{}$입니다.

4-1 나눗셈에서 몫의 소수 12째 자리 숫자를 구하시오.

$$4.4 \div 12.1$$

(   )

4-2 나눗셈에서 몫의 소수 23째 자리 숫자를 구하시오.

$$23 \div 13.2$$

(   )

4-3 나눗셈에서 몫의 소수 15째 자리 숫자와 소수 20째 자리 숫자를 각각 구하시오.

$$14 \div 2.7$$

소수 15째 자리 숫자 (   )
소수 20째 자리 숫자 (   )

4-4 나눗셈의 몫을 반올림하여 소수 100째 자리까지 나타냈을 때 소수 100째 자리 숫자를 구하시오.

몫의 소수
101째 자리
숫자도 알아
봐.

$$31.3 \div 3.7$$

(   )

큰 수를 작은 수로 나누어야 몫이 커진다.

수 카드로 (소수 두 자리 수)÷(소수 한 자리 수) 만들기

| 0 | 2 | 4 | 6 | 9 |

몫이 가장 클 때: (가장 큰 소수)÷(가장 작은 소수)
➡ $9.64 \div 0.2 = 48.2$

몫이 가장 작을 때: (가장 작은 소수)÷(가장 큰 소수)
➡ $0.24 \div 9.6 = 0.025$

대표문제 5

수 카드를 한 번씩 모두 사용하여 몫이 가장 크게 되는 (소수 두 자리 수)÷(소수 한 자리 수)의 나눗셈식을 만들고 계산하시오.

| 1 | 2 | 4 | 5 | 6 |

나눗셈의 몫을 가장 크게 하려면 가장 큰 수를 가장 작은 수로 나누어야 합니다.

• 수 카드 3장을 골라 만들 수 있는 가장 큰 소수 두 자리 수: 6.☐☐

• 남은 수 카드 2장으로 만들 수 있는 가장 작은 소수 한 자리 수: 1.☐

따라서 ☐ ÷ ☐ = ☐ 입니다.

5-1 수 카드 3 , 4 , 8 을 한 번씩 모두 사용하여 몫이 가장 크게 되도록 다음 나눗셈식을 완성하고 계산하시오.

$$0.\boxed{}\,\overline{)\,\boxed{}.\boxed{}}$$

(   )

5-2 수 카드를 한 번씩 모두 사용하여 몫이 가장 작게 되는 (소수 두 자리 수)÷(소수 한 자리 수)의 나눗셈식을 만들 때, 몫을 구하시오.

4   5   6   3   2

(   )

5-3 수 카드를 한 번씩 모두 사용하여 몫이 가장 크게 되는 (소수 두 자리 수)÷(소수 두 자리 수)를 만들어 몫을 자연수 부분까지 구할 때, 남는 수를 구하시오.

1   8   7   0   5   6

(   )

5-4 수 카드를 한 번씩 모두 사용하여 몫이 가장 작게 되는 (두 자리 수)÷(소수 두 자리 수)의 나눗셈식을 만들 때, 몫을 반올림하여 일의 자리까지 나타내시오.

2   0   7   4   5

(   )

단위의 양을 구한다.

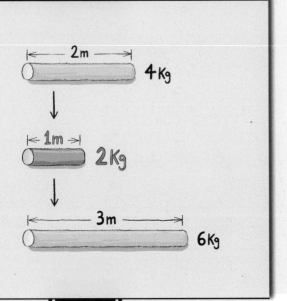

굵기가 일정한 막대 3.5m 의 무게가 21kg 일 때

$$\div 3.5 \qquad \div 3.5$$

막대 1m 의 무게는 6kg 이므로

이 막대 8m 의 무게는 $6 \times 8 = 48 (kg)$입니다.

6 대표문제 휘발유 2.1L로 28.14 km를 갈 수 있는 자동차가 있습니다. 휘발유 1L의 가격이 1430원일 때, 이 자동차로 335 km를 가는 데 필요한 휘발유의 값을 구하시오.

(휘발유 1L로 갈 수 있는 거리)= ☐ ÷2.1= ☐ (km)

(335 km를 가는 데 필요한 휘발유의 양)=335÷ ☐ = ☐ (L)

➡ (335 km를 가는 데 필요한 휘발유의 값)=1430× ☐ = ☐ (원)

6 -1 $2.5\,m^2$의 벽을 칠하는 데 $0.4\,L$의 페인트가 필요합니다. $100\,m^2$의 벽을 칠하는 데 필요한 페인트는 몇 L인지 구하시오.

( )

6 -2 휘발유 $1.5\,L$로 $19.2\,km$를 갈 수 있는 자동차가 있습니다. 휘발유 $1\,L$의 가격이 1520원일 때, 이 자동차로 $320\,km$를 가는 데 필요한 휘발유의 값을 구하시오.

( )

서술형 **6 -3** 굵기가 일정한 철근 $2.6\,m$의 무게는 $47.84\,kg$입니다. 철근 $1\,m$의 가격이 15000원일 때, 철근 $78.2\,kg$의 값은 얼마인지 풀이 과정을 쓰고 답을 구하시오.

풀이 ....

....

....

답 ....

6 -4 휘발유 $2.4\,L$로 $32.64\,km$를 가는 자동차가 있습니다. 이 자동차의 빈 연료통에 $1\,L$의 가격이 1480원인 휘발유를 37000원만큼 주유하고 $306\,km$를 달렸다면 남은 휘발유는 몇 L인지 구하시오.

빈 연료통에 몇 L의 휘발유를 주유한 걸까?

( )

반올림은 올림이나 버림을 하여 나타낸다.

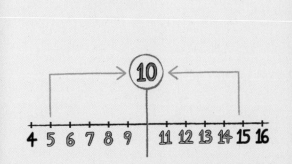

□÷2.4의 몫을 반올림하여 일의 자리까지 나타내면 3일 때

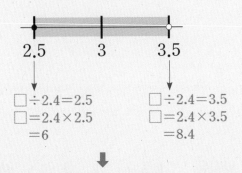

$$□÷2.4=2.5 \qquad □÷2.4=3.5$$
$$□=2.4×2.5 \qquad □=2.4×3.5$$
$$=6 \qquad\qquad =8.4$$

□가 될 수 있는 수의 범위는 6 이상 8.4 미만입니다.

대표문제 7

나눗셈의 몫을 반올림하여 일의 자리까지 나타내면 4입니다. ■ 안에 들어갈 수 있는 수 중 가장 큰 수를 구하시오.

$$7.■8÷1.7$$

반올림하여 4가 되는 수의 범위는 3.5 이상 4.5 미만입니다.

$$7.■8÷1.7=3.5 \Rightarrow 1.7×3.5=\boxed{}$$
$$7.■8÷1.7=4.5 \Rightarrow 1.7×4.5=\boxed{}$$

7.■8은 $\boxed{}$ 이상 $\boxed{}$ 미만이므로 ■ 안에 들어갈 수 있는 수

0, 1, 2, $\boxed{}$, $\boxed{}$, $\boxed{}$ 중 가장 큰 수는 $\boxed{}$입니다.

7-1 나눗셈의 몫을 반올림하여 일의 자리까지 나타내면 2입니다. ㉠에 알맞은 수를 구하시오.

$$㉠.65 \div 0.4$$

(   )

7-2 나눗셈의 몫을 반올림하여 일의 자리까지 나타내면 6입니다. □ 안에 들어갈 수 있는 수를 모두 구하시오.

$$1□.8 \div 2.1$$

(   )

7-3 나눗셈의 몫을 반올림하여 소수 첫째 자리까지 나타내면 3.6입니다. ㉠에 알맞은 수를 넣어 몫을 자연수까지 구했을 때 남는 수를 쓰시오.

$$2㉠.08 \div 6.2$$

(   )

7-4 나눗셈의 몫을 반올림하여 소수 첫째 자리까지 나타내면 1.9입니다. □ 안에 들어갈 수 있는 가장 큰 수를 넣어 몫을 자연수까지 구했을 때 남는 수를 쓰시오.

$$7.□3 \div 3.8$$

(   )

덜어 낸 양으로 그릇의 무게를 구한다.

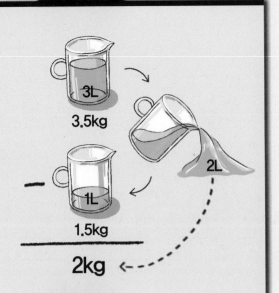

기름 7L가 들어 있는 통의 무게:
$$(기름 7L) + (빈 통) = 8.79(kg)$$

기름 2L를 덜어 낸 후의 통의 무게:
$$(기름 5L) + (빈 통) = 6.41(kg)$$

$$
\begin{array}{r}
(기름 7L) + (빈 통) = 8.79(kg) \\
-)\ (기름 5L) + (빈 통) = 6.41(kg) \\
\hline
(기름 2L) \qquad\qquad = 2.38(kg)
\end{array}
$$

➡ (기름 1L) $= 1.19(kg)$

➡ (빈 통의 무게) $= 8.79 - (1.19 \times 7) = 0.46(kg)$

대표문제 8

우유 6L가 들어 있는 통의 무게는 6.87 kg입니다. 이 통에서 우유 2.4L를 덜어 내고 무게를 다시 재어 보니 4.35 kg이었습니다. 빈 통의 무게는 몇 kg입니까?

(우유 2.4L의 무게) $= 6.87 - 4.35 = \boxed{}$ (kg)

(우유 1L의 무게) $= \boxed{} \div 2.4 = \boxed{}$ (kg)

(우유 6L의 무게) $= \boxed{} \times 6 = \boxed{}$ (kg)

➡ (빈 통의 무게) $= 6.87 - \boxed{} = \boxed{}$ (kg)

우유 6L의 무게

8-1 참기름 5L가 들어 있는 통의 무게는 4.75 kg입니다. 이 통에서 참기름 2L를 사용하고 무게를 다시 재어 보니 2.95 kg이었습니다. 빈 통의 무게는 몇 kg입니까?

(   )

8-2 식용유 8L가 들어 있는 통의 무게는 7 kg입니다. 이 통에서 식용유 1.5L를 사용하고 무게를 다시 재어 보니 5.74 kg이었습니다. 빈 통의 무게는 몇 kg입니까?

(   )

8-3 빈 병에 주스 2L를 담으면 병의 무게는 3.27 kg이 되고, 주스 4.5L를 담으면 병의 무게는 5.92 kg이 됩니다. 빈 병의 무게는 몇 kg입니까?

(   )

8-4 간장 4.8L가 담긴 통의 무게는 4.91 kg입니다. 이 통에서 간장 1.8L를 사용하고 무게를 다시 재어 보니 3.2 kg이었습니다. 빈 통에 간장 2.4L를 담았을 때, 그 무게는 몇 kg인지 구하시오.

간장 2.4L의 무게와 빈 통의 무게를 더해야겠지?

(   )

1 가로가 40.5 cm, 세로가 28.7 cm인 직사각형 모양의 도화지가 있습니다. 이 도화지를 한 변의 길이가 5.3 cm인 정사각형 모양으로 최대한 많이 자를 때 정사각형은 모두 몇 개가 되는지 구하시오.

( )

서술형 2 길이가 16 cm인 양초가 있습니다. 이 양초가 10분에 1.8 cm씩 일정하게 탄다면 불을 붙인 지 몇 분 후에 양초의 길이가 7 cm가 되는지 풀이 과정을 쓰고 답을 구하시오.

풀이

답

3 오른쪽 삼각형 ㄱㄴㄷ에서 선분 ㄴㄹ의 길이는 몇 cm입니까?

( )

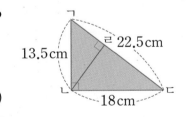

4 3분 동안 96.6 L의 물이 나오는 ㉮ 수도와 5분 30초 동안 156.2 L의 물이 나오는 ㉯ 수도가 있습니다. 각 수도에서 나오는 물의 양이 일정할 때, 두 수도를 동시에 틀어서 618.12 L의 물을 받으려면 적어도 몇 분 몇 초가 걸리는지 구하시오.

( )

5 한 장의 길이가 26 cm인 색 테이프를 그림과 같이 3.5 cm씩 겹치게 이어 붙였더니 색 테이프의 전체 길이가 341 cm가 되었습니다. 이어 붙인 색 테이프는 모두 몇 장인지 구하시오.

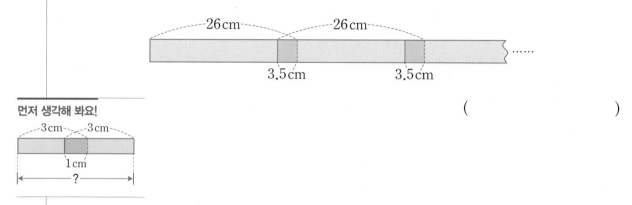

(   )

먼저 생각해 봐요!

서술형 **6** 나눗셈의 몫을 소수 25째 자리까지 구한 몫의 각 자리 숫자의 합은 얼마인지 풀이 과정을 쓰고 답을 구하시오.

$$6.7 \div 1.2$$

풀이

답

7 정사각형 ㄱㄴㄷㄹ의 넓이는 64 cm²입니다. 직사각형 ㅁㅂㅅㅇ의 넓이가 정사각형 ㄱㄴㄷㄹ의 넓이의 0.6배일 때, 선분 ㄷㅅ의 길이는 몇 cm인지 구하시오.

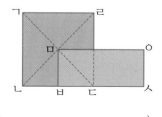

(   )

8　길이가 $80\,\text{m}$인 기차가 일정한 빠르기로 한 시간에 $156\,\text{km}$를 간다고 합니다. 이 기차가 같은 빠르기로 길이가 $3.69\,\text{km}$인 터널을 완전히 통과하는 데 걸리는 시간은 몇 분 몇 초인지 구하시오.

(　　　　　　　　　　)

먼저 생각해 봐요!
완전히 통과하려면 얼마만큼을 가야 할까?

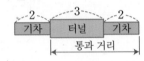

9　오른쪽 시계는 12시를 가리키고 있습니다. 이 시계의 긴바늘과 짧은바늘이 처음으로 $176°$를 이루는 시각은 몇 시 몇 분인지 구하시오.

(　　　　　　　　　　)

10　세 수 ㉮, ㉯, ㉰가 다음 식을 만족할 때, ㉮, ㉯, ㉰의 값을 각각 구하시오.

$$㉮×㉯=0.72, \quad ㉯×㉰=1.44, \quad ㉮×㉰=1.28$$

㉮ (　　　　　　), ㉯ (　　　　　　), ㉰ (　　　　　　)

중등 연계
$(x×y)×(y×z)÷(x×z)$
$$=\frac{x×y×y×z}{x×z}=y×y$$

3

공간과 입체

1 쌓기나무의 개수와 위, 앞, 옆에서 본 모양

• 입체를 위, 앞, 옆에서 보면 평면으로 보입니다.

1-1
BASIC CONCEPT

쌓기나무의 개수 구하기

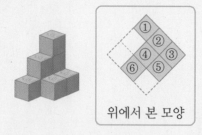

위에서 본 모양

> **방법1** 위에서 본 모양의 각 자리에 쌓은 개수로 구하기

①	②	③	④	⑤	⑥
1개	3개	1개	2개	1개	1개

➡ 9개

> **방법2** 층별로 나누어서 구하기

1층	2층	3층
6개	2개	1개

➡ 9개

위, 앞, 옆에서 본 모양 그리기

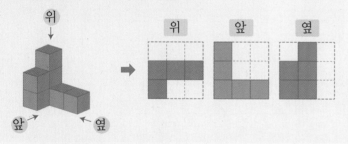

위   앞   옆

• (위에서 본 모양)=(1층의 모양)
• (앞과 옆에서 본 모양)=(각 줄의 가장 높은 층의 모양)

• 위에서 본 모양으로 앞에 있는 쌓기나무에 가려서 뒤에 있는 쌓기나무가 보이지 않는 것을 찾을 수 있습니다.

• 쌓기나무로 쌓는 모양의 경우 위와 아래, 앞과 뒤, 오른쪽과 왼쪽의 모양은 서로 대칭이기 때문에 이중에서 어느 한 쪽의 모양만 알면 됩니다.

---

1 오른쪽과 똑같은 모양으로 쌓기 위해 필요한 쌓기나무는 최소 몇 개인지 구하시오.

(   )

2 쌓기나무 9개로 쌓은 모양입니다. 위, 앞, 옆에서 본 모양을 각각 그려 보시오.

위   앞   옆

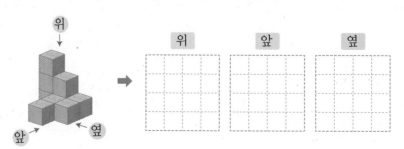

위에서 본 모양을 보고 앞과 옆에서 본 모양 그리기

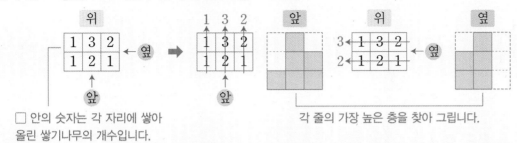

□ 안의 숫자는 각 자리에 쌓아
올린 쌓기나무의 개수입니다.

각 줄의 가장 높은 층을 찾아 그립니다.

3 쌓기나무로 쌓은 모양을 보고 위에서 본 모양에 수를 쓴 것입니다. 옆에서 본 모양이 다른 것을 찾아 기호를 쓰시오.

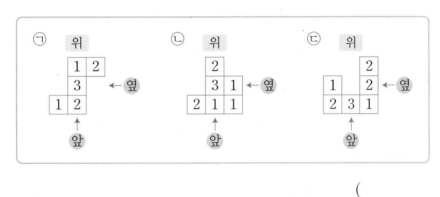

(   )

위에서 본 모양을 이용하여 보이지 않는 쌓기나무 찾기

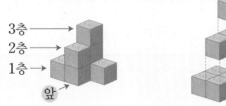
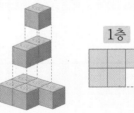
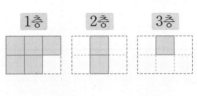

4 쌓기나무로 쌓은 모양과 1층 모양을 보고 2층과 3층 모양을 그려 보시오.

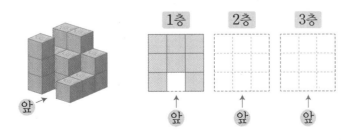

전체 모양, 여러 가지 모양 만들기

- 세 방향에서 본 평면의 모양으로 입체를 생각할 수 있습니다.
- 입체를 돌리거나 뒤집어서 같은 모양은 한 가지로 봅니다.

전체 모양 알아보기

위, 앞, 옆에서 본 모양을 보고 위에서 본 모양의 각 자리에 쌓은 쌓기나무의 개수를 써넣어 전체 개수와 전체 모양을 알 수 있습니다.

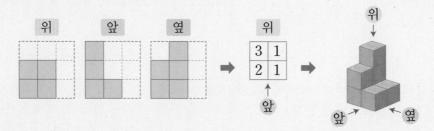

➡ 쌓은 쌓기나무는 3+1+2+1=7(개)입니다.

만들 수 있는 서로 다른 모양 찾기

쌓기나무 4개로 만들 수 있는 모양은 모두 8가지입니다.

쌓기나무 3개로 만들 수 있는 모양에 쌓기나무 1개를 더 붙여서 만듭니다.

└── 돌리거나 뒤집어서 모양이 같으면 같은 모양입니다.

---

1 쌓기나무로 쌓은 모양을 위, 앞, 옆에서 본 그림입니다. 똑같은 모양으로 쌓은 것은 어느 것인지 찾아 기호를 쓰시오.

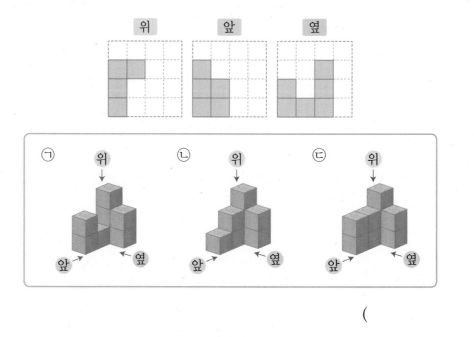

(   )

2 쌓기나무로 쌓은 모양을 위, 앞, 옆에서 본 그림입니다. 똑같은 모양으로 쌓는 데 필요한 쌓기나무는 몇 개입니까?

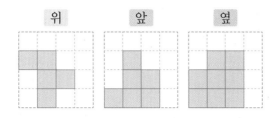

(   )

3 왼쪽과 같이 쌓은 쌓기나무에 쌓기나무 1개를 더 붙여서 만들 수 <u>없는</u> 모양을 찾아 기호를 쓰시오.

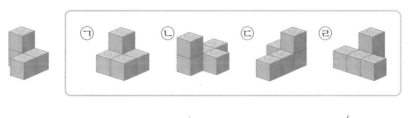

(   )

큐브(Cube) 이야기
─ 정육면체를 의미합니다.

라틴어	모노	디	트리	테트라	펜타	……
숫자	1	2	3	4	5	……

모노큐브

디큐브

트리큐브

정육면체 1개, 2개, 3개……로 만들어진 모양을 모노큐브, 디큐브, 트리큐브……라고 합니다.

4 오른쪽과 같은 트리큐브에 정육면체 1개를 더 붙여서 만들 수 있는 테트라큐브는 모두 몇 가지입니까?

(   )

3 사용된 쌓기나무의 최대, 최소 개수

• 세 방향에서 본 평면의 모양으로 생각할 수 있는 입체는 여러 가지가 될 수 있습니다.

위, 앞, 옆에서 본 모양을 보고 쌓은 쌓기나무의 최대 개수와 최소 개수 구하기

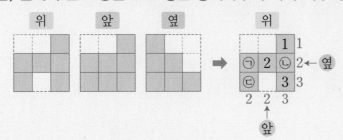

위에서 본 모양의 각 자리에 쌓은 쌓기나무의 개수를 알 수 있는 것부터 써넣습니다.

• 쌓기나무의 최대 개수는
  ㉠=2, ㉡=2, ㉢=2일 때입니다.

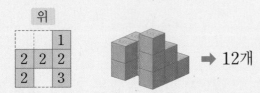 ➡ 12개

• 쌓기나무의 최소 개수는
  ㉠=2, ㉡=1, ㉢=1일 때입니다.

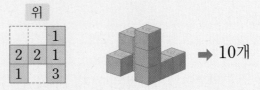 ➡ 10개

이외에도 다음과 같은 경우에도 가능합니다.

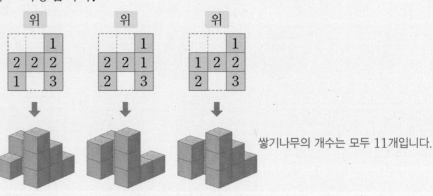

쌓기나무의 개수는 모두 11개입니다.

---

1 쌓기나무 10개로 쌓은 모양에서 쌓기나무를 빼내어도 위, 앞, 옆에서 본 모양이 달라지지 않는 것의 기호를 쓰시오.

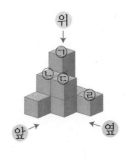

(   )

2 쌓기나무로 쌓은 모양을 앞과 옆에서 본 그림입니다. 쌓기나무를 가장 적게 사용했을 때, 위에서 본 모양의 각 자리에 쌓은 쌓기나무의 개수를 써넣으시오.

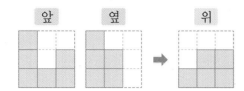

3 쌓기나무로 쌓은 모양을 위, 앞, 옆에서 본 그림입니다. 쌓을 수 있는 쌓기나무 모양은 모두 몇 가지입니까?

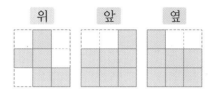

(   )

색칠된 면의 개수 알아보기

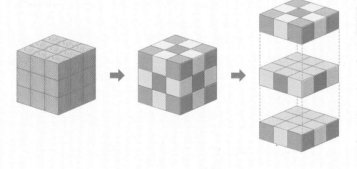

색칠된 면의 수	쌓기나무 개수
한 면(빨간색)	6개 — 각 면의 가운데 쌓기나무
두 면(노란색)	12개 — 모서리의 가운데 있는 쌓기나무
세 면(초록색)	8개 — 꼭짓점에 있는 쌓기나무
없다	1개

정육면체 속의 보이지 않는 쌓기나무

4 쌓기나무 64개로 쌓은 정육면체의 바깥쪽 면을 모두 페인트로 칠했습니다. 한 면도 칠해지지 않은 쌓기나무는 몇 개입니까? (단, 바닥면도 칠합니다.)

(   )

평면 위에 높이가 있으면 입체가 된다.

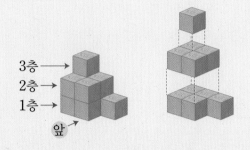

3층 →
2층 →
1층 →
앞 →

(1층에 쌓은 쌓기나무의 수)=5개
(2층에 쌓은 쌓기나무의 수)=4개
(3층에 쌓은 쌓기나무의 수)=1개
(전체 쌓기나무의 수)=5+4+1=10(개)

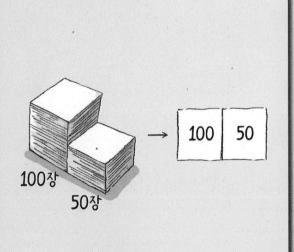

100장
50장

→

100 | 50

대표문제 1 쌓기나무로 쌓은 모양을 층별로 나타낸 모양입니다. 위에서 본 모양을 그리고 각 자리에 쌓은 쌓기나무의 개수를 써넣으시오.

1층   2층   3층   위

앞   앞   앞

쌓기나무를 층별로 나타낸 모양에서 1층의 모양은 □에서 본 모양과 같습니다.

위에서 본 모양의 ○ 부분은 □층까지 쌓여 있고 ◯ 부분은 □층까지 쌓여 있습니다.

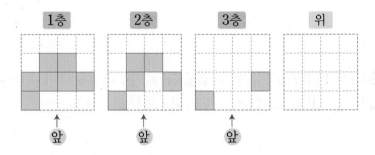

위   ➡   위

1-1 오른쪽 그림은 쌓기나무로 쌓은 모양을 보고 위에서 본 모양에 수를 쓴 것입니다. 1층에 쌓은 쌓기나무는 몇 개입니까?

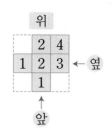

( )

1-2 쌓기나무 10개로 쌓은 모양을 층별로 나타낸 모양입니다. 3층 모양과 위에서 본 모양을 각각 그리고 각 자리에 쌓은 쌓기나무의 개수를 써넣으시오.

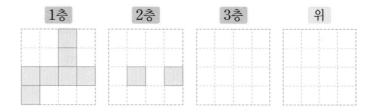

1-3 오른쪽 그림은 쌓기나무로 쌓은 모양을 보고 위에서 본 모양에 수를 쓴 것입니다. 전체 쌓기나무의 수에서 2층보다 낮은 층에 쌓인 쌓기나무의 수를 빼면 쌓기나무는 몇 개가 됩니까?

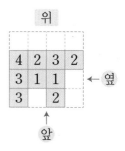

( )

1-4 오른쪽 그림은 쌓기나무로 쌓은 모양을 보고 위에서 본 모양에 수를 쓴 것입니다. 가와 나의 2층에 쌓인 쌓기나무 수의 차는 몇 개인지 구하시오.

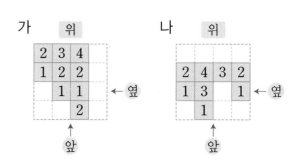

( )

가장 긴 것을 한 모서리로 하는 정육면체를 만든다.

쌓기나무를 더 쌓아 가장 작은 정육면체 만들기

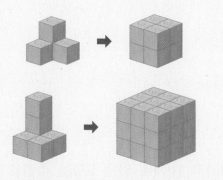

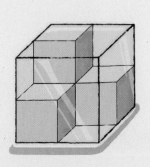

대표문제 **2**

오른쪽은 쌓기나무로 쌓은 모양과 위에서 본 모양입니다. 이 모양에 쌓기나무를 더 쌓아 가장 작은 정육면체를 만들려고 합니다. 더 필요한 쌓기나무는 몇 개입니까?

위에서 본 모양

쌓은 모양은 쌓기나무가 1층: 6개, 2층: ☐개, 3층: 1개이므로

(쌓은 쌓기나무의 수)＝6＋2＋1＝☐(개)입니다.

가장 긴 쪽의 쌓기나무의 수

가장 작은 정육면체를 만들려면 한 모서리에 쌓기나무를 ☐개씩 쌓아야 하므로

(정육면체를 만드는 데 필요한 쌓기나무의 수)＝3×3×3＝☐(개)입니다.

➡ (더 필요한 쌓기나무의 수)＝☐－☐＝☐(개)

2-1 오른쪽 그림은 쌓기나무로 쌓은 모양을 보고 위에서 본 모양에 수를 쓴 것입니다. 쌓기나무를 더 쌓아 가장 작은 정육면체를 만들 때, 더 필요한 쌓기나무는 몇 개입니까?

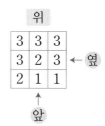

( )

2-2 오른쪽은 쌓기나무로 쌓은 모양과 위에서 본 모양입니다. 이 모양에 쌓기나무를 더 쌓아 가장 작은 정육면체를 만들려고 합니다. 더 필요한 쌓기나무는 몇 개입니까?

위에서 본 모양

( )

2-3 오른쪽은 쌓기나무로 쌓은 모양과 위에서 본 모양입니다. 이 모양에 쌓기나무를 더 쌓아 가장 작은 정육면체를 만들려고 합니다. 더 필요한 쌓기나무는 몇 개입니까?

위에서 본 모양

( )

2-4 오른쪽은 쌓기나무로 쌓은 모양과 위에서 본 모양입니다. 이 모양에 쌓기나무를 더 쌓아 가장 작은 직육면체를 만들려고 합니다. 더 필요한 쌓기나무는 몇 개입니까?

가로, 세로, 높이에 쌓기나무가 각각 몇 개씩 필요한지 생각해 봐.

위에서 본 모양

( )

한 모양에 덧붙인 모양을 알아본다.

- 하나의 모양이 들어갈 수 있는 곳을 찾아 주어진 모양을 만듭니다.
- 돌리거나 뒤집어서 같은 것은 같은 모양입니다.

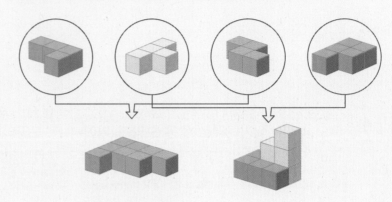

대표문제 3 서로 다른 쌓기나무 모양 2가지로 오른쪽 모양을 만들었습니다. 사용한 쌓기나무 모양 2가지를 모두 찾아 기호를 쓰시오.

위

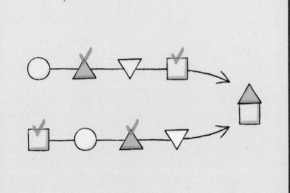

각각의 쌓기나무 모양이 들어갈 자리를 예상해 보고 남은 자리에 다른 모양이 들어갈 수 있는지 알아봅니다.

㉠을 사용한 경우	㉡을 사용한 경우	㉢을 사용한 경우
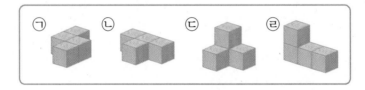		
☐이 들어갈 수 있습니다.	들어갈 수 있는 모양이 없습니다.	들어갈 수 있는 모양이 없습니다.

따라서 사용한 쌓기나무 모양 2가지는 ㉠과 ☐입니다.

3-1 왼쪽 쌓기나무 모양 2가지로 오른쪽 모양이 되도록 쌓기나무 색을 칠해 보시오.

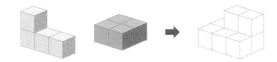

3-2 서로 다른 쌓기나무 모양 2가지로 다음 모양을 만들었습니다. 사용한 쌓기나무 모양 2가지를 찾아 기호를 쓰시오.

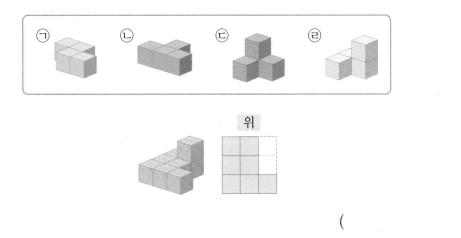

(   )

3-3 서로 다른 쌓기나무 모양 3가지로 다음 모양을 만들었습니다. 사용한 쌓기나무 모양 3가지를 찾아 기호를 쓰시오.

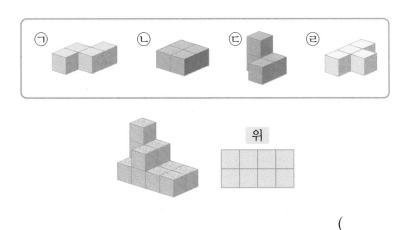

(   )

쌓기나무를 뺀 후 각 자리의 쌓기나무 개수를 알아본다.

초록색으로 색칠한 쌓기나무 3개를 빼면

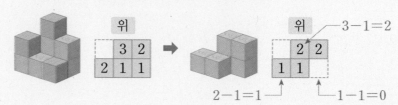

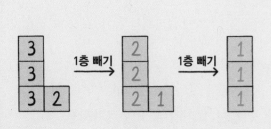

대표문제 4

쌓기나무 11개로 쌓은 모양입니다. 왼쪽 모양에서 빨간색으로 색칠한 쌓기나무 3개를 빼낸 후, 앞과 옆에서 본 모양을 각각 그려 보시오.

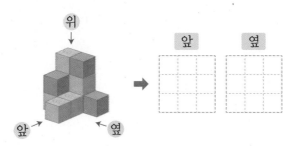

빨간색으로 색칠한 쌓기나무 3개를 빼낸 후의 모양은 왼쪽과 같고, 이때 앞과 옆에서 본 모양은 오른쪽과 같습니다.

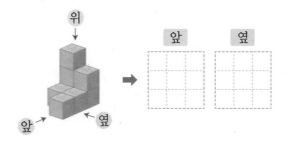

4-1 쌓기나무 11개로 쌓은 모양입니다. 빨간색 쌓기나무 3개를 빼낸 후, 앞과 옆에서 본 모양을 각각 그려 보시오.

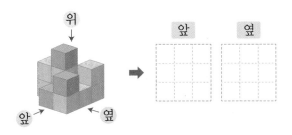

4-2 쌓기나무 10개로 쌓은 모양입니다. 왼쪽 모양에서 빨간색으로 색칠한 쌓기나무 2개를 빼낸 후, 앞에서 본 모양을 2가지 그려 보시오.

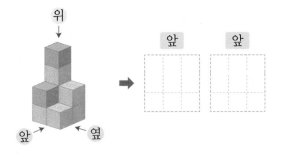

4-3 쌓기나무 13개로 쌓은 모양입니다. 왼쪽 모양에서 빨간색으로 색칠한 쌓기나무 3개를 빼낸 후, 옆에서 본 모양을 2가지 그려 보시오.

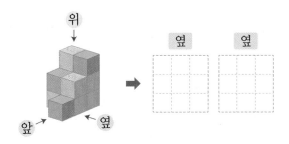

각 자리에 쌓은 쌓기나무 수로 앞, 옆에서 본 모양을 그린다.

쌓기나무 5개로 쌓은 모양을 위와 앞에서 본 모양을 보고 옆에서 본 모양을 그릴 수 있습니다.

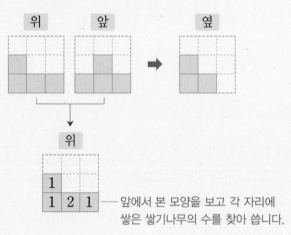

—— 앞에서 본 모양을 보고 각 자리에 쌓은 쌓기나무의 수를 찾아 씁니다.

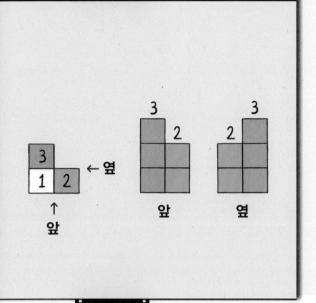

대표문제 5

쌓기나무 10개로 쌓은 모양을 위와 앞에서 본 모양입니다. 이 쌓기나무 모양을 옆에서 본 모양을 그려 보시오.

앞에서 본 모양으로 각 자리에 쌓은 쌓기나무 수를 생각하면

㉠＝㉢＝㉤＝1, ㉣＝　　입니다.

앞에서 본 모양으로 ㉡과 ㉤ 중 적어도 하나는 2가 되어야 합니다.

전체 쌓기나무 10개에서 ㉡＋㉤＝10－1－1－1－　　＝　　이므로

㉡＝㉤＝　　입니다.

따라서 옆에서 본 모양은 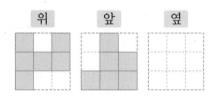 입니다.

5-1 쌓기나무 8개로 쌓은 모양을 위와 앞에서 본 모양입니다. 옆에서 본 모양을 그려 보시오.

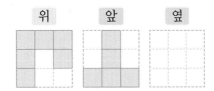

5-2 쌓기나무 13개로 쌓은 모양을 위와 앞에서 본 모양입니다. 옆에서 본 모양을 그려 보시오.

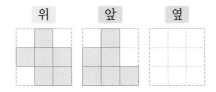

5-3 쌓기나무 12개로 쌓은 모양을 위와 옆에서 본 모양입니다. 앞에서 본 모양을 그려 보시오.

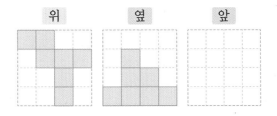

5-4 오른쪽은 쌓기나무 14개로 쌓은 모양을 위와 앞에서 본 모양입니다. 옆에서 본 모양은 모두 몇 가지가 될 수 있는지 구하시오.

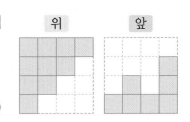

(   )

겉으로 드러나는 면의 수는 층과 위치로 정해진다.

바깥쪽 면을 색칠했을 때

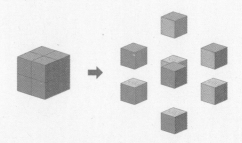

겉으로 드러나는 면: 색칠된 면
안에 겹쳐져 있는 면: 색칠되지 않는 면

6 대표문제 오른쪽과 같이 정육면체 모양으로 쌓기나무를 쌓고, 바깥쪽 면에 페인트를 칠했습니다. 한 면만 칠해진 쌓기나무는 몇 개입니까? (단, 바닥면도 칠합니다.)

세 면   두 면   한 면

색칠된 면의 수에 따른 쌓기나무의 위치는 다음과 같습니다.
• 한 면만 칠해진 곳: 각 면의 가운데 있는 쌓기나무
• 두 면이 칠해진 곳: 모서리의 가운데 있는 쌓기나무
• 세 면이 칠해진 곳: 꼭짓점에 있는 쌓기나무
• 한 면도 칠해지지 않은 곳: 정육면체 속의 보이지 않는 쌓기나무

따라서 한 면만 칠해진 쌓기나무는 각 면에 4개씩 있고, 정육면체의 면은 ☐개이므로

$4 \times$ ☐ $=$ ☐ (개)입니다.

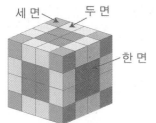

6-1 오른쪽과 같이 정육면체 모양으로 쌓기나무를 쌓고, 바깥쪽 면에 페인트를 칠했습니다. 세 면이 칠해진 쌓기나무는 몇 개입니까? (단, 바닥면도 칠합니다.)

(   )

6-2 오른쪽과 같이 정육면체 모양으로 쌓기나무를 쌓고, 바깥쪽 면에 페인트를 칠했습니다. 두 면이 칠해진 쌓기나무는 몇 개입니까? (단, 바닥면도 칠합니다.)

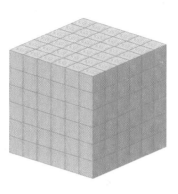

(   )

서술형 **6-3** 한 모서리가 2 cm인 쌓기나무를 쌓아 한 모서리가 10 cm인 정육면체를 만들었습니다. 만들어진 정육면체의 바깥쪽 면에 페인트를 칠했을 때, 한 면도 칠해지지 않은 쌓기나무는 몇 개인지 풀이 과정을 쓰고 답을 구하시오. (단, 바닥면도 칠합니다.)

풀이

답

6-4 오른쪽과 같이 쌓기나무 42개로 만든 모양의 바닥을 제외한 모든 바깥쪽 면에 페인트를 칠했습니다. 세 면이 칠해진 쌓기나무는 몇 개입니까?

바닥에는 페인트를 칠하지 않아.

(   )

최상위
S

앞과 옆에서 본 모양으로
쌓기나무의 개수를 알 수 있는 것부터 찾는다.

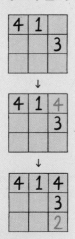

가로, 세로의 합이 9이면?

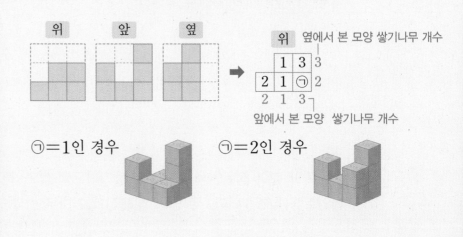

㉠＝1인 경우   ㉠＝2인 경우

대표문제 **7**

위, 앞, 옆에서 본 모양이 다음과 같도록 쌓기나무를 쌓으려고 합니다. 쌓을 수 있는 서로 다른 모양은 모두 몇 가지입니까?

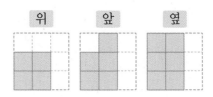

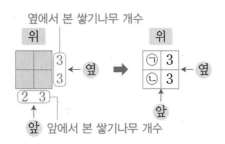

앞과 옆에서 본 모양을 보고 위에서 본 모양의 각 자리에 쌓은 쌓기나무의 개수를 알 수 있는 것부터 수를 씁니다.

• ㉠＝2, ㉡＝2인 경우

위
	3
	3

• ㉠＝2, ㉡＝1인 경우

위
	3
	3

• ㉠＝1, ㉡＝2인 경우

위
	3
	3

따라서 쌓을 수 있는 서로 다른 모양은 모두 ☐ 가지입니다.

7-1 위, 앞, 옆에서 본 모양이 다음과 같도록 쌓기나무를 쌓으려고 합니다. 쌓을 수 있는 서로 다른 모양은 모두 몇 가지입니까?

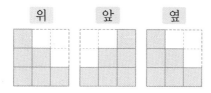

(   )

7-2 위, 앞, 옆에서 본 모양이 다음과 같도록 쌓기나무를 쌓으려고 합니다. 쌓을 수 있는 서로 다른 모양은 모두 몇 가지입니까?

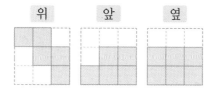

(   )

7-3 위, 앞, 옆에서 본 모양이 다음과 같도록 쌓기나무를 쌓으려고 합니다. 쌓을 수 있는 서로 다른 모양은 모두 몇 가지입니까?

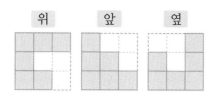

(   )

한 번 빼지는 것과 중복해서 빼지는 쌓기나무를 각각 생각한다.

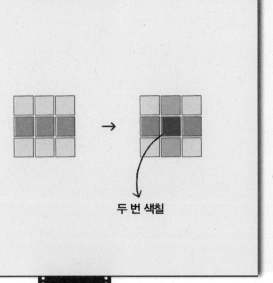

두 번 색칠

중복해서 빼지는 쌓기나무

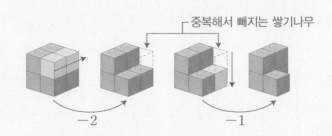

−2   −1

➡ (빼지는 쌓기나무의 수)=3개

대표문제 8

다음은 쌓기나무 27개로 만든 정육면체에서 각 면의 한 가운데를 관통하도록 쌓기나무를 빼내고 남은 쌓기나무 20개를 나타낸 그림입니다. 쌓기나무 125개로 만든 정육면체에서 같은 방법으로 쌓기나무를 빼내면 남은 쌓기나무는 몇 개가 되겠습니까?

$5 \times 5 \times 5 = 125$이므로 쌓기나무 125개로 만든 정육면체는 한 모서리에 쌓기나무를 ▢개씩 쌓은 모양입니다.

각 면의 한 가운데를 관통하도록 쌓기나무를 빼려면 쌓기나무 5개로 이루어진 각기둥 ▢개를 빼면 됩니다. 이때, 정육면체의 가장 안쪽에 있는 쌓기나무를 3번 빼게 됩니다.

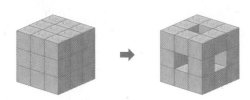

➡ (빼지는 쌓기나무의 수)$= 5 \times \boxed{} - 2 = \boxed{}$(개)

└ 정육면체의 가장 안쪽에 있는 쌓기나무가 2번 중복해서 빼지게 되므로 뺍니다.

따라서 남은 쌓기나무는 $125 - \boxed{} = \boxed{}$(개)입니다.

8 - 1 오른쪽과 같이 쌓기나무 27개로 만든 정육면체에서 각 면의 한 가운데를 관통하도록 쌓기나무를 빼내면 뺀 쌓기나무는 몇 개입니까?

(   )

8 - 2 한 모서리에 쌓기나무를 7개씩 쌓아 만든 정육면체에서 각 면의 한 가운데를 관통하도록 쌓기나무를 빼내려고 합니다. 빼낸 쌓기나무는 몇 개입니까?

(   )

8 - 3 쌓기나무 729개로 만든 정육면체에서 각 면의 한 가운데를 관통하도록 쌓기나무를 빼면 남은 쌓기나무는 몇 개입니까?

세 번 곱해서 729가 되는 수는?

(   )

8 - 4 다음은 쌓기나무 27개로 만든 정육면체에서 각 모서리의 쌓기나무를 빼고 남은 쌓기나무 7개를 나타낸 그림입니다. 쌓기나무 125개로 만든 정육면체에서 같은 방법으로 쌓기나무를 빼내면 남은 쌓기나무는 몇 개입니까?

정육면체의 모서리의 수를 생각해 봐.

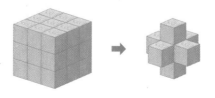

(   )

1 오른쪽과 같은 쌓기나무 모양에 쌓기나무 1개를 더 붙여서 만들 수 있는 모양 은 모두 몇 가지입니까? (단, 돌리거나 뒤집어서 모양이 같으면 같은 모양입 니다.)

(   )

2 오른쪽과 같이 쌓기나무 55개를 5층으로 쌓았습니다. 어느 방향 에서도 보이지 않는 쌓기나무는 몇 개입니까? (단, 바닥면은 보이 지 않습니다.)

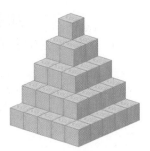

(   )

서술형 3 오른쪽과 같은 모양에 쌓기나무를 더 쌓아 가장 작 은 정육면체를 만들려고 합니다. 더 필요한 쌓기나 무는 몇 개인지 풀이 과정을 쓰고 답을 구하시오.

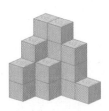

위에서 본 모양

풀이

답

4 쌓기나무를 각각 4개씩 붙여서 만든 세 모양을 모두 사용하여 만든 입체도형을 앞과 옆에서 본 모양입니다. 위에서 본 모양을 보이는 쌓기나무의 색에 맞춰 그려 보시오.

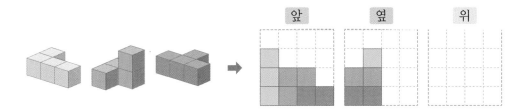

5 쌓기나무 8개로 다음 조건을 모두 만족하는 모양을 만들 때, 만들 수 있는 모양은 모두 몇 가지입니까? (단, 돌려서 모양이 같으면 같은 모양입니다.)

먼저 생각해 봐요!
1층에 쌓은 쌓기나무는
몇 개일까?

- 쌓기나무로 쌓은 모양은 3층입니다.
- 각 층의 쌓기나무의 수는 모두 다릅니다.
- 위에서 보면 모양입니다.

(   )

6 쌓기나무 64개로 만든 오른쪽 정육면체에서 색칠된 쌓기나무를 반대쪽까지 완전히 뚫어 모두 빼냈습니다. 빼낸 쌓기나무는 몇 개입니까?

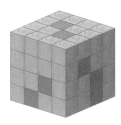

(   )

7 위, 앞, 옆에서 본 모양이 다음과 같도록 쌓기나무를 쌓으려고 합니다. 필요한 쌓기나무의 개수가 가장 많은 경우와 가장 적은 경우의 차를 구하시오.

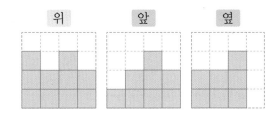

(   )

8 한 모서리가 $3\,\text{cm}$인 정육면체 모양의 쌓기나무로 쌓은 모양을 보고 위에서 본 모양에 수를 쓴 것입니다. 쌓기나무로 쌓은 모양의 바깥쪽 면에 페인트를 칠했을 때, 페인트를 칠한 면의 넓이는 몇 cm^2인지 구하시오.
(단, 바닥면도 칠합니다.)

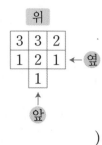

( )

9 크기가 같은 정육면체 모양의 투명한 유리 상자 16개로 왼쪽과 같은 모양을 만든 다음 유리 상자 몇 개를 빼내고 같은 크기의 쌓기나무로 바꾸어 넣었습니다. 앞과 옆에서 본 모양이 오른쪽과 같을 때, 바꾸어 넣은 쌓기나무는 몇 개입니까?

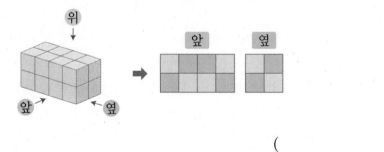

( )

10 한 모서리가 $1\,\text{cm}$인 쌓기나무 60개로 직육면체를 만들었습니다. 만든 모양의 바깥쪽 면에 페인트를 칠했을 때, 한 면도 칠해지지 않은 쌓기나무가 6개였습니다. 이때, 만든 모양의 겉넓이는 몇 cm^2인지 구하시오. (단, 바닥면도 칠합니다.)

( )

4

비례식과 비례배분

1 비의 성질, 간단한 자연수의 비로 나타내기

• 비율이 같으면 비도 같습니다.

비의 성질

•
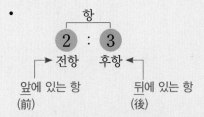

항

$2 : 3$

전항 ← 후항 ←

앞에 있는 항 (前)   뒤에 있는 항 (後)

• 비의 전항과 후항에 0이 아닌 같은 수를 곱하여도 비율은 같습니다.

$$2 : 3 \xrightarrow{\times 2} 4 : 6$$

• 비의 전항과 후항을 0이 아닌 같은 수로 나누어도 비율은 같습니다.

$$4 : 6 \xrightarrow{\div 2} 2 : 3$$

• 비의 전항과 후항에 0을 곱하면 안 되는 이유

예 $2 : 5 = (2 \times 0) : (5 \times 0)$
$= 0 : 0$

➡ 비가 0 : 0이 되어 처음 비와 비율이 달라집니다.

• 비의 전항과 후항을 0으로 나누면 안 되는 이유

예 $2 : 5 = (2 \div 0) : (5 \div 0)$

➡ 모든 수는 0으로는 나눌 수가 없습니다.

---

1 비의 성질을 이용하여 □ 안에 알맞은 수를 써넣으시오.

(1) $9 : 4 \Rightarrow \boxed{} : 12 \Rightarrow 45 : \boxed{} \Rightarrow \boxed{} : 40$

(2) $45 : 54 \Rightarrow \boxed{} : 6 \Rightarrow 10 : \boxed{} \Rightarrow \boxed{} : 30$

2 비율이 같은 두 비를 찾아 기호를 쓰시오.

ㄱ $3 : 4$ ㄴ $2 : 7$ ㄷ $12 : 20$ ㄹ $8 : 28$

(   )

정답과 풀이 **42**쪽

간단한 자연수의 비로 나타내기

(소수) : (소수)	전항과 후항에 10, 100, 1000……을 곱합니다. 예 $0.2 : 0.5 \xrightarrow{\times 10} 2 : 5$
(분수) : (분수)	전항과 후항에 두 분모의 최소공배수를 곱합니다. 예 $\frac{1}{3} : \frac{1}{4} \xrightarrow{\times 12} 4 : 3$
(자연수) : (자연수)	전항과 후항을 두 수의 최대공약수로 나눕니다. 예 $9 : 15 \xrightarrow{\div 3} 3 : 5$
(소수) : (분수)	소수를 분수로 고치거나 분수를 소수로 고친 후 간단한 자연수의 비로 나타냅니다. 예 $0.6 : \frac{1}{2} \Rightarrow \frac{6}{10} : \frac{1}{2} \xrightarrow{\times 10} 6 : 5$ $0.6 : \frac{1}{2} \Rightarrow 0.6 : 0.5 \xrightarrow{\times 10} 6 : 5$

3 어느 미술관의 관람객 수는 168명이고, 이 중 남자는 78명입니다. 미술관을 관람한 남자 수와 여자 수의 비를 가장 간단한 자연수의 비로 나타내시오.

( )

4 비 $0.15 : \frac{1}{3}$을 가장 간단한 자연수의 비로 나타내시오.

( )

두 비를 하나의 연비로 나타내기

— 이어지다(連)는 뜻의 한자어
— 셋 이상의 수(양)를 비로 나타낸 것

㉠과 ㉡의 비가 1 : 2이고, ㉡과 ㉢의 비가 3 : 4일 때

㉠ : ㉡＝1 : 2＝2 : 4＝3 : 6＝4 : 8＝ ……

㉡ : ㉢＝3 : 4＝6 : 8＝9 : 12＝ ……

➡ ㉠ : ㉡ : ㉢＝3 : 6 : 8

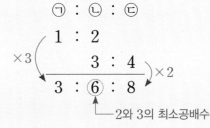

㉠ : ㉡ : ㉢

$\times 3 \begin{matrix} 1 : 2 \\ 3 : 4 \end{matrix}$ $)\times 2$

3 : 6 : 8

—2와 3의 최소공배수

5 가와 나 봉지에 담긴 귤의 수의 비가 5 : 3이고, 나와 다 봉지에 담긴 귤의 수의 비가 4 : 7일 때, 가, 나, 다 세 봉지에 담긴 귤의 수의 비를 간단한 자연수의 비로 나타내시오.

( )

2 비례식과 비례식의 성질

- $\dfrac{\bullet}{\blacksquare}=\dfrac{\blacktriangle}{\bigstar}$ 이면 $\bullet:\blacksquare=\blacktriangle:\bigstar$ 입니다.
- 비율은 나눗셈이므로 비례식을 곱셈으로 나타낼 수 있습니다.

비례식: 비율이 같은 두 비를 기호 '='를 사용하여 나타낸 식

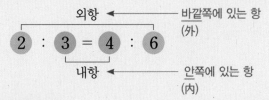

외항 ◄── 바깥쪽에 있는 항 (外)

$2 : 3 = 4 : 6$

내항 ◄── 안쪽에 있는 항 (內)

비례식의 성질

외항의 곱: $3 \times 10 = 30$

$$3 : 5 = 6 : 10$$

내항의 곱: $5 \times 6 = 30$

$\boxed{(외항의 곱)=(내항의 곱)}$

비례식 풀기

$7 : 2 = 21 : \square$

$\qquad 7 \times \square \qquad 2 \times 21$

➡ $(외항의 곱)=(내항의 곱)$

$7 \times \square = 2 \times 21$

$7 \times \square = 42$

➡ $\square = 6$

$\square = 42 \div 7$

비례식을 이용하여 문제 해결하기

$\boxed{우유와 설탕의 비가 2 : 1이고 우유가 50\,g일 때, 설탕의 무게 알아보기}$

① 비례식 세우기 ➡ $2 : 1 = 50 : \square$

② 비례식의 성질을 이용하기 ➡ $2 \times \square = 1 \times 50,\ \square = 25$

③ 비례식 확인하기 ➡ $2 : 1 = 50 : 25$

$\qquad 2 \times 25 = 50 \qquad 1 \times 50 = 50$

- 등식으로 나타낸 곱을 비례식으로 나타내기

$4 \times 5 = 2 \times 10$

➡ $4 : 2 = 10 : 5$

또는 $4 : 10 = 2 : 5$

또는 $2 : 4 = 5 : 10$

또는 $2 : 5 = 4 : 10$ 등

- 비례식을 세울 때는 전항과 후항의 순서에 맞게 세웁니다.

$\blacktriangle : \bullet = \bigstar : \blacksquare$

(우유) (설탕) (우유) (설탕)

---

1 □ 안에 알맞은 수를 써넣으시오.

(1) $\square : 8 = 9 : 24$

(2) $\dfrac{1}{4} : \dfrac{1}{5} = \square : 8$

2 $\bigcirc \times \bigcirc = 4 \times 9$를 비례식으로 나타내려고 합니다. □ 안에 알맞은 수를 써넣으시오.

$$\bigcirc : 4 = \square : \bigcirc$$

3 준서가 자전거를 타고 일정한 빠르기로 8분 동안 2.8 km를 달렸습니다. 같은 빠르기로 1시간 15분 동안 쉬지 않고 자전거를 타고 달린다면 몇 km를 달리는지 구하시오.

(   )

BASIC CONCEPT 2-2

맞물려 돌아가는 두 톱니바퀴의 톱니 수와 회전수의 관계

• (움직인 톱니 수)＝(톱니 수)×(회전수)
• 두 톱니바퀴에서 움직인 톱니 수는 같습니다.

┌─ 톱니 수가 많으면 회전수는 적고
└▶ 톱니 수가 적으면 회전수는 많습니다.

> (㉮의 톱니 수)×(㉮의 회전수)＝(㉯의 톱니 수)×(㉯의 회전수)
> ➡ (㉮의 톱니 수) : (㉯의 톱니 수)＝(㉯의 회전수) : (㉮의 회전수)

4 맞물려 돌아가는 두 톱니바퀴 ㉮와 ㉯가 있습니다. 톱니바퀴 ㉮의 톱니는 16개이고 톱니바퀴 ㉯의 톱니는 28개일 때, 물음에 답하시오.

(1) 톱니바퀴 ㉮와 ㉯의 회전수의 비를 가장 간단한 자연수의 비로 나타내시오.

(   )

(2) 톱니바퀴 ㉮가 14바퀴를 도는 동안 톱니바퀴 ㉯는 몇 바퀴를 돌게 됩니까?

(   )

BASIC CONCEPT 2-3

중등연계

비례식을 이용하여 식의 값 계산하기

㉠ : ㉡＝2 : 3일 때, $\dfrac{㉠×㉠+㉡×㉡}{㉠×㉡}$의 값 구하기

㉠＝2×●, ㉡＝3×●라 하면

$\dfrac{㉠}{㉡}=\dfrac{2×●}{3×●}=\dfrac{2}{3}$로 비율이 같습니다.

$\dfrac{㉠×㉠+㉡×㉡}{㉠×㉡}=\dfrac{2×●×2×●+3×●×3×●}{2×●×3×●}=\dfrac{13×●×●}{6×●×●}=\dfrac{13}{6}=2\dfrac{1}{6}$입니다.

5 ㉠ : ㉡＝5 : 6일 때, $\dfrac{㉠+㉠}{㉡+㉡}$의 값을 구하시오.

(   )

3 비례배분

• 전체에 비율을 곱하면 부분이 됩니다.

비례배분: 전체를 주어진 비로 배분하는 것

예 15를 1 : 2로 나누기

주어진 비의 전항과 후항의 합을 분모로 하는 분수의 비로 고쳐서 계산하면 편리합니다.

$$1 : 2$$

$$15 \times \frac{①}{1+2} = 15 \times \frac{1}{3} = ⑤ \qquad 15 \times \frac{②}{1+2} = 15 \times \frac{2}{3} = ⑩$$

비례배분을 이용하여 문제 해결하기

> 4500원을 준호와 윤아가 2 : 3으로 나누어 가지면 얼마씩 가지는지 알아보기

➡ (준호) : (윤아) = 2 : 3

$$(준호가 가지는 돈) = 4500 \times \frac{2}{2+3} = 4500 \times \frac{2}{5} = 1800(원)$$

$$(윤아가 가지는 돈) = 4500 \times \frac{3}{2+3} = 4500 \times \frac{3}{5} = 2700(원)$$

1 다음 수를 주어진 비로 비례배분하여 [,   ] 안에 써넣으시오.

270

(1) 2 : 7 ➡ [,   ]   (2) 5 : 13 ➡ [,   ]

2 구슬 100개를 지아와 현수가 11 : 14로 나누어 가지려고 합니다. 각각 구슬을 몇 개씩 가지게 됩니까?

지아 (   )

현수 (   )

3 가로 40 cm, 세로 20 cm인 직사각형 모양의 도화지를 넓이의 비가 $\frac{1}{2}$: 0.3이 되도록 나누었습니다. 나누어진 도화지 중 더 넓은 도화지의 넓이는 몇 cm²인지 구하시오.

(   )

전체의 양 구하기

$$(부분)=(전체)\times(전체에 대한 부분의 비율)$$
$$\Rightarrow (전체)=(부분)\div(전체에 대한 부분의 비율)$$

㉮와 ㉯의 비가 4 : 3이고 ㉮의 양이 8일 때, 전체의 양 구하기

$\Rightarrow ㉮=(전체)\times\dfrac{4}{4+3}$ 이므로 $(전체)=㉮\div\dfrac{4}{7}=8\div\dfrac{4}{7}=8\times\dfrac{7}{4}=14$입니다.

4 사탕을 준수와 연아가 1.6 : 1로 나누어 가졌습니다. 연아가 가진 사탕이 20개일 때, 나누기 전의 사탕은 모두 몇 개인지 구하시오.

(   )

연비로 비례배분하기

전체 ★를 ㉮ : ㉯ : ㉰ = ● : ▲ : ■로 나누기

$\Rightarrow ㉮=★\times\dfrac{●}{●+▲+■},\ ㉯=★\times\dfrac{▲}{●+▲+■},\ ㉰=★\times\dfrac{■}{●+▲+■}$

갑, 을, 병이 투자한 금액의 비가 1 : 2 : 3이고 이익금이 60만 원일 때, 이익금을 투자한 금액의 비로 나누기

$\Rightarrow$ (갑의 이익금)$=60만\times\dfrac{1}{1+2+3}=10만$ (원)

(을의 이익금)$=60만\times\dfrac{2}{1+2+3}=20만$ (원)

(병의 이익금)$=60만\times\dfrac{3}{1+2+3}=30만$ (원)

5 주아, 민서, 은우 세 사람이 캔 고구마를 알뜰시장에서 판매하였습니다. 주아, 민서, 은우가 캔 고구마는 각각 10 kg, 6 kg, 8 kg이고, 고구마를 판매하고 받은 돈은 30000원입니다. 받은 돈을 캔 고구마의 무게의 비로 나누어 가진다면 세 사람이 가지게 될 돈은 각각 얼마인지 구하시오.

주아 (   )

민서 (   )

은우 (   )

간단한 자연수의 비를 큰 수의 비로 나타낼 수 있다.

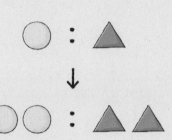

비율이 $\frac{2}{3}$인 비	전항과 후항의 차
2 : 3	1
4 : 6	2
6 : 9	3

대표문제 1

비율이 $\frac{6}{7}$인 비 중에서 전항과 후항의 합이 52인 비를 구하시오.

비율이 $\frac{6}{7}$인 비는 6 : ☐입니다.

6 : ☐ $\xrightarrow[\times 2]{\times 2}$ 12 : 14 ➡ 전항과 후항의 합: 12+14= ☐

6 : ☐ $\xrightarrow[\times 3]{\times ☐}$ 18 : 21 ➡ 전항과 후항의 합: 18+21=39

6 : ☐ $\xrightarrow[\times 4]{\times ☐}$ 24 : 28 ➡ 전항과 후항의 합: 24+28= ☐

따라서 비율이 $\frac{6}{7}$인 비 중에서 전항과 후항의 합이 52인 비는 ☐ : ☐입니다.

1-1 비 5 : 8과 비율이 같은 비 중에서 전항과 후항의 차가 9인 비를 구하시오.

( )

1-2 비율이 $\dfrac{11}{4}$인 비 중에서 전항과 후항의 합이 60인 비를 구하시오.

( )

1-3 전항과 후항의 차가 28이고, 가장 간단한 자연수의 비로 나타내면 10 : 3이 되는 비가 있습니다. 이 비의 전항과 후항의 합을 구하시오.

( )

1-4 올해 진아와 어머니의 나이의 비는 2 : 7이고, 나이의 합은 54살입니다. 올해 진아와 어머니의 나이의 차를 구하시오.

( )

비율을 분수로 쓴 다음 비의 전항과 후항을 구한다.

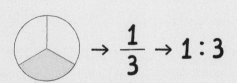

비율이 0.3이고 내항의 곱이 180인 비례식

6 : ㉠＝㉡ : ㉢을 만들 때

$$0.3=\frac{3}{10}=\frac{6}{㉠} \Rightarrow ㉠=20$$

(외항의 곱)＝(내항의 곱)

6 : 20＝㉡ : ㉢ ➡ 20×㉡＝180, ㉡＝9
6×㉢＝180, ㉢＝30

➡ 6 : 20＝9 : 30

대표문제 2

비율이 1.5이고 외항의 곱이 360인 비례식을 만들려고 합니다. ☐ 안에 알맞은 수를 써 넣으시오.

$$\boxed{} : 20 = \boxed{} : \boxed{}$$

비율 $1.5=\dfrac{\boxed{}}{2}$이므로 ㉠ : 20＝㉡ : ㉢이라 하면

$\dfrac{㉠}{20}=\dfrac{3}{2}$에서 $\dfrac{㉠}{20}=\dfrac{3}{2}$, ㉠÷10＝3, ㉠＝$\boxed{}$입니다.

비례식에서 외항의 곱과 내항의 곱은 같으므로

(외항의 곱)＝360 ➡ ㉠×㉢＝360, $\boxed{}$×㉢＝360, ㉢＝$\boxed{}$
(내항의 곱)＝360 ➡ 20×㉡＝360, ㉡＝$\boxed{}$

따라서 비례식은 $\boxed{}$: 20 = $\boxed{}$: $\boxed{}$ 입니다.
㉠   ㉡   ㉢

2-1 비율이 2이고 외항의 곱이 100인 비례식을 만들려고 합니다. ☐ 안에 알맞은 수를 써넣으시오.

$$\boxed{} : 5 = \boxed{} : \boxed{}$$

2-2 비율이 2.6이고 내항의 곱이 520인 비례식을 만들려고 합니다. ☐ 안에 알맞은 수를 써넣으시오.

$$\boxed{} : \boxed{} = \boxed{} : 10$$

2-3 비율을 백분율로 나타내면 37.5 %이고 외항의 곱이 192인 비례식을 만들려고 합니다. ☐ 안에 알맞은 수를 써넣으시오.

$$\boxed{} : \boxed{} = 12 : \boxed{}$$

2-4 내항의 곱이 280인 비례식을 만들려고 합니다. ㉠<㉡<㉢일 때, 만들 수 있는 비례식은 모두 몇 가지입니까? (단, ㉠, ㉡, ㉢은 자연수입니다.)

$$㉠ : ㉡ = ㉢ : 40$$

(   )

비의 전항과 후항에 같은 수를 곱해도 비율은 같다.

㉮ : ㉯＝1 : 5에서

㉮＝1×■, ㉯＝5×■이고

㉮＋㉯＝36이면

$1 \times ■ + 5 \times ■ = 36$

$6 \times ■ = 36$

$■ = 6$

➡ ㉮＝6, ㉯＝30

 :

↑

1 : 5

↓

 :

대표문제 3

주아와 은우가 받은 용돈의 비는 7 : 9입니다. 은우가 주아보다 500원 더 많이 받았다면 은우가 받은 용돈은 얼마입니까?

비의 전항과 후항에 같은 수를 곱해도 비율은 같으므로

$7 : 9 \xrightarrow{\times ●} (7 \times ●) : (9 \times ●)$입니다.

(주아가 받은 용돈)＝7×●, (은우가 받은 용돈)＝9×●라 하면

은우가 주아보다 500원 더 많이 받았으므로

$9 \times ● - 7 \times ● = 500, \boxed{} \times ● = 500, ● = \boxed{}$입니다.

➡ (은우가 받은 용돈)＝9×●＝9×$\boxed{}$＝$\boxed{}$(원)

3-1 상자에 들어 있는 사과와 배의 수의 비는 4 : 3이고 사과가 배보다 5개 더 많습니다. 상자에 들어 있는 사과는 몇 개입니까?

(   )

3-2 민아와 준서의 몸무게의 비는 8 : 11입니다. 민아가 준서보다 15 kg 더 가볍다면 민아의 몸무게는 몇 kg입니까?

(   )

서술형 **3-3** 태우가 저금통에 모은 100원짜리 동전과 500원짜리 동전은 모두 51개이고, 100원짜리 동전과 500원짜리 동전 수의 비는 13 : 4입니다. 태우가 저금통에 모은 동전은 모두 얼마인지 풀이 과정을 쓰고 답을 구하시오.

풀이

답

3-4 현아네 학교 5학년 남녀 학생 수의 비는 7 : 6이고, 6학년 남녀 학생 수의 비는 5 : 7입니다. 5학년 남녀 학생 수의 차는 12명이고 6학년 남녀 학생 수의 합은 144명일 때, 5학년과 6학년 전체에서 남학생 수와 여학생 수의 비를 가장 간단한 자연수의 비로 나타내시오.

(   )

모르는 두 양을 기호로 써서 2개의 식을 만든다.

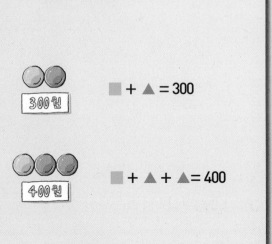

$$■ + ▲ = 300$$

$$■ + ▲ + ▲ = 400$$

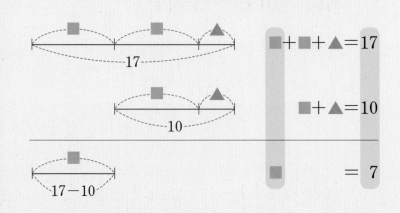

대표문제 4 끈 ㉮와 ㉯의 길이는 각각 30 cm, 50 cm입니다. 같은 길이만큼 잘라냈더니 ㉮와 ㉯의 남은 끈의 길이의 비가 1 : 3이 되었습니다. 잘라낸 끈의 길이를 구하시오.

$$1 : 3 \quad ● : (3 × ●)$$ 이고 ㉮와 ㉯의 남은 끈의 길이를 각각 ●cm, (3 × ●) cm,

잘라낸 끈의 길이를 ■cm라 하면 다음과 같습니다.

㉮ (30 cm) ➡ $● + ■ = 30$ ……… ㉠

㉯ (50 cm) ➡ $● + ● + ● + ■ = 50$ ……… ㉡

㉡−㉠을 하면

$$\begin{array}{r} ● + ● + ● + ■ = 50 \\ -\,) \quad\quad ● + ■ = 30 \\ \hline ● + ● \quad\quad\quad = 20 \end{array}$$ 이므로 ● = ☐

㉠에서 $10 + ■ = 30$, ■ = ☐ 입니다.

따라서 잘라낸 끈의 길이는 ☐ cm입니다.

4-1 테이프 ㉮와 ㉯의 길이는 각각 7 cm, 9 cm입니다. 같은 길이만큼 잘라냈더니 ㉮와 ㉯의 남은 테이프의 길이의 비가 1 : 2가 되었습니다. 잘라낸 테이프의 길이를 구하시오.

(   )

4-2 철사 ㉮와 ㉯의 길이는 각각 16 cm, 36 cm입니다. 같은 길이만큼 사용하였더니 ㉮와 ㉯의 남은 철사의 길이의 비가 1 : 5가 되었습니다. 사용한 철사의 길이를 구하시오.

(   )

4-3 끈 ㉮와 ㉯의 길이의 비는 5 : 8입니다. 같은 길이만큼 잘라냈더니 ㉮와 ㉯의 남은 끈의 길이가 각각 10 cm, 25 cm가 되었습니다. 잘라낸 끈의 길이를 구하시오.

(   )

4-4 길이가 서로 다른 두 막대를 평평한 연못 바닥에 수직으로 세웠더니 물 위로 나온 막대의 길이가 각 막대 길이의 $\frac{1}{4}$, $\frac{1}{3}$이었습니다. 두 막대의 길이의 차가 12 cm일 때, 연못의 깊이는 몇 cm인지 구하시오.

(   )

투자한 금액의 비를 간단한 자연수의 비로 나타낸다.

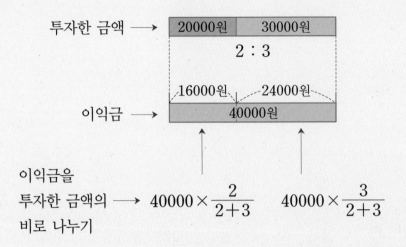

투자한 금액 ⟶

| 20000원 | 30000원 |

2 : 3

이익금 ⟶ 16000원 ╱ 24000원

| 40000원 |

이익금을
투자한 금액의 ⟶ $40000 \times \dfrac{2}{2+3}$ $\qquad$ $40000 \times \dfrac{3}{2+3}$
비로 나누기

대표문제 5

은지와 현수가 각각 150만 원, 200만 원을 투자하여 얻은 이익금을 투자한 금액의 비로 나누어 가지려고 합니다. 총 이익금이 70만 원일 때, 은지가 가지는 이익금은 얼마인지 구하시오.

은지와 현수가 투자한 금액의 비를 가장 간단한 자연수의 비로 나타냅니다.

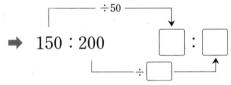

➡ $150 : 200$ $\qquad$ $\boxed{} : \boxed{}$

총 이익금이 70만 원이므로 투자한 금액의 비로 나누면

(은지가 가지는 이익금)$= 70 \times \dfrac{\boxed{}}{3+4} = 70 \times \dfrac{\boxed{}}{7} = \boxed{}$(만 원)입니다.

5-1 형과 동생이 각각 8만 원, 5만 원을 투자하여 얻은 이익금을 투자한 금액의 비로 나누어 가지려고 합니다. 총 이익금이 13만 원일 때, 형이 가지는 이익금은 얼마인지 구하시오.

( )

5-2 준서와 윤호가 각각 200만 원, 140만 원을 투자하여 얻은 이익금을 투자한 금액의 비로 나누어 가지려고 합니다. 총 이익금이 85만 원일 때, 준서와 윤호는 각각 얼마씩 가지면 되는지 구하시오.

준서 ( ), 윤호 ( )

5-3 ㉮ 회사는 3000만 원, ㉯ 회사는 2000만 원을 투자하여 얻은 이익금을 투자한 금액의 비로 나누어 가지려고 합니다. ㉮ 회사가 받은 이익금이 1500만 원일 때, 총 이익금은 얼마인지 구하시오.

( )

5-4 지아와 은수가 각각 100만 원, 60만 원을 투자하여 40만 원의 이익금을 얻었습니다. 얻은 이익금을 투자한 금액의 비로 나누어 가진 다음, 같은 비율로 다시 투자할 때 은수가 받을 수 있는 이익금이 90만 원이 되려면 은수는 얼마를 다시 투자해야 하는지 구하시오. (단, 투자한 금액에 대한 이익금의 비율은 항상 일정합니다.)

( )

하루 동안 빨라지거나 늦어지는 시간을 비례식으로 나타낸다.

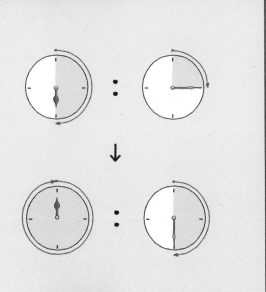

하루에 5분씩 빨라지는 시계가
└─24 : 5
48시간 동안 빨라지는 시간을 ■분이라 하고
└─48 : ■

비례식을 세우면

$$24 : 5 = 48 : ■ \quad \text{외항의 곱과 내항의 곱이 같습니다.}$$

$$24 × ■ = 5 × 48$$
$$24 × ■ = 240$$
$$■ = 10$$

대표문제 6 하루에 6분씩 빨라지는 시계가 있습니다. 오늘 오전 8시에 시계를 정확히 맞추었다면 다음 날 낮 12시에 이 시계가 가리키는 시각은 오후 몇 시 몇 분입니까?

(오늘 오전 8시부터 다음 날 낮 12시까지의 시간)
=(오늘 오전 8시~다음 날 오전 8시)+(다음 날 오전 8시~낮 12시)
=24시간+ ☐ 시간= ☐ 시간

28시간 동안 시계가 빨라지는 시간을 ■분이라 하고 비례식을 세우면

$$24 : 6 = 28 : ■$$
$$☐ × ■ = 6 × 28$$
$$24 × ■ = ☐$$
$$■ = ☐$$

따라서 다음 날 낮 12시에 이 시계가 가리키는 시각은

낮 12시+7분=오후 ☐ 시 ☐ 분입니다.

6-1 하루에 10분씩 빨라지는 시계가 있습니다. 오늘 오전 9시에 시계를 정확히 맞추었다면 다음 날 오전 9시에 이 시계가 가리키는 시각은 오전 몇 시 몇 분입니까?

( )

서술형 **6-2** 하루에 8분씩 빨라지는 시계가 있습니다. 오늘 오전 6시에 시계를 정확히 맞추었다면 다음 날 오후 3시에 이 시계가 가리키는 시각은 오후 몇 시 몇 분인지 풀이 과정을 쓰고 답을 구하시오.

풀이

답

6-3 하루에 14분씩 늦어지는 시계가 있습니다. 오늘 오전 10시에 시계를 정확히 맞추었다면 다음 날 오후 10시에 이 시계가 가리키는 시각은 오후 몇 시 몇 분입니까?

( )

6-4 하루에 9분씩 늦어지는 시계가 있습니다. 오늘 오전 9시에 시계를 정확히 맞추었다면 다음 날 오후 7시에 이 시계가 가리키는 시각은 오후 몇 시 몇 분 몇 초입니까?

( )

두 삼각형의 높이가 같을 때, 넓이의 비는 밑변의 길이의 비와 같다.

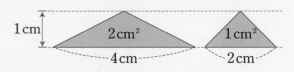

➡ 넓이의 비 = 2 : 1
➡ 밑변의 길이의 비 = 4 : 2 = 2 : 1

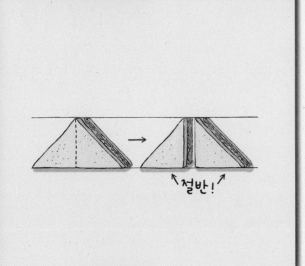

대표문제 7

오른쪽 그림에서 삼각형 ㄱㄴㅁ과 삼각형 ㄹㅁㄷ의 넓이가 같을 때, 삼각형 ㄱㄴㅁ과 삼각형 ㄱㅁㄷ의 넓이의 비를 가장 간단한 자연수의 비로 나타내시오.

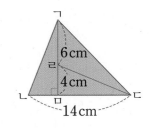

삼각형 ㄱㄹㄷ과 삼각형 ㄹㅁㄷ에서 밑변의 길이의 비는

(선분 ㄱㄹ의 길이) : (선분 ㄹㅁ의 길이) = 6 : 4 = 3 : ▢ 이고

두 삼각형의 높이가 같으므로

(삼각형 ㄱㄹㄷ의 넓이) : (삼각형 ㄹㅁㄷ의 넓이) = ▢ : 2입니다.

삼각형 ㄱㄹㄷ과 삼각형 ㄹㅁㄷ의 넓이를 각각 3×■, 2×■라 하면

(삼각형 ㄱㄴㅁ의 넓이) = (삼각형 ㄹㅁㄷ의 넓이) = ▢ × ■이고

(삼각형 ㄱㅁㄷ의 넓이) = 3×■ + 2×■ = ▢ ×■입니다.

➡ (삼각형 ㄱㄴㅁ의 넓이) : (삼각형 ㄱㅁㄷ의 넓이) = 2×■ : ▢ ×■ = ▢ : ▢

7-1 오른쪽 그림에서 삼각형 ㄱㄴㄹ과 삼각형 ㄱㄹㄷ의 넓이의 비를 가장 간단한 자연수의 비로 나타내시오.

(   )

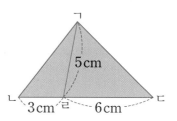

7-2 오른쪽 그림에서 삼각형 ㄱㄴㅁ과 삼각형 ㄹㅁㄷ의 넓이가 같을 때, 삼각형 ㄱㄴㅁ과 삼각형 ㄱㅁㄷ의 넓이의 비를 가장 간단한 자연수의 비로 나타내시오.

(   )

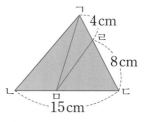

7-3 오른쪽 그림에서 삼각형 ㄱㄴㄹ과 삼각형 ㄱㅁㄷ의 넓이가 같을 때, 선분 ㅁㄷ의 길이를 구하시오.

(   )

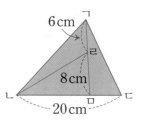

7-4 오른쪽 그림에서 삼각형 ㄱㄴㅁ과 삼각형 ㄹㅁㄷ의 넓이가 같을 때, 삼각형 ㄱㄹㄷ의 넓이를 구하시오.

(   )

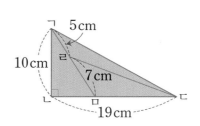

한쪽 양을 다른 쪽으로 옮겨도 전체 양은 변하지 않는다.

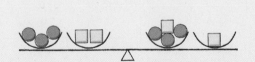

㉮와 ㉯가 각각 30개씩일 때
㉮에서 ㉯로 몇 개 옮겼더니 ㉮ : ㉯ = 2 : 3이 되었다면

	㉮	㉯
개수(개)	30	30
전체 개수(개)	60	

→

	㉮	㉯
개수(개)	2×●	3×●
전체 개수(개)	60	

옮긴 후 ㉮, ㉯의 개수 ➡

$$㉮ = 60 \times \frac{2}{2+3} = 24(개)$$

$$㉯ = 60 \times \frac{3}{2+3} = 36(개)$$

대표문제 8 지아와 민호는 사탕을 각각 20개씩 가지고 있었습니다. 지아가 민호에게 사탕을 몇 개 주었더니 지아와 민호가 가진 사탕 수의 비가 1 : 3이 되었습니다. 지아가 민호에게 준 사탕은 몇 개인지 구하시오.

(전체 사탕 수) = 20 + 20 = ▢ (개)

지아가 민호에게 사탕을 몇 개 준 후 지아와 민호가 가진 사탕 수의 비가 1 : 3이 되었으므로
(지아가 민호에게 사탕을 주고 남은 사탕 수)

$$= ▢ \times \frac{1}{1+3} = 40 \times \frac{1}{▢} = ▢ (개)입니다.$$
전체 사탕 수

따라서 지아가 민호에게 준 사탕은 20 − ▢ = ▢ (개)입니다.

8 -1 주머니 ㉮와 ㉯에 구슬이 각각 6개씩 있었습니다. ㉮ 주머니에 있는 구슬 2개를 ㉯ 주머니로 옮겼을 때, 주머니 ㉮와 ㉯에 있는 구슬 수의 비를 가장 간단한 자연수의 비로 나타내시오.

(   )

8 -2 은우와 연아는 카드를 각각 20장씩 가지고 있었습니다. 은우가 연아에게 카드를 몇 장 주었더니 은우와 연아가 가진 카드 수의 비가 3 : 7이 되었습니다. 은우가 연아에게 준 카드는 몇 장입니까?

(   )

8 -3 상자 ㉮와 ㉯에 같은 수의 사과가 들어 있었습니다. ㉮ 상자에 들어 있는 사과 몇 개를 ㉯ 상자로 옮겼더니 ㉮ 상자와 ㉯ 상자에 들어 있는 사과 수의 비가 7 : 9가 되었습니다. 처음 두 상자에 들어 있는 사과가 모두 64개라면, ㉮ 상자에서 ㉯ 상자로 옮긴 사과는 몇 개입니까?

(   )

8 -4 지난달 준서네 학교 6학년 남녀 학생 수의 비는 6 : 7이었습니다. 이번 달에 남학생 몇 명이 전학을 와서 남녀 학생 수의 비가 12 : 13이 되었고, 전체 학생 수는 175명이 되었습니다. 전학을 온 남학생은 몇 명입니까?

(   )

공통인 항의 크기를 같게 하면 두 비를 하나의 연비로 만들 수 있다.

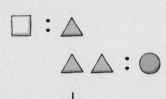

$$㉠ : ㉡ = 2 : 1$$
$$㉡ : ㉢ = 3 : 5$$

공통인 항

➡

$$㉠ : ㉡ = 6 : 3 \quad (2\times3,\ 1\times3)$$
$$㉡ : ㉢ = 3 : 5$$
$$㉠ : ㉡ : ㉢ = 6 : 3 : 5$$

대표문제 9

세 수 ㉮, ㉯, ㉰의 관계가 다음과 같을 때, ㉮, ㉯, ㉰의 비를 가장 간단한 자연수의 비로 나타내시오.

$$㉮ \times \frac{5}{6} = ㉯ \times \frac{1}{2} = ㉰ \times \frac{7}{8}$$

$$㉮ \times \frac{5}{6} = ㉯ \times \frac{1}{2} \quad\Rightarrow\quad ㉮ : ㉯ = \frac{1}{2} : \frac{5}{6} \quad \boxed{} : 5$$

($\times \boxed{}$, $\times 6$)

$$㉯ \times \frac{1}{2} = ㉰ \times \frac{7}{8} \quad\Rightarrow\quad ㉯ : ㉰ = \frac{7}{8} : \frac{1}{2} \quad 7 : \boxed{}$$

($\times 8$, $\times \boxed{}$)

$$㉮ : ㉯ = \boxed{} : 5$$
$$㉯ : ㉰ = 7 : \boxed{}$$

➡

$$㉮ : ㉯ = \boxed{} : 35 \quad (3\times7,\ 5\times7)$$
$$㉯ : ㉰ = 35 : \boxed{} \quad (7\times5,\ 4\times5)$$

➡ $㉮ : ㉯ : ㉰ = \boxed{} : 35 : \boxed{}$

9-1 세 수 ㉮, ㉯, ㉰의 비가 다음과 같을 때, ㉮ : ㉯ : ㉰의 비를 가장 간단한 자연수의 비로 나타내시오.

$$㉮ : ㉯ = 2 : 3 \qquad ㉯ : ㉰ = 6 : 10$$

(   )

9-2 직사각형 ㉮, ㉯, ㉰의 넓이를 비교했더니 ㉯의 넓이는 ㉮의 넓이의 1.3배이고 ㉰의 넓이는 ㉮의 넓이의 $3\frac{1}{4}$배입니다. 직사각형 ㉮, ㉯, ㉰의 넓이의 비를 가장 간단한 자연수의 비로 나타내시오.

(   )

9-3 ㉮는 ㉯의 $\frac{5}{11}$배이고, ㉯는 ㉰의 2.75배일 때, (㉮＋㉰) : (㉯－㉮) : (㉯＋㉰)의 비를 가장 간단한 자연수의 비로 나타내시오.

(   )

9-4 길이가 서로 다른 끈 ㉮, ㉯, ㉰가 있습니다. 끈 ㉮와 ㉯의 길이의 비는 $\frac{1}{2} : \frac{2}{9}$이고, 끈 ㉯의 길이는 끈 ㉰의 길이의 60 %입니다. 세 끈의 길이의 합이 118 cm일 때, 끈 ㉮의 길이는 몇 cm인지 구하시오.

(   )

MATH MASTER

1 ㉮의 40 %와 ㉯의 0.35는 같습니다. ㉯에 대한 ㉮의 비율을 분수로 나타내시오.

(   )

2 어느 책의 가격이 5 % 올라서 14700원이 되었습니다. 오르기 전과 오른 후 책의 가격의 비를 가장 간단한 자연수의 비로 나타내시오.

먼저 생각해 봐요!
1000원인 과자의 가격이
10 % 오르면?

(   )

서술형 3 맞물려 돌아가는 두 톱니바퀴 ㉮와 ㉯가 있습니다. 톱니바퀴 ㉮는 6분 동안 192바퀴를 돌고, 톱니바퀴 ㉯는 8분 동안 160바퀴를 돈다고 합니다. 톱니바퀴 ㉮의 톱니가 15개일 때, 톱니바퀴 ㉯의 톱니는 몇 개인지 풀이 과정을 쓰고 답을 구하시오.

풀이 ....

....

....

답 ....

4 길이가 서로 다른 두 막대를 평평한 저수지 바닥에 수직으로 세웠더니 물 위로 나온 막대의 길이가 각각 막대 길이의 $\frac{3}{7}$, $\frac{5}{9}$였습니다. 두 막대의 길이의 합이 32 m일 때, 저수지 깊이는 몇 m인지 구하시오.

(   )

5 시계에서 긴바늘이 한 바퀴 돌 때 짧은바늘은 큰 눈금 한 칸을 움직입니다. 긴바늘이 10분 만큼 움직이는 동안 짧은바늘은 몇 도 움직이는지 구하시오.

(   )

6 사과와 배를 합하여 44개 사고 47200원을 냈습니다. 산 사과의 수와 배의 수의 비는 7 : 4 이고, 사과 한 개의 가격과 배 한 개의 가격의 비는 5 : 6입니다. 배 한 개의 가격을 구하 시오.

(   )

7 일정한 빠르기로 달리는 기차가 있습니다. 이 기차가 길이는 200 m인 터널을 완전히 통 과하는 데 6초가 걸리고, 길이가 720 m인 터널을 완전히 통과하는 데 16초가 걸립니다. 이 기차의 길이는 몇 m입니까?

(   )

중등 연계

기차의 길이를 x m라 하면
$\dfrac{200+x}{6} = \dfrac{720+x}{16}$ 입니다.

8 선분 ㄱㄴ을 3 : 2로 나눈 점이 점 ㄷ이고, 13 : 7로 나눈 점이 점 ㄹ입니다. 선분 ㄷㄹ의 길이가 2 cm일 때, 선분 ㄱㄴ의 길이를 구하시오.

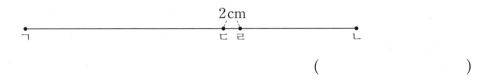

( )

9 둘레가 같은 직사각형 모양의 밭 ㉮와 ㉯가 있습니다. 가로와 세로의 비가 밭 ㉮는 9 : 5이고, 밭 ㉯는 3 : 4입니다. 일정한 빠르기로 밭 ㉮ 전체를 일구는 데 3시간이 걸렸다면 같은 빠르기로 밭 ㉯ 전체를 일구는 데 걸리는 시간은 몇 시간 몇 분인지 구하시오.

( )

10 지호와 준서가 빠르기의 비를 6 : 5로 1500 m 달리기를 하려고 합니다. 출발 지점에서 동시에 출발하여 준서가 1000 m를 달린 지점에서 빠르기의 비를 바꾸어 달려 지호와 동시에 들어오려면 준서는 처음 빠르기의 몇 배로 바꾸어 달려야 합니까? (단, 지호의 빠르기는 일정합니다.)

( )

5

원의 넓이

1 원주와 원주율

- 원주: 원의 둘레
- 원주율: 원의 지름에 대한 원주의 비율

  원주율은 원의 크기와 관계없이 항상 일정합니다.

$$(원주율)＝(원주)÷(지름)$$

원주율을 소수로 나타내면 $3.1415926535897932\cdots\cdots$와 같이 끝없이 이어지므로 필요에 따라 3, 3.1, 3.14 등으로 어림하여 사용합니다.

반올림하여 일의 자리까지 나타낸 값	3
반올림하여 소수 첫째 자리까지 나타낸 값	3.1
반올림하여 소수 둘째 자리까지 나타낸 값	3.14

- 원주율을 이용하여 지름과 원주 구하기

  - $(지름)＝(원주)÷(원주율)$
  - $(원주)＝(지름)×(원주율)＝(반지름)×2×(원주율)$

㉾ 원주율이 3.1일 때

　원주가 37.2 cm인 원의 지름 ➡ $37.2÷3.1＝12 \text{(cm)}$

　반지름이 6 cm인 원의 원주 ➡ $6×2×3.1＝37.2 \text{(cm)}$

> 원주율은 3, 3.1, 3.14 등으로 정하여 씁니다.
>
> **중등연계**
>
> **원주율(π)**
>
> 원주율을 π로 나타내며 '파이'라고 읽습니다.
>
> ㉾ (반지름이 8 cm인 원의 원주)
> $＝8×2×\pi$
> $＝16×\pi\text{(cm)}$

---

1 원주율에 대한 설명으로 옳은 것을 찾아 기호를 쓰시오.

> ㉠ 원주에 대한 지름의 비입니다.
> ㉡ 원주를 원주율로 나누면 지름을 알 수 있습니다.
> ㉢ 원주율은 항상 3.14입니다.
> ㉣ 지름이 길어지면 원주율도 길어집니다.

(　　　　　)

2 원주가 18.84 cm인 원의 반지름은 몇 cm입니까? (원주율: 3.14)

(　　　　　)

3 원주가 가장 긴 원을 찾아 기호를 쓰시오. (원주율: 3.1)

> ㉠ 반지름이 5 cm인 원
> ㉡ 지름이 8 cm인 원
> ㉢ 원주가 27.9 cm인 원

(   )

4 두 원 ㉮와 ㉯가 있습니다. ㉮와 ㉯의 반지름이 각각 6 cm, 3 cm일 때, ㉮의 원주는 ㉯의 원주의 몇 배인지 구하시오. (원주율: 3)

(   )

굴렁쇠가 굴러간 거리

> (굴렁쇠가 굴러간 거리)=(굴렁쇠의 원주)×(회전수)

굴렁쇠가 한 바퀴 굴러간 거리입니다.

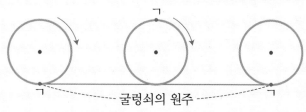

굴렁쇠의 원주

5 반지름이 28 cm인 굴렁쇠를 3바퀴 굴렸다면 굴렁쇠가 굴러간 거리는 몇 cm인지 구하시오. (원주율: 3)

(   )

2 원의 넓이

• 넓이는 밑변의 길이와 높이로 구합니다.
• 원을 잘게 잘라 이어 붙이면 밑변과 높이가 있는 도형으로 만들 수 있습니다.

원의 넓이 어림하기

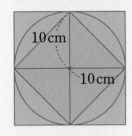

(원 안의 정사각형의 넓이)$=20 \times 20 \div 2 = 200(cm^2)$
(원 밖의 정사각형의 넓이)$=20 \times 20 = 400(cm^2)$

따라서 지름이 20 cm인 원의 넓이는 200 cm²보다는 크고 400 cm²보다는 작습니다.

원의 넓이 구하기

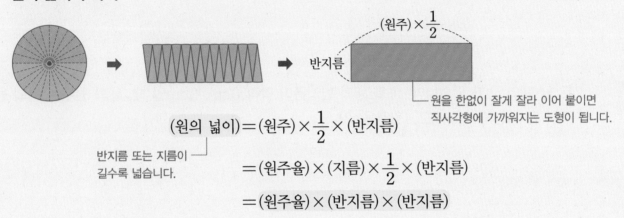

원을 한없이 잘게 잘라 이어 붙이면 직사각형에 가까워지는 도형이 됩니다.

(원의 넓이)$=$(원주)$\times \dfrac{1}{2} \times$(반지름)

반지름 또는 지름이 길수록 넓습니다.

$=$(원주율)$\times$(지름)$\times \dfrac{1}{2} \times$(반지름)

$=$(원주율)$\times$(반지름)$\times$(반지름)

---

1 지름이 20 cm인 원과 한 변이 20 cm인 정사각형 중 어느 것의 넓이가 몇 cm² 더 넓은지 구하시오. (원주율: 3.14)

(   ),(   )

2 넓이가 넓은 원부터 차례로 기호를 쓰시오. (원주율: 3.1)

> ㉠ 지름이 12 cm인 원
> ㉡ 반지름이 8 cm인 원
> ㉢ 원주가 43.4 cm인 원

(   )

3 그림과 같은 트랙의 넓이는 몇 m²입니까? (원주율: 3)

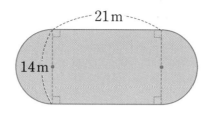

(   )

둘레가 같은 도형의 넓이 비교

도형	(사다리꼴)	(정사각형)	(원)
둘레	$6+10+12+8=36(cm)$	$9\times4=36(cm)$	$12\times3=36(cm)$
넓이	$(6+12)\times8\div2=72(cm^2)$	$9\times9=81(cm^2)$	$6\times6\times3=108(cm^2)$

도형 칸: 사다리꼴 6cm, 10cm, 8cm, 12cm / 정사각형 9cm, 9cm / 원 12cm (원주율: 3)

➡ 도형의 둘레가 같을 때 원 모양에 가까울수록 넓이가 넓습니다.

4 정사각형, 정육각형, 원의 둘레와 넓이를 각각 구하고 비교해 보시오. (원주율: 3)

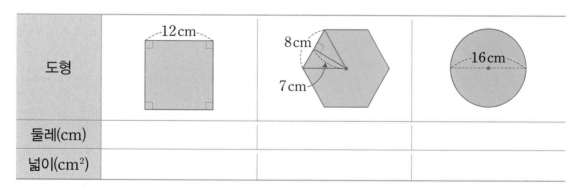

도형	(정사각형) 12cm	(정육각형) 8cm, 7cm	(원) 16cm
둘레(cm)			
넓이(cm²)			

➡ 둘레는 모두 같고 넓이는 원 > ☐ > ☐ 입니다.

여러 가지 원의 넓이

반지름과 원의 넓이 (원주율: 3.14)

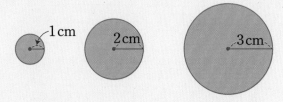

	반지름	원의 넓이	
	1 cm	$1 \times 1 \times 3.14 = 3.14 (cm^2)$	
2배	2 cm	$2 \times 2 \times 3.14 = 12.56 (cm^2)$	$2 \times 2 = 4(배)$
3배	3 cm	$3 \times 3 \times 3.14 = 28.26 (cm^2)$	$3 \times 3 = 9(배)$

색칠한 부분의 넓이 (원주율: 3.14)

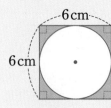

$(색칠한 부분의 넓이) = (정사각형의 넓이) - (원의 넓이)$

$= 6 \times 6 - 3 \times 3 \times 3.14$

$= 36 - 28.26$

$= 7.74 (cm^2)$

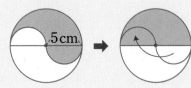

$(색칠한 부분의 넓이) = (반원의 넓이)$

$= 5 \times 5 \times 3.14 \times \dfrac{1}{2}$

$= 39.25 (cm^2)$

1 반지름이 6cm인 원의 넓이는 반지름이 3cm인 원의 넓이의 몇 배입니까? (원주율: 3)

(   )

2 원 ㉮의 반지름이 원 ㉯의 반지름의 4배일 때, 원 ㉮의 넓이는 원 ㉯의 넓이의 몇 배입니까?

(원주율: 3.14)

(   )

3 오른쪽 그림은 원 안에 정사각형을 꼭 맞게 그려 넣은 것입니다. 색칠한 부분의 넓이를 구하시오. (원주율: 3.1)

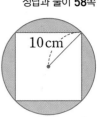

(   )

4 색칠한 부분의 넓이를 구하시오. (원주율: 3.14)

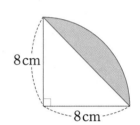

(   )

부채꼴의 호의 길이와 넓이   중등연계

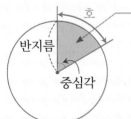

부채꼴: 두 반지름과 호로 이루어진 도형

반지름이 6 cm이고 중심각이 60°인 부채꼴

➡ 호의 길이: $6 \times 2 \times \pi \times \dfrac{60°}{360°} = 2 \times \pi \,(\text{cm})$

원주율

넓이: $6 \times 6 \times \pi \times \dfrac{60°}{360°} = 6 \times \pi \,(\text{cm}^2)$

5 반지름이 14 cm, 중심각이 45°인 오른쪽 부채꼴의 호의 길이와 넓이를 구하시오. (원주율: 3)

호의 길이 (   )

넓이 (   )

도형을 한 바퀴 돌리면 둘레만큼 움직인다.

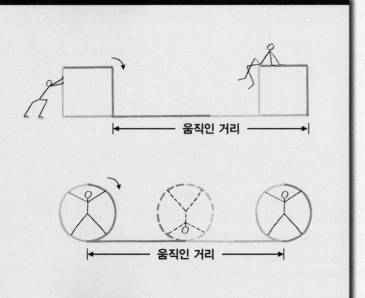

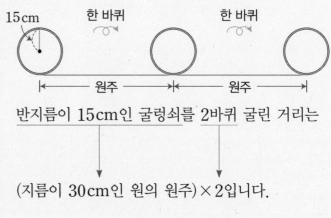

반지름이 15cm인 굴렁쇠를 2바퀴 굴린 거리는

(지름이 30cm인 원의 원주)×2입니다.

대표문제 1 반지름이 28cm인 원 모양의 굴렁쇠를 4바퀴 반 굴렸습니다. 이 굴렁쇠가 굴러간 거리는 몇 cm입니까? (원주율: 3.1)

굴렁쇠가 한 바퀴 굴러간 거리는 굴렁쇠의 원주와 같습니다.

(굴렁쇠의 원주)=□×2×3.1=□(cm)

➡ (굴렁쇠가 4바퀴 반 굴러간 거리)=(원주)×4.5

=□×4.5

=□(cm)

1-1 지름이 10 cm인 원 모양의 고리를 2바퀴 굴렸습니다. 고리가 굴러간 거리는 몇 cm입니까?

(원주율: 3)

(   )

서술형 **1-2** 반지름이 20 cm인 원 모양의 쟁반을 5바퀴 반 굴렸습니다. 이 쟁반이 굴러간 거리는 몇 cm인지 풀이 과정을 쓰고 답을 구하시오. (원주율: 3.14)

풀이

답

1-3 원 모양의 접시를 2바퀴 반 굴렸습니다. 굴러간 거리가 186 cm일 때, 접시의 반지름은 몇 cm인지 구하시오. (원주율: 3.1)

(   )

1-4 ㉮ 굴렁쇠의 지름은 ㉯ 굴렁쇠의 지름보다 8 cm 짧습니다. ㉯ 굴렁쇠로 12바퀴 굴려서 간 거리 1152 cm를 ㉮ 굴렁쇠로 굴려서 가려면 몇 바퀴를 굴려야 합니까? (원주율: 3)

㉯ 굴렁쇠의 지름을 □cm 라고 해 봐.

(   )

전체 원에 대한 부분 원의 비는 중심각의 비와 같다.

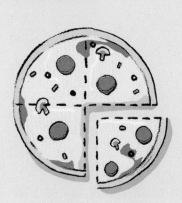

전체 피자의 $\dfrac{1}{4} = \dfrac{90°}{360°}$

반지름이 8cm인 원을 8등분 하여 색칠한 도형은
선분으로 된 도형과, 곡선이 있는 도형으로 나누어 구합니다.

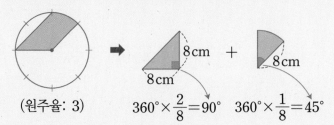

(원주율: 3) $360° \times \dfrac{2}{8} = 90°$ $360° \times \dfrac{1}{8} = 45°$

◢ 의 넓이: $8 \times 8 \div 2 = 32(\text{cm}^2)$

▷ 의 넓이: $8 \times 8 \times 3 \times \dfrac{45°}{360°} = 24(\text{cm}^2)$ $\Bigg]$ ➡ $56\,\text{cm}^2$

대표문제 2

오른쪽 그림은 반지름이 12cm인 원의 둘레를 12등분 하여 점을 찍은
것입니다. 색칠한 부분의 넓이는 몇 cm²인지 구하시오. (원주율: 3.1)

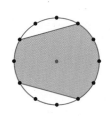

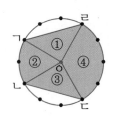

색칠한 부분을 넷으로 나누어 알아봅니다.

(각 ㄱㅇㄹ)=(각 ㄴㅇㄷ)=360°÷12×3= $\boxed{}$°

(각 ㄱㅇㄴ)=360°÷12× $\boxed{}$ = $\boxed{}$°

(각 ㄷㅇㄹ)=360°÷12× $\boxed{}$ = $\boxed{}$°

➡ ①=③=12× $\boxed{}$ ÷2= $\boxed{}$ (cm²) ⟶ 직각삼각형의 넓이

②=12×12×3.1× $\dfrac{\boxed{}°}{360°}$ = $\boxed{}$ (cm²)

④=12×12×3.1× $\dfrac{\boxed{}°}{360°}$ = $\boxed{}$ (cm²)

따라서 (색칠한 부분의 넓이)=72+ $\boxed{}$ +72+ $\boxed{}$ = $\boxed{}$ (cm²)입니다.

2-1 오른쪽 그림은 반지름이 5 cm인 원의 둘레를 4등분 하여 점을 찍은 것입니다. 색칠한 부분의 넓이는 몇 cm²인지 구하시오. (원주율: 3)

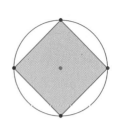

( )

2-2 오른쪽 그림은 반지름이 20 cm인 원의 둘레를 10등분 하여 점을 찍은 것입니다. 색칠한 부분의 넓이는 몇 cm²인지 구하시오. (원주율: 3.1)

( )

2-3 오른쪽 그림은 반지름이 14 cm인 원의 둘레를 8등분 하여 점을 찍은 것입니다. 색칠한 부분의 넓이는 몇 cm²인지 구하시오. (원주율: 3.14)

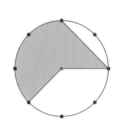

( )

2-4 오른쪽 그림은 원의 둘레를 12등분 하여 점을 찍은 것입니다. 색칠한 부분의 넓이가 90 cm²일 때, 이 원의 반지름은 몇 cm인지 구하시오.

(원주율: 3)

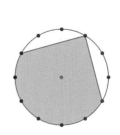

( )

공통 부분을 뺀 면의 넓이가 같다면 두 도형의 넓이는 같다.

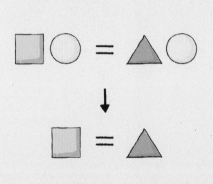

직사각형과 원의 일부를 겹쳤을 때
색칠한 두 부분의 넓이가 같다면 (원주율: 3)

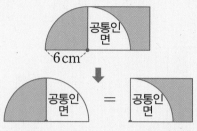

(반원의 넓이) = (직사각형의 넓이)

➡ (직사각형의 넓이) = $6 \times 6 \times 3 \div 2 = 54 (cm^2)$

대표문제 3

오른쪽 그림은 직사각형과 원의 일부를 겹쳐 그린 것입니다. 색칠한 두 부분의 넓이가 같을 때, 선분 ㄱㄴ의 길이를 구하시오.

(원주율: 3.14)

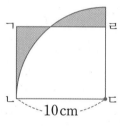

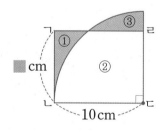

(직사각형의 넓이) = ① + ②, (원의 넓이) $\times \dfrac{1}{4}$ = ② + ③

문제의 조건에서 ① = ③이므로

(직사각형의 넓이) = (원의 넓이) $\times \dfrac{1}{4}$ 입니다.

선분 ㄱㄴ을 ■cm라 하면

$■ \times \boxed{} = 10 \times 10 \times 3.14 \times \dfrac{\boxed{}}{\boxed{}}$, $■ \times 10 = \boxed{}$, $■ = \boxed{}$ 입니다.

따라서 선분 ㄱㄴ의 길이는 $\boxed{}$ cm입니다.

3-1 다음 직사각형과 원의 넓이가 같을 때, 선분 ㄴㄷ의 길이를 구하시오. (원주율: 3)

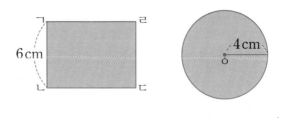

(   )

3-2 오른쪽 그림은 직사각형과 원을 겹쳐 그린 것입니다. 색칠한 두 부분의 넓이가 같을 때, 선분 ㄱㄹ의 길이를 구하시오.

(원주율: 3.14)

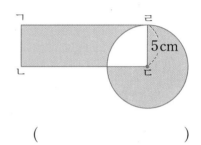

(   )

3-3 오른쪽 그림은 직사각형과 원의 일부를 겹쳐 그린 것입니다. 색칠한 두 부분의 넓이가 같을 때, 선분 ㄱㄴ의 길이를 구하시오.

(원주율: 3.1)

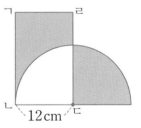

(   )

3-4 오른쪽 그림은 직각삼각형과 원의 일부를 겹쳐 그린 것입니다. 색칠한 두 부분의 넓이가 같을 때, 원의 반지름의 길이를 구하시오.

(원주율: 3)

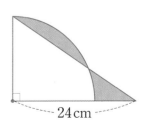

(   )

선분은 변이나 반지름으로, 곡선은 원주로 알 수 있다.

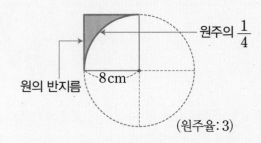

원주의 $\frac{1}{4}$

원의 반지름

8cm

(원주율: 3)

(색칠한 부분의 둘레)＝(반지름×2)＋(원주의 $\frac{1}{4}$)

$$=(8×2)+(8×2×3×\frac{1}{4})$$

$$=28(cm)$$

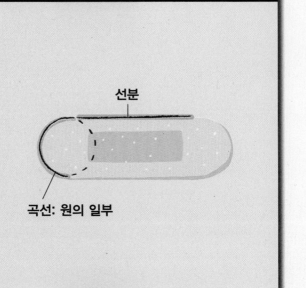

선분

곡선: 원의 일부

4 대표문제

오른쪽 그림은 정사각형 안에 원의 일부를 그린 것입니다. 색칠한 부분의 둘레는 몇 cm입니까? (원주율: 3.1)

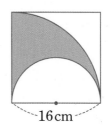

16cm

① 　(정사각형의 한 변의 길이)＝16cm

16cm

② 　(반지름이 16cm인 원의 원주)×$\frac{1}{4}$＝16×☐×3.1×$\frac{☐}{☐}$

16cm

　　　　　　　　　＝☐(cm)

③ 　(지름이 16cm인 원의 원주)×$\frac{1}{2}$＝16×3.1×$\frac{☐}{☐}$＝☐(cm)

16cm

➡ (색칠한 부분의 둘레)＝①＋②＋③＝16＋☐＋☐＝☐(cm)

4-1 오른쪽 그림은 정사각형 안에 원의 일부를 그린 것입니다. 색칠한 부분의 둘레는 몇 cm입니까? (원주율: 3)

(   )

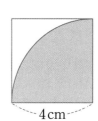

4-2 오른쪽 그림은 정사각형 안에 원의 일부를 그린 것입니다. 색칠한 부분의 둘레는 몇 cm입니까? (원주율: 3.14)

(   )

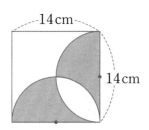

4-3 오른쪽 그림에서 큰 원의 지름이 24 cm일 때, 색칠한 부분의 둘레는 몇 cm입니까? (원주율: 3.1)

(   )

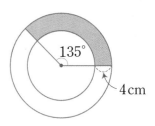

4-4 오른쪽 그림에서 직사각형과 반원의 넓이는 같습니다. 색칠한 부분의 둘레는 몇 cm입니까? (원주율: 3.14)

직사각형의 세로를 ☐cm 라고 해 봐.

(   )

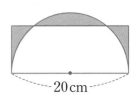

각의 합이 360°보다 크면 원 1개의 넓이보다 넓다.

오른쪽 그림은 삼각형의 각 꼭짓점을 중심으로 반지름이 3cm인 원의 일부를 그려 색칠한 것입니다.

삼각형의 세 각의 크기의 합은 180°이므로 색칠한 부분을

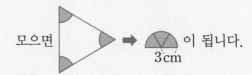

모으면 ➡ 이 됩니다.

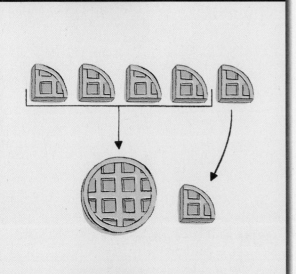

5 대표문제

오른쪽 그림은 오각형의 각 꼭짓점을 중심으로 반지름이 6cm인 원의 일부를 그려 색칠한 것입니다. 색칠한 부분의 넓이는 몇 cm²입니까?

(원주율: 3.1)

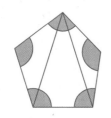

오각형은 왼쪽 그림과 같이 세 개의 삼각형으로 나눌 수 있으므로

오각형의 모든 각의 크기의 합은 $180° \times 3 = \boxed{}$°입니다.

$540° \div 360° = 1.5$이므로

<u>색칠한 부분의 넓이는 반지름이 6cm인 원의 넓이의 1.5배와 같습니다.</u>

➡ (색칠한 부분의 넓이)$= 6 \times 6 \times 3.1 \times \boxed{} = \boxed{}$(cm²)

5 - 1 오른쪽 그림은 사각형의 각 꼭짓점을 중심으로 반지름이 4 cm인 원의 일부를 그려 색칠한 것입니다. 색칠한 부분의 넓이는 몇 cm²입니까?

(원주율: 3)

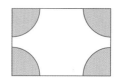

(   )

5 - 2 오른쪽 그림은 육각형의 각 꼭짓점을 중심으로 반지름이 9 cm인 원의 일부를 그려 색칠한 것입니다. 색칠한 부분의 넓이는 몇 cm²입니까?

(원주율: 3.14)

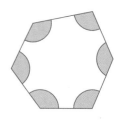

(   )

5 - 3 오른쪽 그림은 팔각형의 각 꼭짓점을 중심으로 반지름이 7 cm인 원의 일부를 그려 색칠한 것입니다. 색칠한 부분의 넓이는 몇 cm²입니까?

팔각형의 모든 각의 크기의 합을 구해 봐.

(원주율: 3.1)

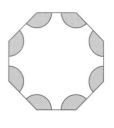

(   )

5 - 4 오른쪽 그림은 삼각형의 각 꼭짓점을 중심으로 반지름이 8 cm인 원을 그려 색칠한 것입니다. 색칠한 부분의 넓이는 몇 cm²입니까?

(원주율: 3.1)

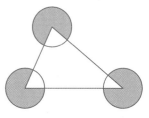

(   )

도형을 옮겨서 색칠한 부분을 한 덩어리로 만든다.

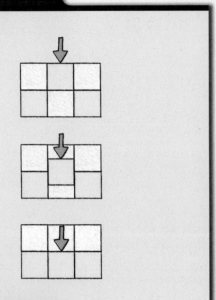

지름이 4cm인 반원을 왼쪽 빈 곳으로 옮기면

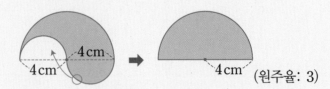

(원주율: 3)

색칠한 부분은 반지름이 4cm인 반원이 됩니다.

➡ (색칠한 부분의 넓이)=$4 \times 4 \times 3 \div 2 = 24 (cm^2)$

6 오른쪽 그림은 원 안에 크기가 같은 정삼각형을 그려 색칠한 것입니다.
색칠한 부분의 넓이는 몇 cm^2인지 구하시오. (원주율: 3.14)

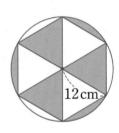

12cm

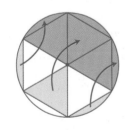

색칠한 부분을 왼쪽 그림과 같이 옮겨 보면

색칠한 부분의 넓이는 반지름이 12cm인 원의 넓이의 $\dfrac{1}{2}$과 같습니다.

➡ (색칠한 부분의 넓이)=$\boxed{} \times 12 \times 3.14 \times \dfrac{\boxed{}}{\boxed{}}$

$= \boxed{} (cm^2)$

6-1 오른쪽 그림은 원과 반원을 겹쳐 그려 색칠한 것입니다. 색칠한 부분의 넓이는 몇 cm²인지 구하시오. (원주율: 3)

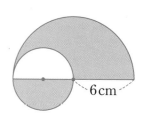

(   )

6-2 오른쪽 그림은 한 변이 7 cm인 정사각형 6개를 겹치지 않게 이어 붙인 뒤 원의 일부를 그려 색칠한 것입니다. 색칠한 부분의 넓이는 몇 cm²인지 구하시오. (원주율: 3.14)

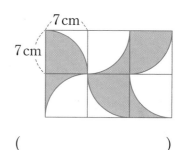

(   )

6-3 오른쪽 그림은 정사각형 안에 원의 일부를 그려 색칠한 것입니다. 색칠한 부분의 넓이는 몇 cm²인지 구하시오. (원주율: 3.1)

색칠한 부분을 옮길 수 있게 대각선을 그어 봐.

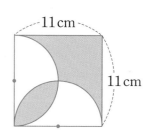

(   )

6-4 오른쪽 그림은 원 안에 원의 일부를 그려 색칠한 것입니다. 색칠한 부분의 넓이는 몇 cm²인지 구하시오. (원주율: 3)

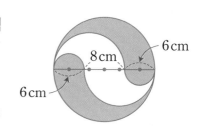

(   )

원에 꼭 맞는 정사각형의 한 변의 길이와 지름은 같다.

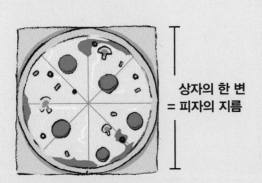

상자의 한 변
= 피자의 지름

원주가 30 cm인 원을 정사각형 안에
꼭 맞게 그렸을 때
(원의 지름)=(정사각형의 한 변)입니다.

(원주율: 3)

➡ (지름)×3=30, (지름)=10(cm)

(색칠한 부분의 넓이)=(정사각형의 넓이)−(원의 넓이)
=(10×10)−(5×5×3)
=25(cm²)

대표문제 7 오른쪽 그림은 밑면의 둘레가 43.96 cm씩인 원통 4개를 상자에 꼭 맞게 담아 위에서 본 모양을 그린 것입니다. 비어 있는 부분의 넓이는 몇 cm² 입니까? (단, 상자의 두께는 생각하지 않고, 원주율은 3.14입니다.)

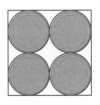

원통의 밑면의 반지름을 ■cm라 하면 ■×2×3.14=43.96, ■=☐이므로

(원통의 밑면의 넓이)=☐×☐×3.14=☐(cm²)입니다.

상자의 바닥은 한 변의 길이가 ☐×4=☐(cm)인 정사각형 모양이므로
└─── 바닥의 한 변의 길이는 원통의 밑면의 반지름의 4배입니다.

(바닥의 넓이)=28×☐=☐(cm²)입니다.

➡ (비어 있는 부분의 넓이)=(바닥의 넓이)−(원통의 밑면의 넓이)×4

=☐−☐×4

=☐(cm²)

7-1 오른쪽 그림은 밑면의 반지름이 2cm씩인 원통 2개를 상자에 꼭 맞게 담아 위에서 본 모양을 그린 것입니다. 비어 있는 부분의 넓이는 몇 cm²입니까? (단, 상자의 두께는 생각하지 않고, 원주율은 3입니다.)

(   )

7-2 오른쪽 그림은 밑면의 둘레가 24.8cm씩인 원통 6개를 상자에 꼭 맞게 담아 위에서 본 모양을 그린 것입니다. 비어 있는 부분의 넓이는 몇 cm²입니까? (단, 상자의 두께는 생각하지 않고, 원주율은 3.1입니다.)

(   )

7-3 오른쪽 그림은 직사각형 모양의 상자에 크기가 같은 원통 3개를 상자에 꼭 맞게 담아 위에서 본 모양을 그린 것입니다. 비어 있는 부분의 넓이가 67.5cm²일 때, 원통의 한 밑면의 둘레를 구하시오. (단, 상자의 두께는 생각하지 않고, 원주율은 3.1입니다.)

(   )

7-4 둘레가 144cm인 정사각형 안에 반지름이 6cm인 원을 그리려고 합니다. 원을 겹치지 않게 최대한 많이 그렸을 때, 남은 부분의 넓이는 몇 cm²인지 구하시오. (단, 상자의 두께는 생각하지 않고, 원주율은 3입니다.)

(   )

최상위 S

두께가 같은
원을 만드는 재료의 비는 넓이의 비와 같다.

반지름이 2cm인 전을 만드는 데 달걀이 20g 필요하다면

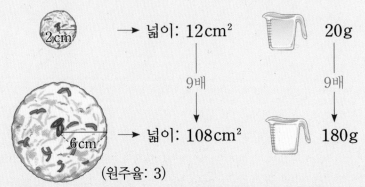

넓이: 12cm² → 20g

9배 ↓ 9배 ↓

넓이: 108cm² → 180g

(원주율: 3)

반지름이 6cm인 전을 만드는 데에는 달걀이 180g 필요합니다.

대표문제 8

지름이 10cm인 피자를 만드는 데 밀가루가 25g 필요합니다. 이 피자와 같은 두께로 지름이 20cm인 피자를 만들려면 밀가루가 몇 g 필요한지 구하시오. (원주율: 3.1)

|←10cm→| |←─ 20cm ─→|

 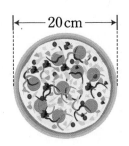

(지름이 10cm인 피자의 넓이)＝□×□×3.1＝77.5(cm²)

(지름이 20cm인 피자의 넓이)＝10×10×3.1＝□(cm²)

□÷77.5＝□이므로 지름이 20cm인 피자를 만드는 데 필요한 밀가루의 양은

지름이 10cm인 피자를 만드는 데 필요한 밀가루의 양의 □배입니다.

따라서 (필요한 밀가루의 양)＝25×□＝□(g)입니다.

8-1 넓이가 $16\,\text{cm}^2$인 원을 색칠하는 데 물감이 $6\,\text{g}$ 필요합니다. 반지름이 $4\,\text{cm}$인 원을 색칠하려면 물감이 몇 g 필요한지 구하시오. (원주율: 3)

(   )

서술형 **8-2** 반지름이 $7\,\text{cm}$인 팬케이크를 만드는 데 설탕이 $32\,\text{g}$ 필요합니다. 이 팬케이크와 같은 두께로 반지름이 $14\,\text{cm}$인 팬케이크를 만들려면 설탕이 몇 g 필요한지 풀이 과정을 쓰고 답을 구하시오. (원주율: 3.1)

풀이 ....

....

....

답 ....

8-3 지름이 $36\,\text{cm}$인 부침개를 만드는 데 필요한 밀가루의 양은 두께가 같은 지름이 $12\,\text{cm}$인 부침개를 만드는 데 필요한 밀가루의 양의 몇 배인지 구하시오. (원주율: 3)

(   )

8-4 ㉮ 피자와 ㉯ 피자의 두께는 서로 같습니다. ㉮ 피자의 반지름이 ㉯ 피자의 반지름의 1.5배일 때, ㉮ 피자를 만드는 데 필요한 밀가루의 양은 ㉯ 피자를 만드는 데 필요한 밀가루의 양의 몇 배인지 구하시오. (원주율: 3.14)

⑭ 피자의 반지름을 ☐cm 라고 해 봐.

(   )

선을 그어 선분과 곡선으로 이루어진 도형을 만든다.

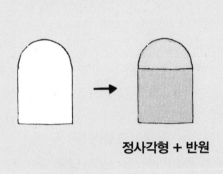

정사각형 + 반원

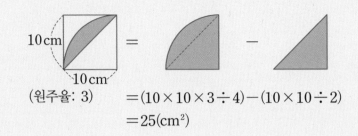

(원주율: 3)

$$= (10 \times 10 \times 3 \div 4) - (10 \times 10 \div 2)$$
$$= 25(cm^2)$$

대표문제 9 한 변이 12cm인 정사각형 안에 반원 2개가 오른쪽과 같이 겹쳐져 있습니다. 색칠한 부분의 넓이는 몇 cm²인지 구하시오. (원주율: 3.1)

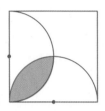

 빗금 친 부분의 넓이는 반지름이 6cm인 원의 넓이의 $\frac{1}{4}$배에서

밑변의 길이와 높이가 각각 6cm인 삼각형의 넓이를 뺀 것입니다.

➡ $6 \times 6 \times \boxed{} \times \frac{1}{4} - \boxed{} \times 6 \div 2 = \boxed{}$ (cm²)

따라서 (색칠한 부분의 넓이) $= \boxed{} \times 2 = \boxed{}$ (cm²)입니다.

└ 빗금 친 부분의 2배입니다.

9-1 크기가 다른 정사각형 2개와 원이 오른쪽과 같이 겹쳐져 있습니다. 색칠한 부분의 넓이는 몇 cm²인지 구하시오. (원주율: 3)

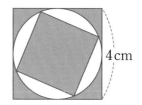

(   )

9-2 크기가 같은 원 4개가 오른쪽과 같이 겹쳐져 있습니다. 색칠한 부분의 넓이는 몇 cm²인지 구하시오. (원주율: 3.14)

색칠한 부분을 같은 모양 8개로 나눠 봐.

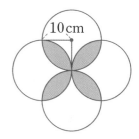

(   )

9-3 크기가 다른 원의 일부가 오른쪽과 같이 겹쳐져 있습니다. 색칠한 부분의 넓이는 몇 cm²인지 구하시오. (원주율: 3.1)

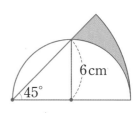

(   )

9-4 크기가 같은 원 2개와 정사각형이 오른쪽과 같이 겹쳐져 있습니다. 색칠한 부분의 넓이는 몇 cm²인지 구하시오. (원주율: 3)

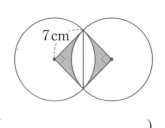

(   )

MATH MASTER

1 오른쪽 그림에서 색칠한 부분과 원 중 어느 쪽의 넓이가 얼마나 더 넓은지 구하시오. (원주율: 3.14)

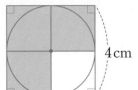

(   ),(   )

2 오른쪽 그림은 원의 일부가 잘린 것입니다. 색칠한 부분의 넓이는 몇 cm^2입니까? (원주율: 3.1)

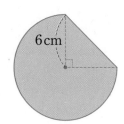

(   )

3 오른쪽 그림에서 색칠한 부분의 둘레는 몇 cm입니까?

(원주율: 3)

(   )

4 오른쪽 그림은 직사각형과 원을 겹쳐 그린 것입니다. 겹쳐진 부분의 넓이가 직사각형의 넓이의 $\frac{5}{8}$배일 때, 직사각형의 넓이는 몇 cm^2입니까? (원주율: 3)

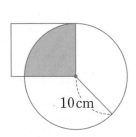

(   )

서술형 5 오른쪽 그림은 큰 원 안에 크기가 같은 작은 원 3개를 그린 것입니다. 작은 원 한 개의 원주가 24.8 cm일 때, 큰 원의 원주는 몇 cm인지 풀이 과정을 쓰고 답을 구하시오. (원주율: 3.1)

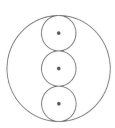

풀이 ....

....

....

답 ....

6 반지름이 각각 4 cm, 12 cm인 두 원이 있습니다. 이 두 원의 원주의 차는 반지름이 몇 cm인 원의 원주와 같은지 구하시오. (원주율: 3.1)

(   )

7 그림과 같이 크기가 같은 원통 3개를 나란히 놓고 끈으로 묶을 때, 필요한 끈의 길이는 몇 cm인지 구하시오. (단, 끈을 묶는 데 사용한 매듭의 길이는 생각하지 않고, 원주율은 3.14입니다.)

9 cm

(   )

먼저 생각해 봐요!
직선 부분과 곡선 부분으로 나누어 보면?

8 오른쪽은 한 변이 14 cm인 정사각형 안에 원의 일부를 그린 것입니다. 색칠한 부분의 넓이는 몇 cm²입니까? (원주율: 3.14)

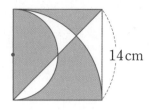

14 cm

먼저 생각해 봐요!
대각선을 그어 색칠한
부분을 옮겨 볼까?

( )

9 반지름이 1 cm인 원이 오른쪽과 같이 사각형의 바깥쪽 둘레를 따라 한 바퀴 움직였을 때, 원이 지나간 부분의 넓이는 몇 cm²입니까? (원주율: 3.1)

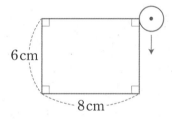

6 cm

8 cm

먼저 생각해 봐요!
원이 지나간 부분의 넓이

( )

10 가로가 20 m, 세로가 14 m인 직사각형 모양의 울타리를 만들고 울타리의 한 모퉁이에 길이가 26 m인 줄로 소를 묶어 놓았습니다. 이 소가 움직일 수 있는 부분의 넓이는 최대 몇 m²인지 구하시오. (단, 울타리 안에는 소가 들어갈 수 없고, 원주율은 3입니다.)

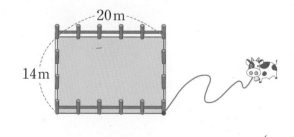

20 m

14 m

( )

6

원기둥, 원뿔, 구

1 원기둥, 원기둥의 전개도

- 선이 모여 면이 됩니다.
- 면이 모여 입체가 됩니다.

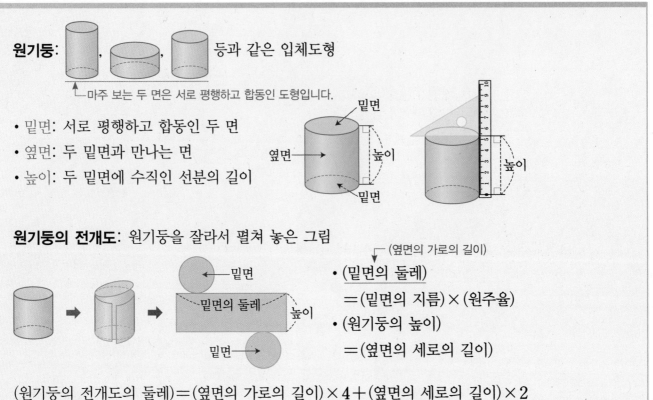

원기둥: , , 등과 같은 입체도형

└─ 마주 보는 두 면은 서로 평행하고 합동인 도형입니다.

- **밑면**: 서로 평행하고 합동인 두 면
- **옆면**: 두 밑면과 만나는 면
- **높이**: 두 밑면에 수직인 선분의 길이

원기둥의 전개도: 원기둥을 잘라서 펼쳐 놓은 그림

- (밑면의 둘레)
  =(밑면의 지름)×(원주율)
- (원기둥의 높이)
  =(옆면의 세로의 길이)

(원기둥의 전개도의 둘레)=(옆면의 가로의 길이)×4+(옆면의 세로의 길이)×2

---

1 원기둥과 원기둥의 전개도를 보고 □ 안에 알맞은 수를 써넣으시오. (원주율: 3.14)

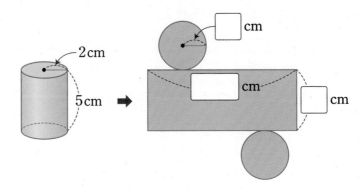

2 오른쪽 원기둥의 전개도를 그렸을 때, 전개도의 옆면의 둘레는 몇 cm입니까? (원주율: 3)

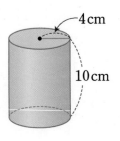

( )

원기둥과 각기둥의 비교

입체도형	같은 점	다른 점
	• 기둥 모양의 입체도형입니다. • 밑면이 서로 평행하고 합동입니다.	• 밑면은 원이고 옆면은 굽은 면입니다. • 꼭짓점과 모서리가 없습니다.
		• 밑면은 다각형이고 옆면은 평면입니다. • 꼭짓점과 모서리가 있습니다.

3 오른쪽 입체도형이 원기둥이 <u>아닌</u> 이유를 쓰시오.

이유 ....

....

회전체

평면도형의 한 변을 기준으로 한 바퀴 돌리면 만들어지는 입체도형

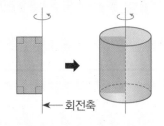
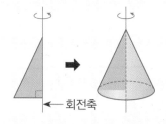
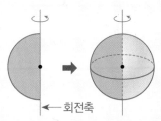

4 다음 평면도형의 한 변을 기준으로 한 바퀴 돌리면 만들어지는 입체도형을 그려 보시오.

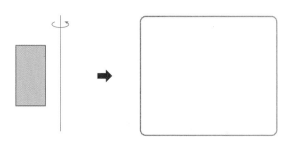

2 원뿔, 구

- 면이 쌓여서 입체가 됩니다.
- 평평한 면과 뾰족한 부분이 있는 것을 뿔 모양이라고 합니다.

원뿔:  등과 같은 입체도형

↳ 평평한 면이 원이고 옆을 둘러싼 면이 굽은 면인 뾰족한 뿔 모양의 입체도형

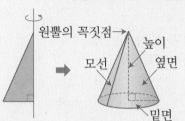

- 밑면: 평평한 면
- 옆면: 옆을 둘러싼 굽은 면
- 원뿔의 꼭짓점: 뾰족한 부분의 점
- 높이: 꼭짓점에서 밑면에 수직인 선분의 길이

- 모선: 꼭짓점과 밑면인 원의 둘레의 한 점을 이은 선분

↳ 한 원뿔에서 모선은 무수히 많고 길이는 모두 같습니다.

구: 등과 같은 입체도형

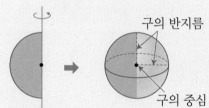

- 구의 중심: 가장 안쪽에 있는 점
- 구의 반지름: 구의 중심에서 구의 겉면의 한 점을 이은 선분

중1 연계
● 원뿔의 전개도

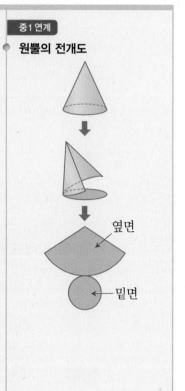

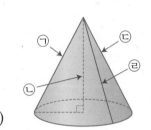 옆면

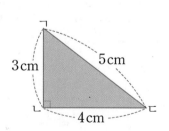

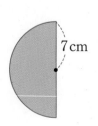 밑면

---

1 오른쪽 원뿔에서 나타내는 것이 다른 하나를 찾아 기호를 쓰시오.

( )

2 오른쪽 직각삼각형 ㄱㄴㄷ을 변 ㄴㄷ을 기준으로 한 바퀴 돌려서 만든 입체도형의 밑면의 반지름은 몇 cm입니까?

( )

3cm 5cm 4cm

3 오른쪽 반원의 지름을 기준으로 한 바퀴 돌려서 만든 입체도형의 지름은 몇 cm입니까?

7cm

( )

원기둥, 원뿔, 구의 비교

입체도형	같은 점	다른 점
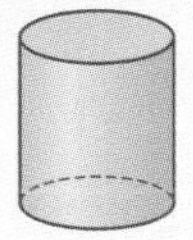		• 기둥 모양입니다. • 앞과 옆에서 본 모양은 직사각형입니다.
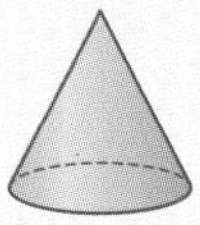	• 굽은 면으로 둘러싸여 있습니다. • 위에서 본 모양은 모두 원입니다.	• 뿔 모양입니다. • 뾰족한 부분이 있습니다. • 앞과 옆에서 본 모양은 삼각형입니다.
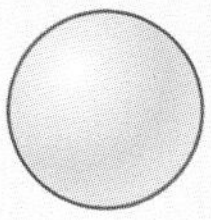		• 공 모양입니다. • 어느 방향에서 보아도 모양이 같습니다.

4 위, 앞, 옆에서 본 모양이 모두 원인 입체도형의 이름을 쓰시오.

( )

원기둥, 원뿔, 구의 단면 ┌─ 입체도형을 평면으로 자를 때 생기는 도형의 면

입체도형	원기둥	원뿔	구
회전축을 품은 평면으로 자른 경우	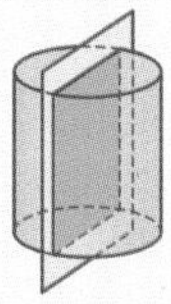 ➡ 직사각형	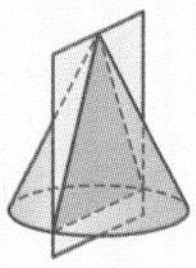 ➡ 이등변삼각형	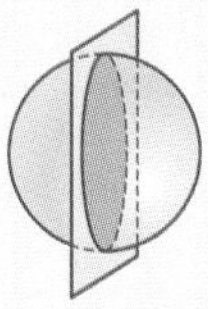 ➡ 원
회전축에 수직인 평면으로 자른 경우	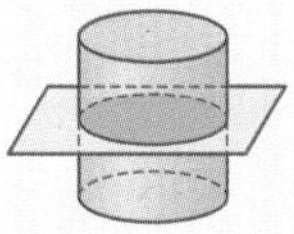 ➡ 원	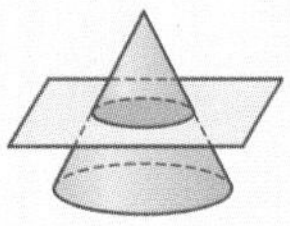 ➡ 원	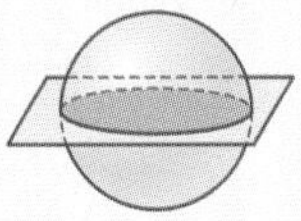 ➡ 원

└─ 원기둥의 단면은 항상 합동인 원이지만 원뿔과 구의 단면은 항상 합동인 원이 아닙니다.

5 어떤 입체도형을 잘랐더니 단면의 모양이 다음과 같았습니다. 이 입체도형의 이름을 쓰시오.

회전축을 품은 평면으로 자른 경우	회전축에 수직인 평면으로 자른 경우
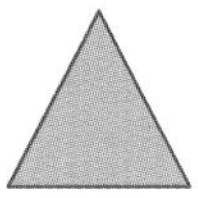	

( )

3 원기둥의 겉넓이와 부피

- 입체를 잘라 펼치면 면이 됩니다.
- 면이 쌓여서 입체가 됩니다.
- 면은 둘레와 넓이를 가집니다.
- 입체는 넓이와 높이를 가지므로 공간에서 크기를 차지합니다.

원기둥의 겉넓이

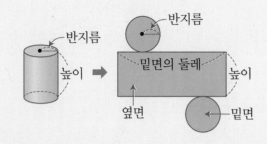

$$\boxed{(\text{원기둥의 겉넓이})=(\text{밑면의 넓이})\times2+(\text{옆면의 넓이})}$$

(밑면의 넓이)=(원의 넓이)=(반지름)×(반지름)×(원주율)

(옆면의 넓이)=(직사각형의 넓이)=(밑면의 둘레)×(높이)

예 원주율: 3.1

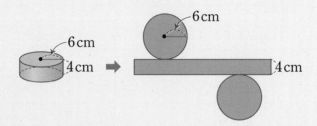

(밑면의 넓이)$=6\times6\times3.1=111.6(cm^2)$

(밑면의 둘레)$=6\times2\times3.1=37.2(cm)$

(옆면의 넓이)$=37.2\times4=148.8(cm^2)$

➡ (원기둥의 겉넓이)$=111.6\times2+148.8=372(cm^2)$

---

1 오른쪽 전개도로 만들어지는 원기둥의 겉넓이를 구하시오.

(원주율: 3.1)

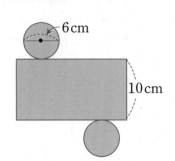

(   )

2 오른쪽 원기둥의 겉넓이를 구하시오. (원주율: 3)

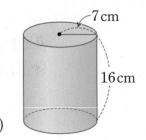

(   )

3-2 BASIC CONCEPT

직사각형의 한 변을 기준으로 한 바퀴 돌려서 만든 원기둥의 겉넓이 (원주율: 3.1)

예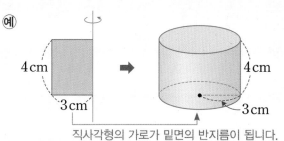

(밑면의 넓이)$=3\times3\times3.1=27.9(\text{cm}^2)$
(밑면의 둘레)$=3\times2\times3.1=18.6(\text{cm})$
(옆면의 넓이)$=18.6\times4=74.4(\text{cm}^2)$
➡ (원기둥의 겉넓이)$=27.9\times2+74.4$
$=130.2(\text{cm}^2)$

직사각형의 가로가 밑면의 반지름이 됩니다.

3 오른쪽 직사각형의 한 변을 기준으로 한 바퀴 돌려서 만든 원기둥의 겉넓이는 몇 cm²입니까? (원주율: 3)

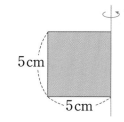

( )

3-3 BASIC CONCEPT

중등 연계

원기둥의 부피

원기둥은 그림과 같이 원이 쌓여 만들어진 입체도형입니다.

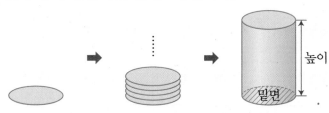

(원기둥의 부피)$=$(밑면의 넓이)$\times$(높이)
$=$(반지름)$\times$(반지름)$\times$(원주율)$\times$(높이)

4 오른쪽 전개도로 만들어지는 원기둥의 부피는 몇 cm³입니까?
(원주율: 3.1)

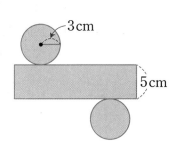

( )

원기둥의 전개도에서 길이가 같은 부분을 찾아본다.

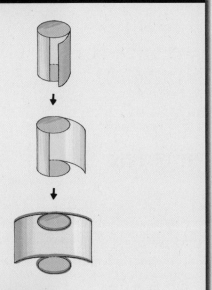

옆면의 가로가 5 cm, 옆면의 세로가 3 cm인
원기둥의 전개도에서

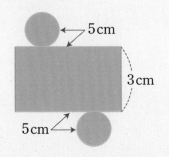

(원기둥의 전개도의 둘레)$=5\times4+3\times2$
$=26\text{(cm)}$

오른쪽 원기둥의 전개도에서 밑면의 둘레가 10 cm일 때, 이 원기둥의 전개도의 둘레는 몇 cm입니까?

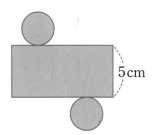

(원기둥의 전개도의 둘레)

$=$(밑면의 둘레)$\times2+$(옆면인 직사각형의 둘레)

$=$(밑면의 둘레)$\times2+$(밑면의 둘레)$\times2+$(옆면의 세로의 길이)$\times2$

$=$(밑면의 둘레)$\times4+$(옆면의 세로의 길이)$\times2$

$=\boxed{}\times4+\boxed{}\times2$

$=\boxed{}\text{(cm)}$

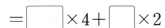

1-1 오른쪽 원기둥의 전개도에서 밑면의 둘레가 6 cm일 때, 이 원기둥의 전개도의 둘레는 몇 cm입니까?

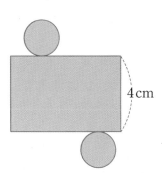

(   )

1-2 밑면의 둘레가 24.8 cm이고 높이가 12 cm인 원기둥이 있습니다. 이 원기둥의 전개도의 둘레는 몇 cm입니까?

(   )

서술형 **1-3** 밑면의 지름이 10 cm이고 높이기 8 cm인 원기둥이 있습니다. 이 원기둥의 전개도의 둘레는 몇 cm인지 풀이 과정을 쓰고 답을 구하시오. (원주율: 3)

풀이 ....

....

....

답 ....

1-4 오른쪽 원기둥의 전개도의 둘레가 155.6 cm일 때, 밑면의 지름은 몇 cm입니까? (원주율: 3.14)

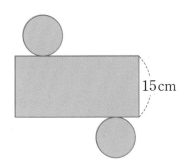

(   )

높이가 같고
밑면의 반지름이 ●배가 되면 부피는 (●×●)배가 된다.

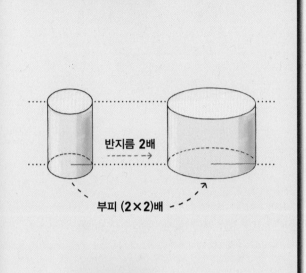

원주율: 3.1

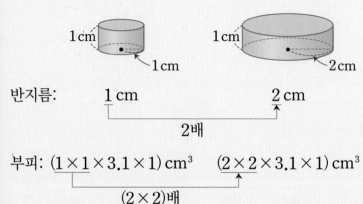

반지름: 1 cm   2 cm

2배

부피: $(1×1×3.1×1)\,cm^3$ $(2×2×3.1×1)\,cm^3$

(2×2)배

대표문제 2 오른쪽과 같은 원기둥의 밑면의 반지름만 2배로 늘려서 새로운 원기둥을 만들었습니다. 새로 만든 원기둥의 부피는 처음 원기둥의 부피의 몇 배인지 구하시오. (원주율: 3.1)

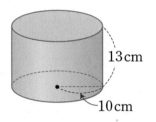

13 cm

10 cm

(새로 만든 원기둥의 밑면의 반지름)$=10×2=$ ☐ (cm)

(원기둥의 부피)=(밑면의 넓이)×(높이)

(처음 원기둥의 부피)$=$ ☐ $×10×3.1×$ ☐ $=$ ☐ (cm³)

(새로 만든 원기둥의 부피)$=$ ☐ $×20×3.1×$ ☐ $=$ ☐ (cm³)   ×☐

➡ (새로 만든 원기둥의 부피)=(처음 원기둥의 부피)× ☐ 이므로 ☐ 배입니다.

2-1 오른쪽과 같은 원기둥의 밑면의 반지름만 2배로 늘려서 새로운 원기둥을 만들었습니다. 새로 만든 원기둥의 부피는 처음 원기둥의 부피의 몇 배인지 구하시오. (원주율: 3)

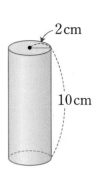
2 cm
10 cm

(   )

2-2 오른쪽과 같은 원기둥의 밑면의 반지름만 3배로 늘려서 새로운 원기둥을 만들었습니다. 새로 만든 원기둥의 부피는 처음 원기둥의 부피의 몇 배인지 구하시오. (원주율: 3.1)

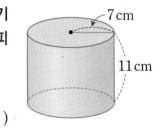
7 cm
11 cm

(   )

2-3 밑면의 반지름이 9 cm, 높이가 12 cm인 원기둥이 있습니다. 이 원기둥의 밑면의 반지름만 몇 배로 늘려서 새로운 원기둥을 만들었더니 새로 만든 원기둥의 부피는 처음 원기둥의 부피의 9배가 되었습니다. 새로 만든 원기둥의 밑면의 반지름은 몇 cm입니까? (원주율: 3.14)

(   )

2-4 어떤 원기둥의 밑면의 반지름과 높이를 각각 2배로 늘려서 새로운 원기둥을 만들었습니다. 새로 만든 원기둥의 부피가 4340 cm³일 때, 처음 원기둥의 부피는 몇 cm³인지 구하시오. (원주율: 3.1)

(   )

최상위 S

원기둥을 앞에서 본 모양은 원기둥을 세로로 자른 단면과 같다.

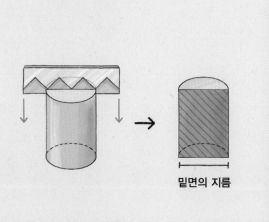

밑면의 지름

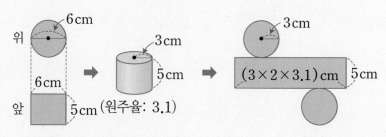

(원기둥의 겉넓이)=$\underbrace{(3 \times 3 \times 3.1) \times 2}_{\text{두 밑면의 넓이}}$+$\underbrace{(3 \times 2 \times 3.1) \times 5}_{\text{옆면의 넓이}}$

=55.8+93=148.8(cm²)

대표문제 3

오른쪽은 어떤 원기둥을 위와 앞에서 본 모양입니다. 이 원기둥의 겉넓이는 몇 cm²인지 구하시오. (원주율: 3.14)

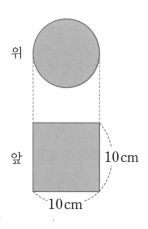

위

앞

10 cm

10 cm

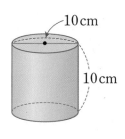

10 cm

10 cm

원기둥을 그려 보면 왼쪽과 같습니다.

(밑면의 반지름)=□÷2=5(cm), (높이)=10 cm

➡ (원기둥의 겉넓이)

=(밑면의 넓이)×2+(옆면의 넓이)

(반지름)×(반지름)×(원주율) (밑면의 둘레)×(높이)

=(□×5×3.14)×2+□×2×3.14×□

=□+314=□(cm²)

3-1 오른쪽은 어떤 원기둥을 위와 앞에서 본 모양입니다. 이 원기둥의 겉넓이는 몇 cm²인지 구하시오. (원주율: 3)

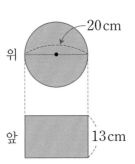

( )

3-2 오른쪽은 어떤 원기둥을 위와 앞에서 본 모양입니다. 이 원기둥의 겉넓이는 몇 cm²인지 구하시오. (원주율: 3.1)

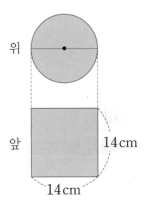

( )

3-3 오른쪽은 밑면의 넓이가 251.1 cm²인 원기둥을 앞에서 본 모양입니다. 이 원기둥의 겉넓이는 몇 cm²인지 구하시오. (원주율: 3.1)

( )

3-4 오른쪽은 위와 아래에 있는 면이 서로 평행하고 합동인 기둥 모양의 입체도형을 위와 앞에서 본 모양입니다. 이 입체도형의 겉넓이는 몇 cm²인지 구하시오. (원주율: 3)

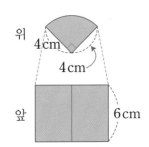

( )

겉넓이로 원기둥의 높이 또는 밑면의 반지름을 구한다.

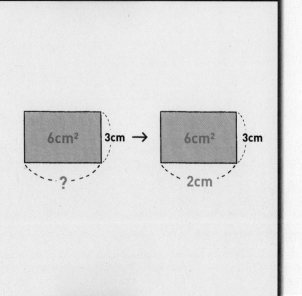

원주율: 3.1

3cm

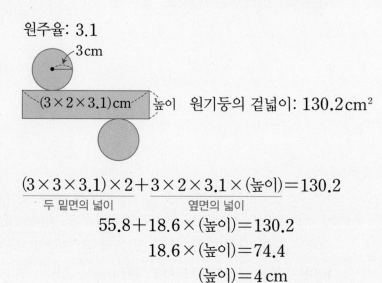

(3×2×3.1)cm 높이   원기둥의 겉넓이: 130.2 cm²

$$\underbrace{(3 \times 3 \times 3.1) \times 2}_{\text{두 밑면의 넓이}} + \underbrace{3 \times 2 \times 3.1 \times (높이)}_{\text{옆면의 넓이}} = 130.2$$

$$55.8 + 18.6 \times (높이) = 130.2$$

$$18.6 \times (높이) = 74.4$$

$$(높이) = 4\,cm$$

대표문제 4 오른쪽 원기둥의 겉넓이가 1134 cm²일 때, 높이는 몇 cm입니까?

(원주율: 3)

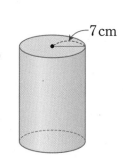

7 cm

원기둥의 높이를 ■cm라 하면

(밑면의 넓이)×2＋(옆면의 넓이)＝(원기둥의 겉넓이)

$$(\boxed{} \times 7 \times 3) \times 2 + \boxed{} \times 2 \times 3 \times ■ = 1134$$

$$\boxed{} + \boxed{} \times ■ = 1134$$

$$■ = \boxed{}$$

따라서 원기둥의 높이는 $\boxed{}$ cm입니다.

4-1 오른쪽 원기둥의 옆면의 넓이가 120 cm²일 때, 높이는 몇 cm입니까?

(원주율: 3)

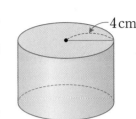

( )

서술형 **4-2** 오른쪽 원기둥의 겉넓이가 2826 cm²일 때, 옆면의 둘레는 몇 cm인지 풀이 과정을 쓰고 답을 구하시오. (원주율: 3.14)

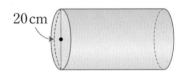

풀이 ....

....

....

답 ....

4-3 오른쪽 직사각형의 한 변을 기준으로 한 바퀴 돌려서 만든 입체도형의 겉넓이는 1060.2 cm²입니다. 이 입체도형의 옆면의 둘레는 몇 cm입니까?

(원주율: 3.1)

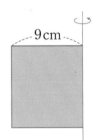

( )

4-4 오른쪽은 어떤 원기둥을 위와 앞에서 본 모양입니다. 이 원기둥의 옆면의 넓이가 2604 cm²일 때, 겉넓이는 몇 cm²입니까? (원주율: 3.1)

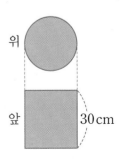

( )

겉넓이는 입체를 둘러싼 모든 면의 넓이의 합이다.

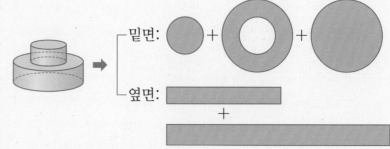

밑면: ⬤ + ⬤ + ⬤

옆면:

대표문제 5 오른쪽 입체도형의 겉넓이는 몇 cm²입니까? (원주율: 3.1)

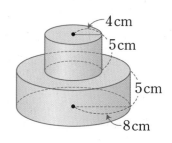

4 cm
5 cm
5 cm
8 cm

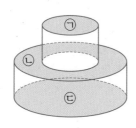

밑면을 살펴보면

(㉠의 넓이)＋(㉡의 넓이)＝(㉢의 넓이)이므로

(밑면의 넓이의 합)＝(큰 원기둥의 밑면의 넓이)×2

$= (8 \times 8 \times 3.1) \times \boxed{}$

$= \boxed{}$ (cm²)입니다.

(옆면의 넓이의 합)＝(작은 원기둥의 옆면의 넓이)＋(큰 원기둥의 옆면의 넓이)

$= 4 \times 2 \times 3.1 \times \boxed{} + \boxed{} \times 2 \times 3.1 \times 5$

$= \boxed{} + 248 = \boxed{}$ (cm²)

➡ (입체도형의 겉넓이)＝(밑면의 넓이의 합)＋(옆면의 넓이의 합)

$= \boxed{} + \boxed{} = \boxed{}$ (cm²)

5-1 오른쪽 입체도형의 겉넓이는 몇 cm²입니까? (원주율: 3)

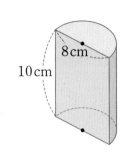

(   )

5-2 오른쪽 입체도형의 겉넓이는 몇 cm²입니까? (원주율: 3)

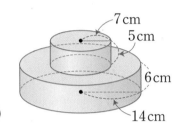

(   )

5-3 오른쪽 직사각형의 한 변을 기준으로 한 바퀴 돌렸을 때 만들어지는 입체도형의 겉넓이는 몇 cm²입니까? (원주율: 3)

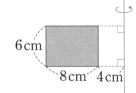

(   )

5-4 오른쪽 직사각형의 한 변을 기준으로 240°만큼 돌렸을 때 만들어지는 입체도형의 겉넓이는 몇 cm²입니까? (원주율: 3.1)

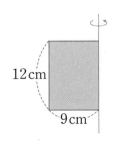

(   )

만들어진 원의 원주와 길이가 같은 것을 찾는다.

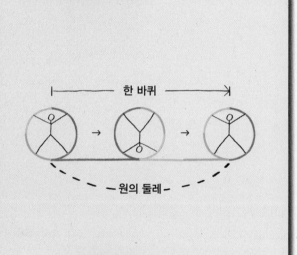

원뿔의 밑면의 반지름이 1 cm이면 (원주율: 3)

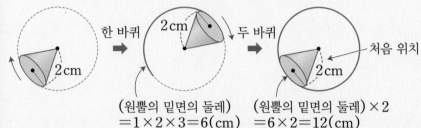

(원뿔의 밑면의 둘레)   (원뿔의 밑면의 둘레)×2
=1×2×3=6(cm)   =6×2=12(cm)

➡ (만들어진 원의 원주)=(원뿔의 밑면의 둘레)×2
                                       =12(cm)

(만들어진 원의 반지름)=(원뿔의 모선)=2 cm

대표문제 6

모선의 길이가 10 cm인 원뿔을 오른쪽과 같이 원뿔의 꼭짓점을
중심으로 하여 5바퀴 돌렸더니 처음 위치에 놓였습니다. 이 원뿔의
밑면의 반지름은 몇 cm입니까? (원주율: 3.14)

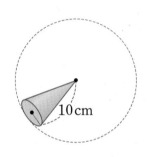

원뿔이 5바퀴 회전한 거리는 반지름이 10 cm인 원의 원주입니다.

원뿔의 밑면의 반지름을 ■ cm라 하면

(원뿔의 밑면의 둘레)×5   =   (반지름이 10 cm인 원의 원주)

(■×2×3.14)× ☐   =   ☐ ×2×3.14

■×31.4   =   ☐

■   =   ☐ 입니다.

따라서 원뿔의 밑면의 반지름은 ☐ cm입니다.

6-1 밑면의 반지름이 $3\,cm$이고, 모선의 길이가 $9\,cm$인 원뿔을 오른쪽과 같이 원뿔의 꼭짓점을 중심으로 하여 돌려 처음 위치에 놓으려고 합니다. 원뿔은 몇 바퀴 회전해야 합니까? (원주율: 3)

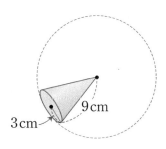

( )

6-2 모선의 길이가 $16\,cm$인 원뿔을 오른쪽과 같이 원뿔의 꼭짓점을 중심으로 하여 4바퀴 돌렸더니 처음 위치에 놓였습니다. 이 원뿔의 밑면의 반지름은 몇 cm입니까? (원주율: 3.1)

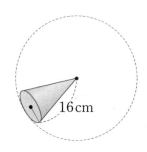

( )

6-3 원뿔을 오른쪽과 같이 원뿔의 꼭짓점을 중심으로 하여 5바퀴 돌렸더니 처음 위치에 놓였습니다. 이 원뿔의 모선의 길이는 밑면의 반지름의 몇 배입니까? (원주율: 3.14)

( )

6-4 밑면의 반지름이 $5\,cm$이고, 모선의 길이가 $15\,cm$인 원뿔을 오른쪽과 같이 원뿔의 꼭짓점을 중심으로 점 ㄱ에서 출발하여 시계 방향으로 한 바퀴 돌렸더니 점 ㄴ에서 멈추었습니다. 각 ㉠은 몇 도입니까?

(원주율: 3.14)

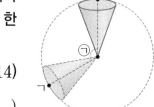

( )

1 원기둥 ㉮와 ㉯의 옆면의 넓이가 같을 때, 원기둥 ㉯의 밑면의 지름은 몇 cm입니까?

(원주율: 3.14)

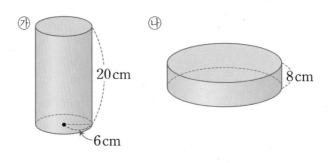

(   )

2 오른쪽 원기둥의 전개도의 둘레가 160.8 cm일 때, 원기둥의 높이는 몇 cm입니까? (원주율: 3.1)

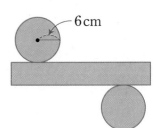

(   )

3 오른쪽 구를 평면으로 자른 단면의 넓이가 가장 넓을 때의 넓이는 몇 cm²입니까? (원주율: 3)

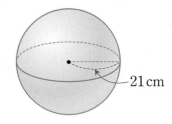

먼저 생각해 봐요!
구의 단면은 어떤 모양일까?

(   )

서술형 4 오른쪽과 같은 원기둥 모양의 롤러에 페인트를 묻혀 바닥에 일직선으로 5바퀴 굴렸습니다. 페인트가 칠해진 부분의 넓이는 몇 cm²인지 풀이 과정을 쓰고 답을 구하시오.

(원주율: 3.14)

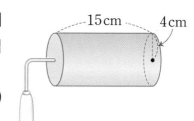

풀이

답

5 원뿔 모양의 고깔모자에 오른쪽과 같이 빨간색 선 부분에 원뿔의 꼭짓점을 지나도록 끈 장식을 붙이려고 합니다. 필요한 끈 장식의 길이는 몇 cm입니까?

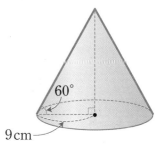

먼저 생각해 봐요!
두 각의 크기가 같은 삼각형은
어떤 삼각형이지?

(   )

6 다음 두 입체도형을 앞에서 본 모양의 둘레는 서로 같습니다. 원기둥의 밑면의 반지름은 몇 cm입니까? (원주율: 3)

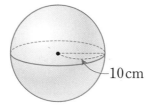 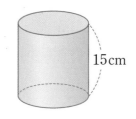

(   )

7 오른쪽과 같은 사다리꼴의 한 변을 기준으로 한 바퀴 돌려 입체도형을 만들었습니다. 만든 입체도형을 회전축을 품은 평면으로 자른 단면의 넓이는 몇 cm²입니까? (원주율: 3.14)

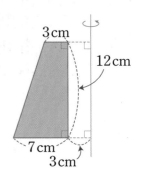

(   )

8 오른쪽과 같이 가운데가 빈 원기둥을 반으로 잘랐습니다. 이 입체도형의 겉넓이는 몇 cm²입니까? (원주율: 3.14)

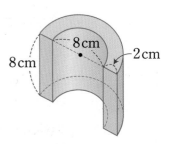

(   )

9 오른쪽과 같은 직각삼각형의 높이인 20 cm를 기준으로 한 바퀴 돌려 만든 입체도형의 옆면의 넓이는 1125 cm²입니다. 이 삼각형을 높이인 20 cm를 기준으로 216°만큼 돌려 만든 입체도형의 겉넓이는 몇 cm²인지 구하시오. (원주율: 3.14)

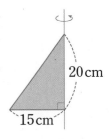

중등 연계

(원뿔의 겉넓이)=(밑면의 넓이)+(옆면의 넓이)
        원   부채꼴

(   )

디딤돌과 함께하는 4가지 방법

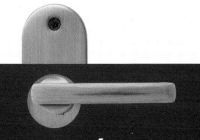 NAVER 카페

http://cafe.naver.com/
didimdolmom

교재 선택부터 맞춤 학습 가이드,
이웃님과 신매맘들의 경험담과 정보까지
가득한 디딤돌 학부모 대표 커뮤니티

디딤돌 홈페이지

www.didimdol.co.kr

교재 미리 보기와 정답지, 동영상 등
갖은 자료들을 만날 수 있는
디딤돌 공식 홈페이지

Instagram

@didimdol_mom

카드 뉴스로 만나는 디딤돌 소식과
손쉽게 참여 가능한 리그램 이벤트가
진행되는 디딤돌 인스타그램

YouTube

검색창에 디딤돌교육 검색

생생한 개념 설명 영상과
문제 풀이 영상으로 학습에 도움을 주는
디딤돌 유튜브 채널

국어, 사회, 과학을
한 권으로 끝내는 교재가 있다?

이 한 권에 다 있다! 국·사·과 교과개념 통합본

디딤돌
통합본

국어·사회·과학

3~6학년(학기용)

"그건 바로 디딤돌만이 가능한 3 in 1"

상위권의 기준

최상위
수학
S

복습책

상위권의 기준

최상위 수학 S

복습책

S 1 은지가 만든 쿠키 중 $\frac{3}{10}$이 부서졌습니다. 부서진 쿠키 12개를 제외하고 남은 쿠키를 한 상자에 4개씩 담아 친구에게 선물하려고 합니다. 모두 몇 상자를 선물할 수 있는지 구하시오.

( )

S 2 과일 가게에서 사과 $\frac{7}{12}$ kg을 1400원에 판매한다고 합니다. 같은 사과 $2\frac{3}{8}$ kg의 가격은 얼마인지 구하시오.

( )

S 3 넓이가 $10\frac{1}{2}$ cm²인 직사각형입니다. 이 직사각형의 세로는 가로의 몇 배인지 구하시오.

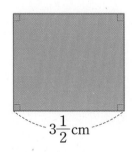

$3\frac{1}{2}$ cm

( )

창의 4 ● 안에 들어갈 수 있는 자연수의 합을 구하시오.

$$\frac{3}{2} \div \frac{1}{2} < 5 \div \frac{1}{●} < 13\frac{1}{2} \div \frac{3}{4}$$

(   )

창의 5 4장의 수 카드를 한 번씩만 사용하여 (자연수)÷(대분수)를 만들려고 합니다. 계산 결과가 가장 작게 되는 나눗셈식을 만들 때, 계산 결과를 구하시오.

2   3   4   6

(   )

$\dfrac{\bullet}{10}$가 기약분수일 때, 나눗셈의 계산 결과가 자연수가 되는 $\bullet$의 값을 구하시오.

$$\dfrac{1}{5} \div \dfrac{\bullet}{10}$$

(   )

도형 ㉮, ㉯, ㉰가 있습니다. ㉮의 넓이는 ㉯의 넓이의 $\dfrac{2}{3}$배이고, ㉯의 넓이는 ㉰의 넓이의 $\dfrac{9}{4}$배입니다. ㉰의 넓이는 ㉮의 넓이의 몇 배인지 구하시오.

(   )

본문 28~30쪽의 유사문제입니다. 한 번 더 풀어 보세요.

1 가★나를 보기 와 같이 약속할 때, $(\frac{1}{2}★\frac{5}{2})★5$의 계산 결과를 기약분수로 나타내시오.

> **보기**
>
> 가★나＝(가＋1)÷(나－1)

(   )

2 영수는 일정한 빠르기로 $1\frac{5}{7}$ km를 가는 데 $1\frac{3}{7}$ 시간이 걸렸습니다. 같은 빠르기로 $4\frac{1}{2}$ km를 가려면 몇 시간 몇 분이 걸리는지 구하시오.

(   )

3 사다리꼴 ㄱㅁㄷㄹ의 넓이는 직사각형 ㄱㄴㄷㄹ의 넓이의 $\frac{3}{4}$ 배입니다. 선분 ㄱㅁ의 길이는 몇 cm인지 구하시오.

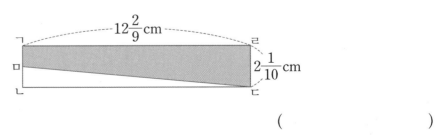

(   )

4 ★과 ●는 자연수입니다. 다음 식을 만족하는 ★과 ●의 쌍 (★, ●)는 모두 몇 가지인지 구하시오.

$$\frac{12}{★} \div \frac{6}{5} = ●$$

(   )

5 길이가 6 cm인 양초에 불을 붙이고 2분 30초가 지난 후 남은 양초의 길이를 재어 보니 $4\frac{2}{3}$ cm였습니다. 같은 빠르기로 남은 양초가 다 타려면 몇 분 몇 초가 걸리겠습니까?

(   )

6 넓이가 $9\frac{1}{3}$ m²인 벽을 칠하는 데 $2\frac{4}{5}$ L의 페인트가 사용되었습니다. 넓이가 $14\frac{4}{9}$ m²인 벽을 칠하는 데 필요한 페인트의 양은 몇 L인지 구하시오.

(   )

7 어느 날 밤의 길이가 낮의 길이의 $\dfrac{7}{13}$배였습니다. 이 날의 밤의 길이는 몇 시간 몇 분인지 구하시오.

(   )

8 경진이네 학교 6학년 학생 중 전체의 $\dfrac{3}{7}$은 사과를 좋아하고, 전체의 $\dfrac{5}{14}$는 바나나를 좋아합니다. 복숭아를 좋아하는 학생 수는 사과와 바나나를 좋아하는 학생 수의 차의 $1\dfrac{3}{5}$배이고 남은 56명은 다른 과일을 좋아합니다. 경진이네 학교 6학년 학생은 몇 명입니까?

(   )

9 빈 병에 전체의 $\dfrac{3}{8}$ 만큼 물을 넣어 무게를 재어 보니 $510\,\mathrm{g}$ 이었고 넣은 물의 $\dfrac{4}{7}$ 를 마신 후 다시 무게를 재어 보니 $390\,\mathrm{g}$ 이었습니다. 빈 병의 무게는 몇 g인지 구하시오.

(   )

10 길이가 서로 다른 막대 ㉮, ㉯, ㉰를 물이 들어 있는 물통에 수직으로 넣었더니 ㉮는 $\dfrac{4}{7}$ 만큼, ㉰는 $\dfrac{1}{5}$ 만큼 물에 잠겼습니다. 막대의 길이가 다음과 같을 때, ㉯의 길이를 구하시오.

> • (㉮의 길이)＋(㉯의 길이)＝$280\,\mathrm{cm}$
> • (㉰의 길이)－(㉮의 길이)＝$130\,\mathrm{cm}$

(   )

본문 **38~53**쪽의 유사문제입니다. 한 번 더 풀어 보세요.

1 어떤 수를 2.3으로 나누어 몫을 자연수까지 구하였더니 4가 되고 0.3이 남았습니다. 어떤 수를 3.4로 나누었을 때의 몫을 반올림하여 소수 첫째 자리까지 나타내시오.

(   )

2 2시간 36분 동안 204 km를 일정한 빠르기로 달리는 기차가 있습니다. 이 기차가 한 시간 동안에 달린 거리는 몇 km인지 반올림하여 소수 첫째 자리까지 나타내시오.

(   )

3 고춧가루 3 t을 56 kg씩 50자루에 담고 남은 고춧가루는 봉지에 3.3 kg씩 담아 팔려고 합니다. 남은 고춧가루를 봉지에 담아 팔려면 고춧가루는 적어도 몇 kg이 더 필요한지 구하시오.

(   )

4 나눗셈에서 몫의 소수 50째 자리 숫자를 구하시오.

$$5.99 \div 1.98$$

(   )

5 수 카드를 한 번씩 모두 사용하여 몫이 가장 크게 되는 (소수 한 자리 수)÷(소수 두 자리 수)의 나눗셈식을 만들 때, 몫을 반올림하여 소수 첫째 자리까지 나타내시오.

7   0   5   4   3

(   )

6 굵기가 일정한 철근 3.4 m의 무게는 53.04 kg입니다. 철근 1 m의 가격이 21000원일 때 철근 58.5 kg의 값을 구하시오.

(   )

7 나눗셈의 몫을 반올림하여 소수 첫째 자리까지 나타내면 2.6입니다. ㉠에 알맞은 수를 넣어 몫을 자연수까지 구했을 때 남는 수를 쓰시오.

$$1㉠.18 \div 5.8$$

(   )

8 간장 6.5 L가 담긴 통의 무게는 6.15 kg입니다. 이 통에서 간장 2.5 L를 사용하고 무게를 다시 재어 보니 4.25 kg이었습니다. 같은 통에 간장 3.25 L를 담았을 때 그 무게는 몇 kg인지 구하시오.

(   )

2 소수의 나눗셈

본문 **54~56**쪽의 유사문제입니다. 한 번 더 풀어 보세요.

1 가로가 $36.1\,cm$, 세로가 $52.7\,cm$인 직사각형 모양의 도화지가 있습니다. 이 도화지를 한 변의 길이가 $6.1\,cm$인 정사각형 모양으로 최대한 많이 자를 때 정사각형은 모두 몇 개가 되는지 구하시오.

(   )

2 길이가 $20\,cm$인 양초가 있습니다. 이 양초가 5분에 $1.3\,cm$씩 일정하게 탄다면 불을 붙인지 몇 분 후에 양초의 길이가 $9.6\,cm$가 되겠습니까?

(   )

3 오른쪽 삼각형 ㄱㄴㄷ에서 선분 ㄱㄹ의 길이는 몇 cm인지 구하시오.

(   )

2.1 cm   2.8 cm

3.5 cm

4 4분 동안 98.4 L의 물이 나오는 ㉮ 수도꼭지와 7분 15초 동안 246.5 L의 물이 나오는 ㉯ 수도꼭지가 있습니다. 각 수도에서 나오는 물의 양이 일정할 때 두 수도꼭지를 동시에 틀어 709.06 L의 물을 받으려면 적어도 몇 분 몇 초가 걸리는지 구하시오.

(   )

5 한 장의 길이가 30 cm인 색 테이프를 그림과 같이 4.5 cm씩 겹치게 이어 붙였더니 색 테이프 전체 길이가 336 cm가 되었습니다. 이어 붙인 색 테이프는 모두 몇 장인지 구하시오.

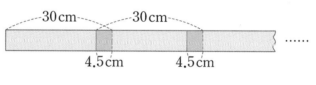

(   )

6 나눗셈의 몫을 소수 19째 자리까지 구했을 때, 그 몫의 각 자리 숫자의 합을 구하시오.

$$6.79 \div 1.1$$

(   )

7 정사각형 ㄱㄴㄷㄹ의 넓이는 $36\,\text{cm}^2$입니다. 직사각형 ㅁㅂㅅㅇ의 넓이가 정사각형 ㄱㄴㄷㄹ의 넓이의 0.8배일 때 선분 ㄷㅅ의 길이는 몇 cm인지 구하시오.

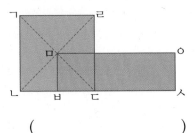

(   )

8 길이가 $60\,\text{m}$인 기차가 일정한 빠르기로 한 시간에 $186\,\text{km}$를 간다고 합니다. 이 기차가 같은 빠르기로 길이가 $7.38\,\text{km}$인 터널을 완전히 통과하는 데 걸리는 시간은 몇 분 몇 초인지 구하시오.

(   )

9 시계가 12시를 가리키고 있습니다. 시계의 긴바늘과 짧은바늘이 처음으로 $154°$를 이루는 시각은 몇 시 몇 분인지 구하시오.

(   )

10 세 수 ㉮, ㉯, ㉰가 다음 식을 만족할 때 ㉮, ㉯, ㉰의 값을 각각 구하시오.

$$㉮ \times ㉯ = 0.35 \qquad ㉯ \times ㉰ = 1.54 \qquad ㉮ \times ㉰ = 1.1$$

㉮ (   ), ㉯ (   ), ㉰ (   )

S 1 오른쪽 그림은 쌓기나무로 쌓은 모양을 보고 위에서 본 모양에 수를 쓴 것입니다. 전체 쌓기나무의 수에서 2층보다 낮은 층에 쌓인 쌓기나무의 수를 빼면 쌓기나무는 몇 개가 됩니까?

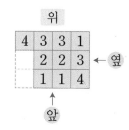

(   )

S 2 오른쪽은 쌓기나무로 쌓은 모양과 위에서 본 모양입니다. 이 모양에 쌓기나무를 더 쌓아 가장 작은 정육면체를 만들려고 합니다. 더 필요한 쌓기나무는 몇 개입니까?

위에서 본 모양

(   )

S 3 서로 다른 쌓기나무 모양 3가지로 오른쪽 모양을 만들었습니다. 사용한 쌓기나무 모양 3가지를 모두 찾아 기호를 쓰시오.

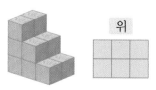

위

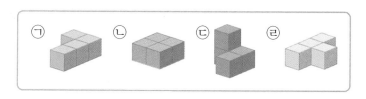

(   )

4 쌓기나무 10개로 쌓은 모양입니다. 왼쪽 모양에서 빨간색으로 색칠한 쌓기나무 3개를 빼낸 후, 앞과 옆에서 본 모양을 각각 그려 보시오.

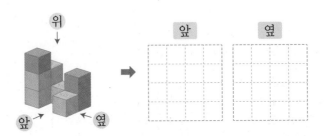

5 쌓기나무 13개로 쌓은 모양을 위와 옆에서 본 모양입니다. 앞에서 본 모양을 그려 보시오.

6 한 모서리가 3 cm인 쌓기나무를 쌓아 한 모서리가 18 cm인 정육면체를 만들었습니다. 만들어진 정육면체의 바깥쪽 면에 페인트를 칠했을 때, 한 면도 칠해지지 않은 쌓기나무는 몇 개인지 풀이 과정을 쓰고 답을 구하시오. (단, 바닥면도 칠합니다.)

풀이

답

7 위, 앞, 옆에서 본 모양이 다음과 같도록 쌓기나무를 쌓으려고 합니다. 쌓을 수 있는 서로 다른 모양은 모두 몇 가지입니까?

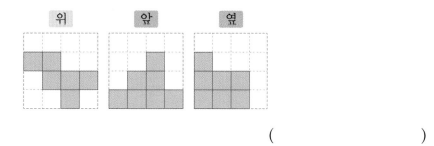

( )

8 쌓기나무 343개로 만든 정육면체에서 각 면의 한 가운데를 관통하도록 쌓기나무를 빼내면 남은 쌓기나무는 몇 개입니까?

( )

3 공간과 입체

본문 80~82쪽의 유사문제입니다. 한 번 더 풀어 보세요.

1 오른쪽과 같은 쌓기나무 모양에 쌓기나무 1개를 더 붙여서 만들 수 있는 모양은 모두 몇 가지입니까? (단, 돌리거나 뒤집어서 모양이 같으면 같은 모양입니다.)

(   )

2 오른쪽과 같이 쌓기나무 91개로 6층까지 쌓았습니다. 어느 방향에서도 보이지 않는 쌓기나무는 몇 개입니까? (단, 바닥 면은 보이지 않습니다.)

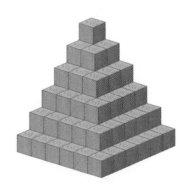

(   )

서술형 3 오른쪽과 같은 모양에 쌓기나무를 더 쌓아 가장 작은 정육면체를 만들려고 합니다. 더 필요한 쌓기나무는 몇 개인지 풀이 과정을 쓰고 답을 구하시오.

위에서 본 모양

풀이

답

4 쌓기나무를 각각 4개씩 붙여서 만든 세 모양을 모두 사용하여 만든 입체도형을 앞과 옆에서 본 모양입니다. 위에서 본 모양을 보이는 쌓기나무의 색에 맞춰 그려 보시오.

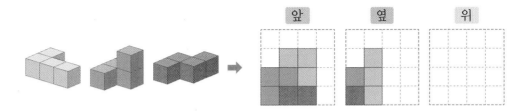

5 쌓기나무 7개를 이용하여 다음 조건을 모두 만족하는 모양을 만들 때, 만들 수 있는 모양은 모두 몇 가지입니까? (단, 돌려서 모양이 같으면 같은 모양입니다.)

- 쌓기나무로 쌓은 모양은 3층입니다.
- 위에서 보면 ⊞ 모양입니다.

(   )

6 쌓기나무 64개로 만든 오른쪽 정육면체에서 색칠된 쌓기나무를 반대쪽까지 완전히 뚫어 모두 빼냈습니다. 빼낸 쌓기나무는 몇 개입니까?

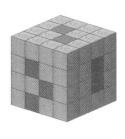

(   )

7 위, 앞, 옆에서 본 모양이 다음과 같도록 쌓기나무를 쌓으려고 합니다. 필요한 쌓기나무의 개수가 가장 많은 경우와 가장 적은 경우의 차를 구하시오.

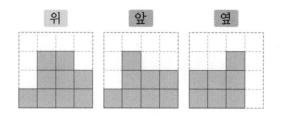

(   )

8 한 모서리가 4 cm인 정육면체 모양의 쌓기나무로 쌓은 모양을 보고 위에서 본 모양에 수를 쓴 것입니다. 쌓기나무로 쌓은 모양의 바깥쪽 면에 페인트를 칠했을 때, 페인트를 칠한 면의 넓이는 몇 cm²인지 구하시오.
(단, 바닥면도 칠합니다.)

(   )

위

| 3 | 2 | 3 |
| 2 | 2 | 1 | ← 옆
| | 1 | 1 |

↑
앞

9 크기가 같은 정육면체 모양의 투명한 유리 상자 20개로 왼쪽과 같은 모양을 만든 다음 유리 상자 몇 개를 빼내고 같은 크기의 쌓기나무로 바꾸어 넣었습니다. 앞과 옆에서 본 모양이 오른쪽과 같을 때, 바꾸어 넣은 쌓기나무는 몇 개입니까?

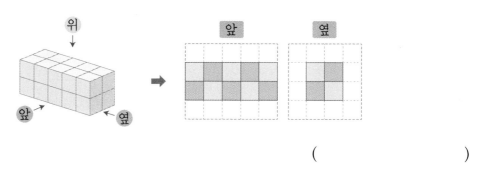

(   )

10 한 모서리가 2 cm인 쌓기나무 90개로 가로, 세로, 높이가 서로 다른 직육면체를 만들었습니다. 만든 모양의 바깥쪽 면에 페인트를 칠했을 때, 한 면도 칠해지지 않은 쌓기나무가 12개였습니다. 이때, 만든 모양의 겉넓이는 몇 cm^2인지 구하시오. (단, 바닥면도 칠합니다.)

(   )

4 비례식과 비례배분

본문 90~107쪽의 유사문제입니다. 한 번 더 풀어 보세요.

1 전항과 후항의 차가 15이고, 가장 간단한 자연수의 비로 나타내면 8 : 5가 되는 비가 있습니다. 이 비의 전항과 후항의 합을 구하시오.

(   )

2 내항의 곱이 108인 비례식을 만들려고 합니다. ㉠<㉡<㉢일 때, 만들 수 있는 비례식은 모두 몇 가지입니까? (단, ㉠, ㉡, ㉢은 자연수입니다.)

$$4 : ㉠ = ㉡ : ㉢$$

(   )

3 정호네 학교 남녀 학생 수의 비는 8 : 7이고, 민희네 학교 남녀 학생 수의 비는 7 : 9입니다. 정호네 학교 남녀 학생 수의 차는 25명이고 민희네 학교 남녀 학생 수의 합은 320명일 때, 정호네 학교와 민희네 학교 남학생 수의 비를 가장 간단한 자연수의 비로 나타내시오.

(   )

4 끈 ㉮와 ㉯의 길이의 비는 7 : 6입니다. 같은 길이만큼 잘라냈더니 ㉮와 ㉯의 남은 끈의 길이가 각각 20 cm, 15 cm가 되었습니다. 잘라낸 끈의 길이는 몇 cm인지 구하시오.

(   )

5 ㉮ 회사는 5000만 원, ㉯ 회사는 3500만 원을 투자하여 얻은 이익금을 투자한 금액의 비로 나누어 가지려고 합니다. ㉮ 회사가 받은 이익금이 2000만 원일 때, 총 이익금은 얼마인지 구하시오.

(   )

6 하루에 8분씩 늦어지는 시계가 있습니다. 오늘 오전 9시에 시계를 정확히 맞추었다면 다음 날 오후 3시에 이 시계가 가리키는 시각은 오후 몇 시 몇 분입니까?

(   )

7 오른쪽 그림에서 삼각형 ㄱㄴㄹ과 삼각형 ㄱㅁㄷ의 넓이가 같을 때, 선분 ㅁㄷ의 길이는 몇 cm인지 구하시오.

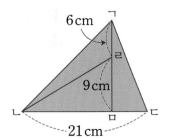

(   )

8 바구니 ㉮와 ㉯에 같은 수의 오렌지가 들어 있었습니다. ㉯ 바구니에 들어 있는 오렌지 몇 개를 ㉮ 바구니로 옮겼더니 ㉮ 바구니와 ㉯ 바구니에 들어 있는 오렌지 수의 비가 11 : 9 가 되었습니다. 처음 두 바구니에 들어 있던 오렌지가 모두 100개라면, ㉯ 바구니에서 ㉮ 바구니로 옮긴 오렌지는 몇 개입니까?

(   )

9 길이가 서로 다른 끈 ㉮, ㉯, ㉰가 있습니다. 끈 ㉮와 ㉯의 길이의 비는 $\frac{1}{2}$: $\frac{2}{3}$ 이고, 끈 ㉰의 길이는 끈 ㉮의 길이의 75 %입니다. 세 끈의 길이의 합이 148 cm일 때, 끈 ㉮의 길이는 몇 cm인지 구하시오.

(   )

4 비례식과 비례배분

본문 108~110쪽의 유사문제입니다. 한 번 더 풀어 보세요.

1 ㉮의 30 %와 ㉯의 0.45는 같습니다. ㉮에 대한 ㉯의 비율을 분수로 나타내시오.

(   )

2 어느 책의 가격이 15 % 올라서 17250원이 되었습니다. 오르기 전과 오른 후 책의 가격의 비를 가장 간단한 자연수의 비로 나타내시오.

(   )

서술형 **3** 맞물려 돌아가는 두 톱니바퀴 ㉮와 ㉯가 있습니다. 톱니바퀴 ㉮는 8분 동안 120바퀴를 돌고, 톱니바퀴 ㉯는 7분 동안 175바퀴를 돈다고 합니다. 톱니바퀴 ㉮의 톱니가 20개일 때, 톱니바퀴 ㉯의 톱니는 몇 개인지 풀이 과정을 쓰고 답을 구하시오.

풀이

답

4 길이가 서로 다른 두 막대를 평평한 저수지 바닥에 수직으로 세웠더니 물 위로 나온 막대의 길이가 각각 막대 길이의 $\dfrac{5}{8}$, $\dfrac{8}{11}$이었습니다. 두 막대의 길이의 합이 38 m일 때, 저수지의 깊이는 몇 m인지 구하시오.

(   )

5 시계에서 긴바늘이 한 바퀴 돌 때 짧은바늘은 큰 눈금 한 칸을 움직입니다. 긴바늘이 30분만큼 움직이는 동안 짧은바늘은 몇 도 움직이는지 구하시오.

(   )

6 은서는 자두와 참외를 합하여 36개 사고 36900원을 냈습니다. 산 자두 수와 참외 수의 비는 7 : 5이고, 자두 한 개의 가격과 참외 한 개의 가격의 비는 3 : 4입니다. 자두 한 개의 가격을 구하시오.

(   )

7 일정한 빠르기로 달리는 기차가 있습니다. 이 기차는 길이가 640 m인 터널을 완전히 통과하는 데 8초가 걸리고, 길이가 1000 m인 터널을 완전히 통과하는 데 12초가 걸립니다. 이 기차의 길이는 몇 m입니까?

(   )

8 선분 ㄱㄴ을 2 : 3으로 나눈 점이 ㄷ이고, 11 : 9로 나눈 점이 ㄹ입니다. 선분 ㄷㄹ의 길이가 6 cm일 때, 선분 ㄱㄴ의 길이는 몇 cm인지 구하시오.

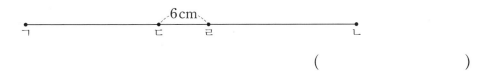

(   )

9 둘레가 같은 직사각형 모양의 밭 ㉮와 ㉯가 있습니다. 가로와 세로의 비가 밭 ㉮는 9 : 7 이고, 밭 ㉯는 3 : 5입니다. 일정한 빠르기로 밭 ㉯ 전체를 일구는 데 5시간이 걸렸다면 같은 빠르기로 밭 ㉮ 전체를 일구는 데 걸리는 시간은 몇 시간 몇 분인지 구하시오.

(   )

10 지효와 철서가 빠르기의 비를 5 : 4로 1000 m 달리기를 하려고 합니다. 출발 지점에서 동시에 출발하여 철서가 600 m를 달린 지점에서 빠르기의 비를 바꾸어 달려 지효와 동시에 들어오려면 철서는 처음 빠르기의 몇 배로 바꾸어 달려야 합니까? (단, 지효의 빠르기는 일정합니다.)

(   )

1 원 모양의 쟁반을 2바퀴 반 굴렸습니다. 굴러간 거리가 372 cm일 때, 쟁반의 반지름은 몇 cm인지 구하시오. (원주율: 3.1)

(   )

2 오른쪽 그림은 반지름이 8 cm인 원의 둘레를 12등분 하여 점을 찍은 것입니다. 색칠한 부분의 넓이는 몇 cm²인지 구하시오. (원주율: 3)

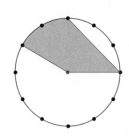

(   )

3 오른쪽 그림은 직각삼각형과 원의 일부를 겹쳐 그린 것입니다. 색칠한 두 부분의 넓이가 같을 때, 원의 반지름의 길이를 구하시오. (원주율: 3)

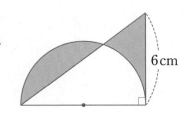

(   )

4 오른쪽 그림은 정사각형 안에 원의 일부를 그린 것입니다. 색칠한 부분의 둘레는 몇 cm입니까? (원주율: 3.14)

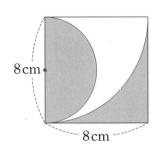

8 cm

8 cm

(   )

5 오른쪽 그림은 사각형의 각 꼭짓점을 중심으로 반지름이 6 cm인 원을 그려 색칠한 것입니다. 색칠한 부분의 넓이는 몇 cm²입니까? (원주율: 3.1)

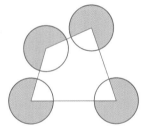

(   )

6 오른쪽 그림은 정사각형 안에 원의 일부를 그려 색칠한 것입니다. 색칠한 부분의 넓이는 몇 cm²인지 구하시오. (원주율: 3)

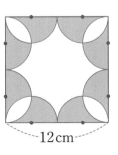

12 cm

(   )

창의 **7** 오른쪽 그림은 정사각형 모양의 상자에 크기가 같은 원통 4개를 상자에 꼭 맞게 담아 위에서 본 모양을 그린 것입니다. 비어 있는 부분의 넓이가 32.4 cm²일 때, 원통의 한 밑면의 둘레를 구하시오.
(단, 상자의 두께는 생각하지 않고, 원주율은 3.1입니다.)

( )

창의 **8** 불고기 피자와 치즈 피자의 두께는 서로 같습니다. 불고기 피자의 지름이 치즈 피자의 지름의 1.4배일 때, 불고기 피자를 만드는 데 필요한 밀가루의 양은 치즈 피자를 만드는 데 필요한 밀가루의 양의 몇 배인지 구하시오. (원주율: 3.14)

( )

창의 **9** 크기가 같은 반원 4개와 정사각형이 오른쪽과 같이 겹쳐져 있습니다. 색칠한 부분의 넓이는 몇 cm²인지 구하시오. (원주율: 3)

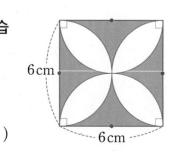

( )

5 원의 넓이

본문 136~138쪽의 유사문제입니다. 한 번 더 풀어 보세요.

1 오른쪽 그림에서 색칠한 부분과 원 중 어느 것의 넓이가 몇 cm²
더 넓은지 구하시오. (원주율: 3.14)

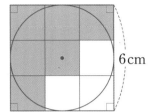

(   ), (   )

2 오른쪽 그림은 원의 일부가 잘린 것입니다. 색칠한 부분의 넓이는
몇 cm²입니까? (원주율: 3.1)

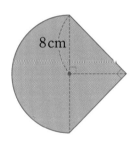

(   )

3 오른쪽 그림에서 색칠한 부분의 둘레는 몇 cm입니까?

(원주율: 3)

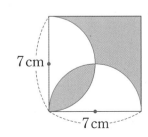

(   )

4 오른쪽 그림은 직사각형과 원을 겹쳐 그린 것입니다. 겹쳐진 부분의 넓이가 직사각형의 넓이의 $\frac{2}{3}$배일 때, 직사각형의 넓이는 몇 cm² 입니까? (원주율: 3.14)

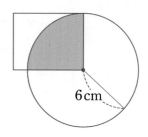

(   )

5 오른쪽 그림은 큰 원 안에 크기가 같은 작은 원 4개를 그린 것입니다. 작은 원 한 개의 원주가 18cm일 때, 큰 원의 원주는 몇 cm입니까? (원주율: 3)

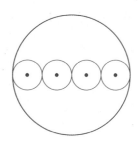

(   )

6 지름이 각각 5cm, 9cm인 두 원이 있습니다. 이 두 원의 원주의 차는 지름이 몇 cm인 원의 원주와 같은지 구하시오. (원주율: 3.14)

(   )

7 오른쪽 그림과 같이 크기가 같은 원통 4개를 놓고 끈으로 묶을 때, 필요한 끈의 길이는 몇 cm입니까? (단, 매듭의 길이는 생각하지 않고, 원주율은 3.14입니다.)

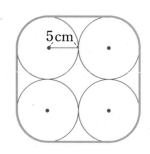

(   )

8 오른쪽은 한 변이 6cm인 정사각형 안에 원의 일부를 그린 것입니다. 색칠한 부분의 넓이는 몇 cm²입니까? (원주율: 3)

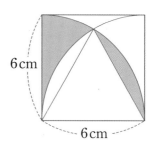

(   )

9 반지름이 2cm인 원이 오른쪽과 같이 정삼각형의 바깥쪽 둘레를 따라 한 바퀴 움직였을 때, 원이 지나간 부분의 넓이는 몇 cm²입니까? (원주율: 3.1)

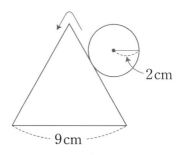

(   )

10 가로가 18m, 세로가 12m인 직사각형 모양의 울타리를 만들고 울타리의 한 모퉁이에 길이가 22m인 줄로 소를 묶어 놓았습니다. 이 소가 움직일 수 있는 부분의 넓이는 최대 몇 m²인지 구하시오. (원주율: 3)

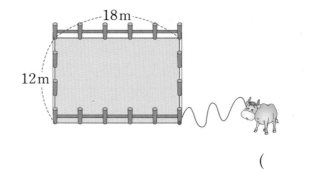

(   )

S 1 오른쪽 원기둥의 전개도의 둘레가 127.2 cm일 때, 밑면의 지름은 몇 cm입니까? (원주율: 3.1)

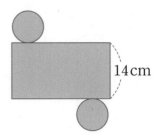

14 cm

(   )

S 2 밑면의 반지름이 5 cm, 높이가 8 cm인 원기둥이 있습니다. 이 원기둥의 밑면의 반지름만 몇 배로 늘려서 새로운 원기둥을 만들었더니 새로 만든 원기둥의 밑면의 넓이는 처음 원기둥의 밑면의 넓이의 4배가 되었습니다. 새로 만든 원기둥의 옆면의 넓이는 몇 cm²입니까? (원주율: 3.14)

(   )

S 3 밑면의 넓이가 198.4 cm²인 원기둥을 앞에서 본 모양이 오른쪽 그림과 같을 때, 이 원기둥의 겉넓이는 몇 cm²입니까? (원주율: 3.1)

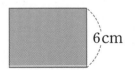

6 cm

(   )

4 오른쪽 직사각형의 한 변을 기준으로 한 바퀴 돌려서 만든 입체도형의 겉넓이는 1381.6 cm²입니다. 이 입체도형의 옆면의 둘레는 몇 cm입니까?

(원주율: 3.14)

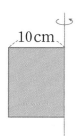

(   )

5 오른쪽 입체도형은 원기둥의 안쪽에 원기둥 모양의 구멍을 뚫은 것입니다. 이 입체도형의 겉넓이는 몇 cm²입니까? (원주율: 3)

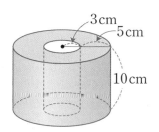

(   )

6 모선의 길이가 25 cm인 원뿔을 오른쪽과 같이 원뿔의 꼭짓점을 중심으로 하여 5바퀴 돌렸더니 처음 위치에 놓였습니다. 이 원뿔의 밑면의 반지름은 몇 cm입니까? (원주율: 3.1)

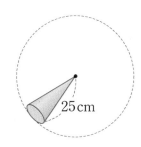

(   )

6 원기둥, 원뿔, 구

본문 158~160쪽의 유사문제입니다. 한 번 더 풀어 보세요.

1 원기둥 ㉮와 ㉯의 옆면의 넓이가 같을 때, 원기둥 ㉯의 높이는 몇 cm입니까?

(원주율: 3.14)

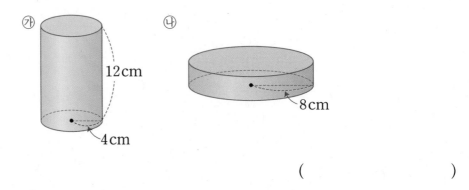

(   )

2 오른쪽 원기둥의 전개도의 둘레가 178 cm일 때, 원기둥의 높이는 몇 cm입니까? (원주율: 3)

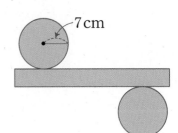

(   )

3 오른쪽 구를 평면으로 자른 단면의 넓이가 가장 넓을 때의 넓이는 몇 cm²입니까? (원주율: 3.14)

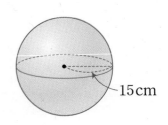

(   )

서술형 **4** 오른쪽과 같은 원기둥 모양의 롤러에 페인트를 묻혀 바닥에 일직선으로 3바퀴 굴렸습니다. 페인트가 칠해진 부분의 넓이는 몇 cm²인지 풀이 과정을 쓰고 답을 구하시오.

(원주율: 3.1)

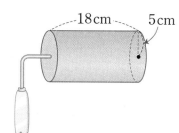

풀이

....

....

....

답 ....

5 원뿔 모양의 고깔모자에 오른쪽과 같이 빨간색 선 부분에 원뿔의 꼭짓점을 지나도록 끈 장식을 붙이려고 합니다. 필요한 끈 장식의 길이는 몇 cm입니까?

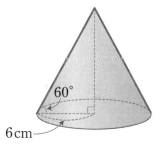

( )

6 다음 두 입체도형을 앞에서 본 모양의 둘레는 서로 같습니다. 원기둥의 밑면의 반지름은 몇 cm입니까? (원주율: 3)

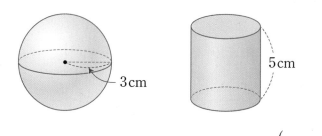

( )

7 오른쪽과 같은 직각삼각형의 한 변을 기준으로 한 바퀴 돌려 입체도형을 만들었습니다. 만든 입체도형을 회전축을 품은 평면으로 자른 단면의 넓이는 몇 cm^2입니까? (원주율: 3.14)

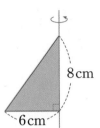

(   )

8 오른쪽과 같이 가운데가 빈 원기둥을 반으로 잘랐습니다. 이 입체도형의 겉넓이는 몇 cm^2입니까? (원주율: 3.1)

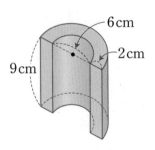

(   )

9 오른쪽과 같은 직각삼각형의 높이인 16 cm를 기준으로 한 바퀴 돌려 만든 입체도형의 옆면의 넓이는 720 cm^2입니다. 이 삼각형을 높이인 16 cm를 기준으로 300°만큼 돌려 만든 입체도형의 겉넓이는 몇 cm^2인지 구하시오. (원주율: 3)

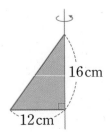

(   )

최상위
사고력

상위권을 위한
사고력
생각하는 방법도
최상위!

수능까지 연결되는 독해 로드맵

디딤돌 독해력은 수능까지 연결되는 체계적인 라인업을 통하여

수능에서 요구하는 핵심 독해 원리에 대한 이해는 물론,

단계별로 심화되며 연결되는 학습의 과정을 통해

깊이 있고 종합적인 독해 사고의 능력까지 기를 수 있도록 도와줍니다.

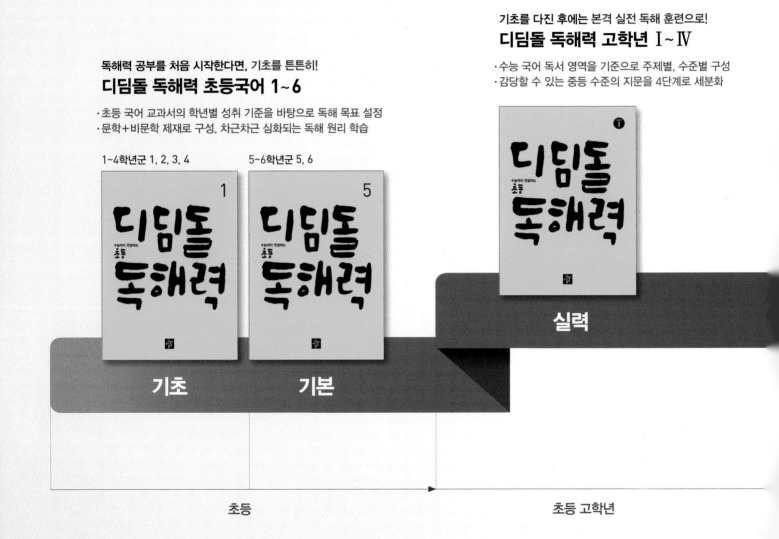

기초를 다진 후에는 본격 실전 독해 훈련으로!
디딤돌 독해력 고학년 Ⅰ~Ⅳ

· 수능 국어 독서 영역을 기준으로 주제별, 수준별 구성
· 감당할 수 있는 중등 수준의 지문을 4단계로 세분화

독해력 공부를 처음 시작한다면, 기초를 튼튼히!
디딤돌 독해력 초등국어 1~6

· 초등 국어 교과서의 학년별 성취 기준을 바탕으로 독해 목표 설정
· 문학+비문학 제재로 구성, 차근차근 심화되는 독해 원리 학습

1~4학년군 1, 2, 3, 4　　5~6학년군 5, 6

실력

기초　　　　기본

초등　　　　　　　　　　　　　　초등 고학년

고등 입학 전 완성하는 독해 과정 전반의 심화 학습!

디딤돌 생각독해 중등국어 Ⅰ~Ⅴ

· 생각의 확장과 통합을 위한 '빅 아이디어(대주제)' 선정 및 수록
· 대주제 별 다양한 영역의 생각 읽기 및 생각의 구조화 학습

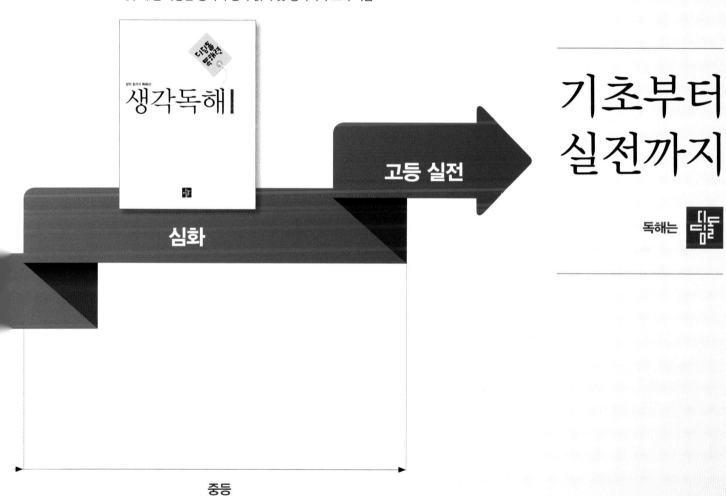

기초부터
실전까지

독해는 디딤돌

상위권의 기준

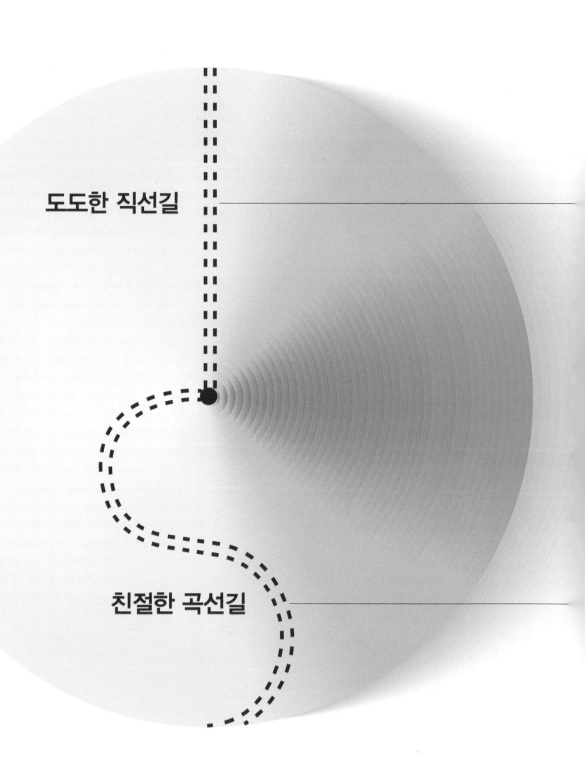

도도한 직선길

친절한 곡선길

상위권의 기준

초등
6·2

최상위 수학 S

정답과 풀이

SPEED 정답 체크

1 분수의 나눗셈

BASIC CONCEPT
8~13쪽

1 (분수)÷(분수)

1 $5, \dfrac{1}{2}, 5\dfrac{1}{2}$　**2** ㉢　**3** $\dfrac{4}{7}$

4 $1\dfrac{1}{20}$ L　**5** (1) 6 (2) $\dfrac{1}{70}$

2 (자연수)÷(분수), (대분수)÷(분수)

1 (위에서부터) $2, 2 / \dfrac{3}{2} / \dfrac{3}{2} / \dfrac{3}{2}$

2 ㉢　**3** 10배　**4** $11\dfrac{1}{9}$분

5 ㉡　**6** 예 $\dfrac{3}{4}$ / 예 $1\dfrac{2}{3}$

3 분수의 나눗셈 활용

1 32　**2** $5\dfrac{1}{3}$ cm　**3** 정팔각형

4 $3\dfrac{1}{3}$ cm　**5** $\dfrac{27}{28}$　**6** $2\dfrac{10}{13}$ L

최상위 S
14~27쪽

1 $\dfrac{3}{8} / \dfrac{3}{8}, 3, 8, 4000 / 4000, 2500$

1-1 232쪽　**1-2** 7상자　**1-3** $\dfrac{1}{2}$ L

1-4 $10\dfrac{5}{7}$ m

2 $\dfrac{3}{4}, 9, 9, \dfrac{4}{3} / 12, 2\dfrac{2}{5} / 2\dfrac{2}{5}, 12, 24, 4\dfrac{4}{5}$

2-1 $\dfrac{19}{52}$ m　**2-2** 11500원

2-3 ㉴ 과일 가게　**2-4** 3400원

3 $6\dfrac{1}{4} / 6\dfrac{1}{4}, 25, 65, 25, 13, 2\dfrac{3}{5} / 2\dfrac{3}{5}$

3-1 $\dfrac{4}{5}$ cm　**3-2** 3배　**3-3** $3\dfrac{4}{7}$ cm

3-4 $1\dfrac{4}{5}$ cm

4 $55, 11, 55, \dfrac{4}{11}, 10, 3\dfrac{1}{3} / 7, 6, 3\dfrac{1}{3}, 6 / 1, 2, 3, 4$

4-1 7개　**4-2** 8　**4-3** 10개

4-4 1, 2, 3

5 $\dfrac{2}{9} / 4, 6, 7, 7\dfrac{4}{6} / \dfrac{2}{9}, 7\dfrac{4}{6}, \dfrac{2}{9}, \dfrac{6}{46}, \dfrac{2}{69}$

5-1 $\dfrac{2}{13}$　**5-2** $2\dfrac{1}{2}$　**5-3** $2\dfrac{6}{7}$

5-4 $\dfrac{21}{124}$

6 $\dfrac{8}{3}, \dfrac{6}{7} / 3, 7, 21 / 8, 6, 2 / \dfrac{21}{2}$

6-1 1　**6-2** $\dfrac{28}{3}$　**6-3** $5\dfrac{3}{7}$

6-4 2

7 $\dfrac{5}{2} / \dfrac{5}{2} / \dfrac{2}{5} / 3 / \dfrac{3}{10}$

7-1 $\dfrac{3}{5}$배　**7-2** $1\dfrac{1}{2}$배　**7-3** 45 cm²

7-4 44 cm

MATH MASTER
28~30쪽

1 $1\dfrac{1}{2}$　**2** 3시간 20분

3 $9\dfrac{1}{11}$ cm　**4** 9가지

5 10시간 25분　**6** $1\dfrac{2}{3}$ L

7 14시간 40분　**8** 320명

9 225 g　**10** 50 cm

2 소수의 나눗셈

1 소수의 나눗셈, (자연수)÷(소수)

1 21, 21, 21   **2** ④   **3** 3.2배

4 6 cm   **5** ㉡, ㉣

2 몫을 반올림하여 나타내기, 남는 양

1 4.8 kg   **2** 1.8   **3** ㉠

4 $\frac{1}{10}$배   **5** 0.05   **6** ④

3 소수의 나눗셈 활용

1 28상자, 0.05 m   **2** 24개   **3** 32개

4 2시간 45분   **5** 122 km   **6** 3시간 30분

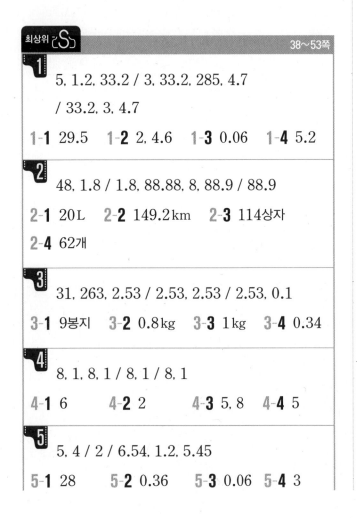

1
5, 1.2, 33.2 / 3, 33.2, 285, 4.7
/ 33.2, 3, 4.7

1-1 29.5   **1-2** 2, 4.6   **1-3** 0.06   **1-4** 5.2

2
48, 1.8 / 1.8, 88.88, 8, 88.9 / 88.9

2-1 20 L   **2-2** 149.2 km   **2-3** 114상자

2-4 62개

3
31, 263, 2.53 / 2.53, 2.53 / 2.53, 0.1

3-1 9봉지   **3-2** 0.8 kg   **3-3** 1 kg   **3-4** 0.34

4
8, 1, 8, 1 / 8, 1 / 8, 1

4-1 6   **4-2** 2   **4-3** 5, 8   **4-4** 5

5
5, 4 / 2 / 6.54, 1.2, 5.45

5-1 28   **5-2** 0.36   **5-3** 0.06   **5-4** 3

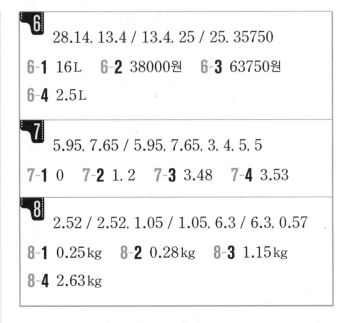

6
28.14, 13.4 / 13.4, 25 / 25, 35750

6-1 16 L   **6-2** 38000원   **6-3** 63750원

6-4 2.5 L

7
5.95, 7.65 / 5.95, 7.65, 3, 4, 5, 5

7-1 0   **7-2** 1, 2   **7-3** 3.48   **7-4** 3.53

8
2.52 / 2.52, 1.05 / 1.05, 6.3 / 6.3, 0.57

8-1 0.25 kg   **8-2** 0.28 kg   **8-3** 1.15 kg

8-4 2.63 kg

1 35개   **2** 50분   **3** 10.8 cm

4 10분 12초   **5** 15장   **6** 87

7 5.6 cm   **8** 1분 27초   **9** 12시 32분

10 0.8, 0.9, 1.6

3 공간과 입체

1 쌓기나무의 개수와 위, 앞, 옆에서 본 모양

1 12개   **2**

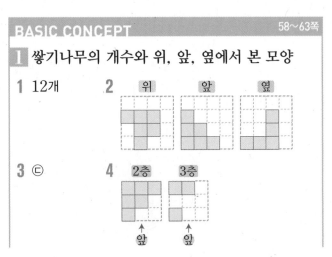

3 ㉢   **4**

2 전체 모양, 여러 가지 모양 만들기

1 ㉠   2 11개   3 ㉢   4 7가지

3 사용된 쌓기나무의 최대, 최소 개수

1 ㉡   2 위   3 4가지   4 8개

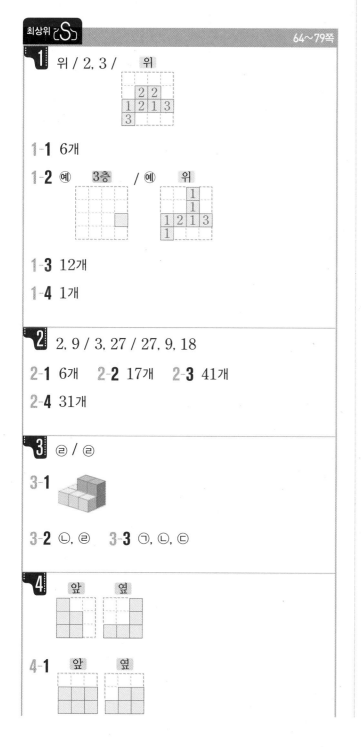

최상위 S 64~79쪽

1 위 / 2, 3 / 위

1-1 6개

1-2 예 3층 / 예 위

1-3 12개

1-4 1개

2 2, 9 / 3, 27 / 27, 9, 18

2-1 6개   2-2 17개   2-3 41개

2-4 31개

3 ㉣ / ㉣

3-1

3-2 ㉡, ㉣   3-3 ㉠, ㉡, ㉢

4 앞 옆

4-1 앞 옆

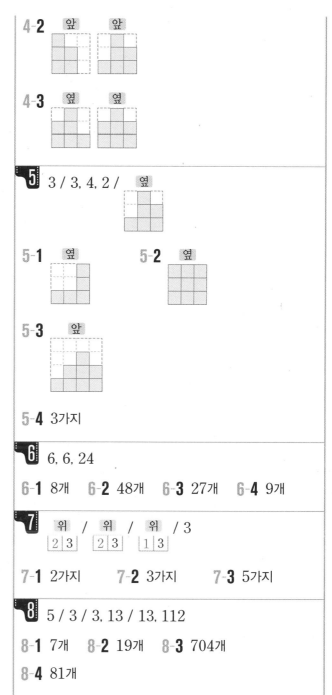

4-2 앞 앞

4-3 옆 옆

5 3 / 3, 4, 2 / 옆

5-1 옆   5-2 옆

5-3 앞

5-4 3가지

6 6, 6, 24

6-1 8개   6-2 48개   6-3 27개   6-4 9개

7 위 / 위 / 위 / 3
2 3   2 3   1 3

7-1 2가지   7-2 3가지   7-3 5가지

8 5 / 3 / 3, 13 / 13, 112

8-1 7개   8-2 19개   8-3 704개

8-4 81개

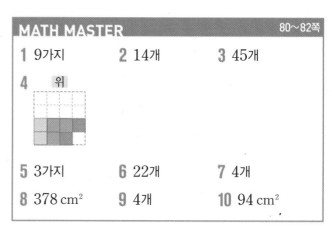

MATH MASTER 80~82쪽

1 9가지   2 14개   3 45개

4 위

5 3가지   6 22개   7 4개

8 378 cm²   9 4개   10 94 cm²

4 비례식과 비례배분

BASIC CONCEPT

1 비의 성질, 간단한 자연수의 비로 나타내기

1 (1) 27, 20, 90 (2) 5, 12, 25

2 ㉡, ㉣

3 13 : 15　　　**4** 9 : 20　　　**5** 20 : 12 : 21

2 비례식과 비례식의 성질

1 (1) 3 (2) 10　　　**2** 9　　　**3** 26.25 km

4 (1) 7 : 4 (2) 8바퀴　　　**5** $\dfrac{5}{6}$

3 비례배분

1 (1) 60, 210 (2) 75, 195　　　**2** 44개, 56개

3 500 cm²　　　**4** 52개

5 12500원, 7500원, 10000원

최상위 S

1 7 / 7, 26 / 3, 7 / 4, 7, 52 / 24, 28

1-1 15 : 24　　**1-2** 44 : 16　　**1-3** 52

1-4 30살

2 3, 30 / 30, 12, 18 / 30, 18, 12

2-1 10, 20, 10　　**2-2** 52, 20, 26

2-3 6, 16, 32　　**2-4** 3가지

3 2, 250 / 250, 2250

3-1 20개　　**3-2** 40 kg　　**3-3** 9900원

3-4 12 : 13

4 10, 20 / 20

4-1 5 cm　　**4-2** 11 cm　　**4-3** 15 cm

4-4 72 cm

5 3, 4, 50 / 3, 3, 30

5-1 8만 원　　**5-2** 50만 원, 35만 원

5-3 2500만 원　　**5-4** 360만 원

6 4, 28 / 24, 168, 7 / 12, 7

6-1 오전 9시 10분　　**6-2** 오후 3시 11분

6-3 오후 9시 39분　　**6-4** 오후 6시 47분 15초

7 2, 3, 2, 5 / 5, 2, 5

7-1 1 : 2　　**7-2** 2 : 3　　**7-3** 6 cm

7-4 25 cm²

8 40, 40, 4, 10 / 10, 10

8-1 1 : 2　　**8-2** 8장　　**8-3** 4개　　**8-4** 6명

9 3 / 4 / 3, 21, 4, 20 ,21 ,20

9-1 2 : 3 : 5　　**9-2** 20 : 26 : 65　　**9-3** 3 : 2 : 5

9-4 54 cm

MATH MASTER

1 $\dfrac{7}{8}$　　　**2** 20 : 21　　　**3** 24개

4 8 m　　　**5** 5°　　　**6** 1200원

7 112 m　　　**8** 40 cm　　　**9** 3시간 12분

10 2배

5 원의 넓이

BASIC CONCEPT

1 원주와 원주율

1 ㉡　　　**2** 3cm　　　**3** ㉠

4 2배　　　**5** 504 cm

2 원의 넓이

1 정사각형, 86 cm²　**2** ㉡, ㉢, ㉠　**3** 441 m²

4 (위에서부터) 48, 48, 48 / 144, 168, 192
／ 정육각형, 정사각형

3 여러 가지 원의 넓이

1 4배
2 16배
3 110 cm²
4 18.24 cm²
5 10.5 cm, 73.5 cm²

1 28, 173.6 / 173.6 / 781.2

1-1 60 cm **1-2** 690.8 cm **1-3** 12 cm

1-4 16바퀴

2 90 / 2, 60 / 4, 120 / 12, 72 / 60, 74.4 / 120, 148.8 / 74.4, 148.8, 367.2

2-1 50 cm² **2-2** 744 cm² **2-3** 328.79 cm²

2-4 6 cm

3 10, $\frac{1}{4}$, 78.5, 7.85 / 7.85

3-1 8 cm **3-2** 15.7 cm **3-3** 18.6 cm

3-4 16 cm

4 2, $\frac{1}{4}$ / 24.8 / $\frac{1}{2}$, 24.8 / 24.8, 24.8, 65.6

4-1 14 cm **4-2** 71.96 cm **4-3** 54.5 cm

4-4 67.1 cm

5 540 / 1.5, 167.4

5-1 48 cm² **5-2** 508.68 cm² **5-3** 455.7 cm²

5-4 496 cm²

6 12, $\frac{1}{2}$ / 226.08

6-1 54 cm² **6-2** 147 cm² **6-3** 60.5 cm²

6-4 180 cm²

7 7 / 7, 7, 153.86 / 7, 28 / 28, 784 / 784, 153.86 / 168.56

7-1 8 cm² **7-2** 86.4 cm² **7-3** 31 cm

7-4 324 cm²

8 5, 5 / 310 / 310, 4 / 4 / 4, 100

8-1 18 g **8-2** 128 g **8-3** 9배 **8-4** 2.25배

9 3.1, 6, 9.9 / 9.9, 19.8

9-1 12 cm² **9-2** 228 cm² **9-3** 9.9 cm²

9-4 24.5 cm²

1 원, 0.56 cm² **2** 101.7 cm² **3** 35 cm

4 120 cm² **5** 74.4 cm **6** 8 cm

7 128.52 cm **8** 147 cm² **9** 68.4 cm²

10 1656 m²

6 원기둥, 원뿔 구

1 원기둥, 원기둥의 전개도

1 (위에서부터) 2, 12.56, 5 **2** 68 cm²

3 예 밑면이 서로 평행하지도 합동이지도 않으므로 원기둥이 아닙니다.

4

2 원뿔, 구

1 ㉡ **2** 3 cm **3** 14 cm **4** 구

5 원뿔

3 원기둥의 겉넓이

1 241.8 cm² **2** 966 cm²

3 300 cm² **4** 139.5 cm³

최상위 S

1 10, 5 / 50

1-1 32 cm   **1-2** 123.2 cm   **1-3** 136 cm

1-4 10 cm

2 20 / 10, 13, 4030 / 20, 13, 16120, 4 / 4, 4

2-1 4배   **2-2** 9배   **2-3** 27 cm

2-4 542.5 cm³

3 10 / 5, 5, 10, 157, 471

3-1 1380 cm²   **3-2** 911.4 cm²

3-3 948.6 cm²   **3-4** 108 cm²

4 7, 7 / 294, 42 / 20 / 20

4-1 5 cm   **4-2** 195.6 cm   **4-3** 131.6 cm

4-4 3819.2 cm²

5 2, 396.8 / 5, 8, 124, 372 / 396.8, 372 / 768.8

5-1 248 cm²   **5-2** 1890 cm²

5-3 1344 cm²   **5-4** 997.2 cm²

6 5, 10 / 62.8 / 2 / 2

6-1 3바퀴   **6-2** 4 cm   **6-3** 5배   **6-4** 120°

MATH MASTER

1 30 cm   **2** 6 cm   **3** 1323 cm²

4 1884 cm²   **5** 36 cm   **6** 7.5 cm

7 120 cm²   **8** 346 cm²   **9** 1398.9 cm²

복습책

1 분수의 나눗셈

다시푸는 최상위 S

1 7상자   **2** 5700원   **3** $\frac{6}{7}$배   **4** 6

5 $\frac{8}{27}$ **6** 1   **7** $\frac{2}{3}$배

다시푸는 MATH MASTER

1 $\frac{1}{2}$ **2** 3시간 45분

3 $1\frac{1}{20}$ cm   **4** 4가지

5 8분 45초   **6** $4\frac{1}{3}$ L

7 8시간 24분   **8** 560명

9 300 g   **10** 210 cm

2 소수의 나눗셈

다시푸는 최상위 S

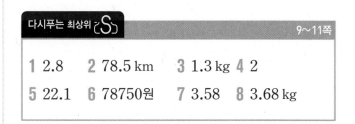

1 2.8   **2** 78.5 km   **3** 1.3 kg   **4** 2

5 22.1   **6** 78750원   **7** 3.58   **8** 3.68 kg

다시푸는 MATH MASTER

1 40개   **2** 40분   **3** 1.68 cm

4 12분 6초   **5** 13장   **6** 88

7 6.6 cm   **8** 2분 24초   **9** 12시 28분

10 0.5, 0.7, 2.2

3 공간과 입체

다시푸는 최상위 S   15~17쪽

1 14개   2 19개   3 ㉠, ㉡, ㉢

4

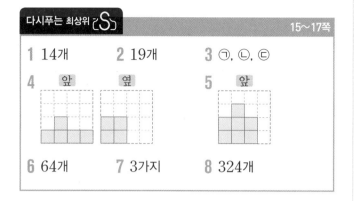

5

6 64개   7 3가지   8 324개

다시푸는 MATH MASTER   18~21쪽

1 7가지   2 30개   3 51개

4 위

5 3가지   6 22개

7 5개   8 736 cm²   9 5개

10 504 cm²

4 비례식와 비례배분

다시푸는 최상위 S   22~24쪽

1 65   2 2가지

3 10 : 7   4 15 cm

5 3400만 원   6 오후 2시 50분

7 6 cm   8 5개

9 48 cm

다시푸는 MATH MASTER   25~27쪽

1 $\dfrac{2}{3}$ 2 20 : 23   3 12개

4 6 m   5 15°   6 900원

7 80 m   8 40 cm   9 5시간 15분

10 2배

5 원의 넓이

다시푸는 최상위 S   28~30쪽

1 24 cm   2 64 cm²   3 4 cm

4 49.12 cm   5 334.8 cm²   6 72 cm²

7 18.6 cm   8 1.96배   9 18 cm²

다시푸는 MATH MASTER   31~33쪽

1 원, 4.26 cm²   2 163.2 cm²   3 35 cm

4 42.39 cm²   5 72 cm   6 4 cm

7 71.4 cm   8 9 cm²   9 157.6 cm²

10 1176 m²

6 원기둥, 원뿔, 구

다시푸는 최상위 S   34~35쪽

1 8 cm   2 502.4 cm²   3 694.4 cm²

4 149.6 cm   5 990 cm²   6 5 cm

다시푸는 MATH MASTER   36~38쪽

1 6 cm   2 5 cm   3 706.5 cm²

4 1674 cm²   5 24 cm   6 2 cm

7 48 cm²   8 308.8 cm²   9 1152 cm²

1 분수의 나눗셈

1 (분수)÷(분수)

1 $5, \dfrac{1}{2}, 5\dfrac{1}{2}$

$\dfrac{11}{13}$을 $\dfrac{2}{13}$씩 자르고 남은 $\dfrac{1}{13}$은 $\dfrac{2}{13}$의 $\dfrac{1}{2}$입니다.

2 ㉢

㉠ $\dfrac{4}{5} \div \dfrac{3}{5} = 4 \div 3 = \dfrac{4}{3} = 1\dfrac{1}{3}$

㉡ $\dfrac{5}{7} \div \dfrac{10}{21} = \dfrac{15}{21} \div \dfrac{10}{21} = 15 \div 10 = \dfrac{15}{10} = \dfrac{3}{2} = 1\dfrac{1}{2}$

㉢ $\dfrac{3}{8} \div \dfrac{3}{16} = \dfrac{6}{16} \div \dfrac{3}{16} = 6 \div 3 = 2$ ㉣ $\dfrac{2}{11} \div \dfrac{8}{11} = 2 \div 8 = \dfrac{2}{8} = \dfrac{1}{4}$

따라서 계산 결과가 자연수인 것은 ㉢입니다.

3 $\dfrac{4}{7}$

어떤 기약분수를 □라 하면 □$\times \dfrac{5}{6} = \dfrac{10}{21}$, □$= \dfrac{10}{21} \div \dfrac{5}{6} = \dfrac{\overset{2}{\cancel{10}}}{\underset{7}{\cancel{21}}} \times \dfrac{\overset{2}{\cancel{6}}}{\underset{1}{\cancel{5}}} = \dfrac{4}{7}$입니다.

4 $1\dfrac{1}{20}$ L

우유의 양을 □L라 하면 □$\times \dfrac{5}{7} = \dfrac{3}{4}$, □$= \dfrac{3}{4} \div \dfrac{5}{7} = \dfrac{3}{4} \times \dfrac{7}{5} = \dfrac{21}{20} = 1\dfrac{1}{20}$입니다.

따라서 냉장고에 있는 우유의 양은 $1\dfrac{1}{20}$ L입니다.

5 (1) 6 (2) $\dfrac{1}{70}$

(1) 역수를 □라 하면 □$\times \dfrac{1}{6} = 1$, □$= 1 \div \dfrac{1}{6} = 1 \times 6 = 6$입니다.

(2) 역수를 □라 하면 □$\times 70 = 1$, □$= 1 \div 70 = \dfrac{1}{70}$입니다.

2 (자연수)÷(분수), (대분수)÷(분수)

1 $2, 2 / \dfrac{3}{2}, \dfrac{3}{2}, \dfrac{3}{2}$

나누어지는 수와 나누는 수에 각각 같은 수를 곱하면 몫은 변하지 않습니다.

2 ㉢

㉠ $\dfrac{5}{6} \div 2\dfrac{3}{4} = \dfrac{5}{\underset{3}{\cancel{6}}} \times \dfrac{\overset{2}{\cancel{4}}}{11} = \dfrac{10}{33}$ ㉡ $\dfrac{5}{6} \div \dfrac{11}{4} = \dfrac{5}{\underset{3}{\cancel{6}}} \times \dfrac{\overset{2}{\cancel{4}}}{11} = \dfrac{10}{33}$

㉢ $\dfrac{5}{6} \div \dfrac{4}{11} = \dfrac{5}{6} \times \dfrac{11}{4} = \dfrac{55}{24} = 2\dfrac{7}{24}$ ㉣ $\dfrac{5}{\underset{3}{\cancel{6}}} \times \dfrac{\overset{2}{\cancel{4}}}{11} = \dfrac{10}{33}$

다른 풀이

분수의 곱셈식으로 나타내면 ㉠, ㉡, ㉣은 $\dfrac{5}{6} \times \dfrac{4}{11}$이고, ㉢은 $\dfrac{5}{6} \times \dfrac{11}{4}$입니다.

---

3 10배

$$8 \div \dfrac{4}{5} = (8 \div 4) \times 5 = 10(\text{배})$$

4 $11\dfrac{1}{9}$분

$$6\dfrac{2}{3} \div \dfrac{3}{5} = \dfrac{20}{3} \div \dfrac{3}{5} = \dfrac{20}{3} \times \dfrac{5}{3} = \dfrac{100}{9} = 11\dfrac{1}{9}(\text{분})$$

5 ㉡

나누는 수가 1보다 크면 몫이 나누어지는 수보다 작습니다.

㉡은 나누는 수가 1보다 크므로 ㉡의 몫은 나누어지는 수보다 작습니다.

다른 풀이

㉠ $60 \div \dfrac{2}{3} = (60 \div 2) \times 3 = 90$

㉡ $60 \div 1\dfrac{1}{2} = 60 \div \dfrac{3}{2} = (60 \div 3) \times 2 = 40$

㉢ $60 \div \dfrac{1}{4} = 60 \times 4 = 240$

㉣ $60 \div \dfrac{5}{6} = (60 \div 5) \times 6 = 72$

---

6 예 $\dfrac{3}{4}$ / 예 $1\dfrac{2}{3}$

나누는 수가 1보다 작으면 몫이 나누어지는 수보다 크고, 나누는 수가 1보다 크면 몫이 나누어지는 수보다 작습니다.

예 $15 \div \dfrac{3}{4} = (15 \div 3) \times 4 = 20 > 15$, $15 \div 1\dfrac{2}{3} = 15 \div \dfrac{5}{3} = (15 \div 5) \times 3 = 9 < 15$

3 분수의 나눗셈 활용

12~13쪽

1 32

$$\square = 28 \div \dfrac{7}{8} = (28 \div 7) \times 8 = 32$$

2 $5\dfrac{1}{3}$ cm

$$(\text{직사각형의 가로}) = (\text{넓이}) \div (\text{세로}) = \dfrac{8}{9} \div \dfrac{1}{6} = \dfrac{8}{\overset{}{\underset{3}{9}}} \times \overset{2}{6} = \dfrac{16}{3} = 5\dfrac{1}{3}(\text{cm})$$

3 정팔각형

정다각형의 변을 $\square$개라 하면 $1\dfrac{1}{4} \times \square = 10$,

$\square = 10 \div 1\dfrac{1}{4} = 10 \div \dfrac{5}{4} = (10 \div 5) \times 4 = 8$

따라서 정다각형의 변이 8개이므로 만든 정다각형의 이름은 정팔각형입니다.

4 $3\dfrac{1}{3}$ cm

$(\text{마름모의 넓이}) = (\text{한 대각선의 길이}) \times (\text{다른 대각선의 길이}) \div 2$이므로

$(\text{다른 대각선의 길이}) = (\text{마름모의 넓이}) \times 2 \div (\text{한 대각선의 길이})$입니다.

➡ $3\dfrac{3}{4} \times 2 \div 2\dfrac{1}{4} = \dfrac{15}{4} \times 2 \div \dfrac{9}{4} = \dfrac{\overset{5}{15}}{\underset{1}{4}} \times 2 \times \dfrac{\overset{1}{4}}{\underset{3}{9}} = \dfrac{10}{3} = 3\dfrac{1}{3}(\text{cm})$

5 $\dfrac{27}{28}$

어떤 수를 $\square$라 하면

$1\dfrac{1}{14}\times\square=1\dfrac{4}{21}$, $\square=1\dfrac{4}{21}\div1\dfrac{1}{14}=\dfrac{25}{21}\div\dfrac{15}{14}=\dfrac{\overset{5}{\cancel{25}}}{\underset{3}{\cancel{21}}}\times\dfrac{\overset{2}{\cancel{14}}}{\underset{3}{\cancel{15}}}=\dfrac{10}{9}=1\dfrac{1}{9}$입니다.

따라서 바르게 계산하면 $1\dfrac{1}{14}\div1\dfrac{1}{9}=\dfrac{15}{14}\div\dfrac{10}{9}=\dfrac{15}{14}\times\dfrac{9}{\underset{2}{\cancel{10}}}=\dfrac{27}{28}$입니다.

6 $2\dfrac{10}{13}$ L

$(1\,\text{L의 휘발유로 갈 수 있는 거리})=6\dfrac{1}{2}\div\dfrac{3}{4}=\dfrac{13}{2}\div\dfrac{3}{4}=\dfrac{13}{\underset{1}{\cancel{2}}}\times\dfrac{\overset{2}{\cancel{4}}}{3}$

$=\dfrac{26}{3}=8\dfrac{2}{3}(\text{km})$

$(24\,\text{km를 가는 데 필요한 휘발유의 양})=24\div8\dfrac{2}{3}=24\div\dfrac{26}{3}$

$=\overset{12}{\cancel{24}}\times\dfrac{3}{\underset{13}{\cancel{26}}}=\dfrac{36}{13}=2\dfrac{10}{13}(\text{L})$

다른 풀이

$(1\,\text{km를 가는 데 필요한 휘발유의 양})=\dfrac{3}{4}\div6\dfrac{1}{2}=\dfrac{3}{4}\div\dfrac{13}{2}=\dfrac{3}{\underset{2}{\cancel{4}}}\times\dfrac{\overset{1}{\cancel{2}}}{13}=\dfrac{3}{26}(\text{L})$

$(24\,\text{km를 가는 데 필요한 휘발유의 양})=\dfrac{3}{\underset{13}{\cancel{26}}}\times\overset{12}{\cancel{24}}=\dfrac{36}{13}=2\dfrac{10}{13}(\text{L})$

받은 용돈을 ■원이라 하면

$(\text{저금한 금액})=■\times\dfrac{3}{8}=1500$입니다.

$■=1500\div\dfrac{3}{8}=(1500\div3)\times8=4000$

따라서 저금하고 남은 돈은 $4000-1500=2500(\text{원})$입니다.

1-1 232쪽

전체 책의 쪽수를 $\square$쪽이라 하면 준서가 오늘 읽은 쪽수는 $\square\times\dfrac{2}{29}=16$입니다.

➡ $\square=16\div\dfrac{2}{29}=(16\div2)\times29=232$

따라서 책의 전체 쪽수는 232쪽입니다.

1-2 7상자

만든 쿠키의 수를 □개라 하면 탄 쿠키의 수는 $□ \times \dfrac{2}{9} = 8$입니다.

➡ $□ = 8 \div \dfrac{2}{9} = (8 \div 2) \times 9 = 36$

따라서 만든 쿠키는 36개이므로 탄 쿠키 8개를 제외하고 남은 쿠키는
$36 - 8 = 28$(개)입니다.
$28 \div 4 = 7$이므로 친구에게 선물할 수 있는 쿠키는 모두 7상자입니다.

1-3 $\dfrac{1}{2}$ L

냉장고에 있던 우유의 양을 □L라 하면
남은 우유의 양은 $□ \times \left(1 - \dfrac{4}{7}\right) = \dfrac{3}{8}$입니다.

$□ \times \dfrac{3}{7} = \dfrac{3}{8}$ ➡ $□ = \dfrac{3}{8} \div \dfrac{3}{7} = \dfrac{\overset{1}{3}}{8} \times \dfrac{7}{\underset{1}{3}} = \dfrac{7}{8}$

따라서 마신 우유의 양은 $\dfrac{\overset{1}{7}}{\underset{2}{8}} \times \dfrac{\overset{1}{4}}{\underset{1}{7}} = \dfrac{1}{2}$(L)입니다.

1-4 $10\dfrac{5}{7}$ m

처음 공을 떨어뜨린 높이를 □m라 하면
공이 첫 번째로 튀어 오른 높이는 $\left(□ \times \dfrac{3}{5}\right)$m이고,
공이 두 번째로 튀어 오른 높이는 $\left(□ \times \dfrac{3}{5} \times \dfrac{3}{5}\right)$m입니다.

$□ \times \dfrac{3}{5} \times \dfrac{3}{5} = 3\dfrac{6}{7}$ ➡ $□ = 3\dfrac{6}{7} \div \dfrac{3}{5} \div \dfrac{3}{5} = \dfrac{\overset{\overset{3}{9}}{27}}{7} \times \dfrac{5}{\underset{1}{3}} \times \dfrac{5}{\underset{1}{3}} = \dfrac{75}{7} = 10\dfrac{5}{7}$

따라서 처음 공을 떨어뜨린 높이는 $10\dfrac{5}{7}$m입니다.

16~17쪽

2

무게를 길이로 나누어 1m의 무게가 몇 kg인지 구합니다.
$$\text{(쇠막대 1m의 무게)} = 1\dfrac{4}{5} \div \dfrac{3}{4} = \dfrac{9}{5} \div \dfrac{3}{4} = \dfrac{9}{5} \times \dfrac{4}{3}$$
$$= \dfrac{12}{5} = 2\dfrac{2}{5}\text{(kg)}$$

따라서 쇠막대 2 m의 무게는 $2\dfrac{2}{5} \times 2 = \dfrac{12}{5} \times 2 = \dfrac{24}{5} = 4\dfrac{4}{5}$(kg)입니다.

2-1 $\dfrac{19}{52}$ m

길이를 무게로 나누어 1kg의 길이가 몇 m인지 구합니다.

$$\dfrac{19}{20} \div 2\dfrac{3}{5} = \dfrac{19}{20} \div \dfrac{13}{5} = \dfrac{19}{\underset{4}{20}} \times \dfrac{\overset{1}{5}}{13} = \dfrac{19}{52}\text{(m)}$$

따라서 통나무 1kg의 길이는 $\dfrac{19}{52}$m입니다.

2-2 11500원

돼지고기 1kg의 가격을 알아보면 $900 \div \dfrac{3}{25} = (900 \div 3) \times 25 = 7500$(원)입니다.

돼지고기 1kg의 가격이 7500원이므로 돼지고기 $1\dfrac{8}{15}$ kg의 가격은

$7500 \times 1\dfrac{8}{15} = \overset{500}{7500} \times \dfrac{23}{\underset{1}{15}} = 11500$(원)입니다.

서술형 **2-3** ④ 과일 가게

㉠ 사과 1kg의 가격을 알아봅니다.

㉮ 과일 가게: $600 \div \dfrac{3}{4} = (600 \div 3) \times 4 = 800$(원)

㉯ 과일 가게: $800 \div 1\dfrac{1}{4} = 800 \div \dfrac{5}{4} = (800 \div 5) \times 4 = 640$(원)

따라서 ㉯ 과일 가게에서 사과를 사는 것이 더 저렴합니다.

채점 기준	배점
㉮ 과일 가게의 사과 1kg의 가격을 구했나요?	2점
㉯ 과일 가게의 사과 1kg의 가격을 구했나요?	2점
어느 가게에서 사과를 사는 것이 더 저렴한지 구했나요?	1점

2-4 3400원

1km를 가는 데 필요한 휘발유의 양을 알아보면 $\dfrac{1}{24} \div \dfrac{3}{4} = \dfrac{1}{\underset{6}{24}} \times \dfrac{\overset{1}{4}}{3} = \dfrac{1}{18}$(L)이므로

40km를 가는 데 필요한 휘발유의 양은 $\dfrac{1}{\underset{9}{18}} \times \overset{20}{40} = \dfrac{20}{9} = 2\dfrac{2}{9}$(L)입니다.

따라서 필요한 휘발유의 값은 $1530 \times 2\dfrac{2}{9} = \overset{170}{1530} \times \dfrac{20}{\underset{1}{9}} = 3400$(원)입니다.

18~19쪽

대표문제 3

삼각형의 높이를 ■cm라 하면 $6\dfrac{1}{4} \times ■ \div 2 = 8\dfrac{1}{8}$입니다.

$■ = 8\dfrac{1}{8} \times 2 \div 6\dfrac{1}{4} = \dfrac{65}{8} \times 2 \div \dfrac{25}{4} = \dfrac{65}{4} \times \dfrac{4}{25} = \dfrac{13}{5} = 2\dfrac{3}{5}$

따라서 삼각형의 높이는 $2\dfrac{3}{5}$ cm입니다.

3-1 $\dfrac{4}{5}$ cm

마름모의 다른 대각선의 길이를 □cm라 하면 $1\dfrac{2}{5} \times □ \div 2 = \dfrac{14}{25}$입니다.

➡ $□ = \dfrac{14}{25} \times 2 \div 1\dfrac{2}{5} = \dfrac{28}{25} \div \dfrac{7}{5} = \dfrac{\overset{4}{28}}{\underset{5}{25}} \times \dfrac{\overset{1}{5}}{\underset{1}{7}} = \dfrac{4}{5}$

따라서 마름모의 다른 대각선의 길이는 $\dfrac{4}{5}$ cm입니다.

3-2 3배

직사각형의 가로를 $\square$ cm라 하면 $\square \times 1\frac{1}{3} = 5\frac{1}{3}$ 입니다.

➡ $\square = 5\frac{1}{3} \div 1\frac{1}{3} = \frac{16}{3} \div \frac{4}{3} = 16 \div 4 = 4$

직사각형의 가로는 세로의 $4 \div 1\frac{1}{3} = 4 \div \frac{4}{3} = (4 \div 4) \times 3 = 3$(배)입니다.

3-3 $3\frac{4}{7}$ cm

사다리꼴의 높이를 $\square$ cm라 하면 $\left(2\frac{4}{5} + 3\frac{1}{2}\right) \times \square \div 2 = 11\frac{1}{4}$ 입니다.

$6\frac{3}{10} \times \square \div 2 = 11\frac{1}{4}$ ➡ $\square = 11\frac{1}{4} \times 2 \div 6\frac{3}{10} = \frac{45}{2} \div \frac{63}{10} = \overset{5}{\cancel{\frac{45}{2}}} \times \overset{5}{\cancel{\frac{10}{63}}}$
$$= \frac{25}{7} = 3\frac{4}{7}$$

따라서 사다리꼴의 높이는 $3\frac{4}{7}$ cm입니다.

3-4 $1\frac{4}{5}$ cm

(직사각형의 넓이) $= 2\frac{2}{5} \times 2\frac{3}{8} = \overset{3}{\cancel{\frac{12}{5}}} \times \frac{19}{\underset{2}{\cancel{8}}} = \frac{57}{10} = 5\frac{7}{10}$ (cm²)

평행사변형의 높이를 $\square$ cm라 하면 $3\frac{1}{6} \times \square = 5\frac{7}{10}$ 입니다.

➡ $\square = 5\frac{7}{10} \div 3\frac{1}{6} = \frac{57}{10} \div \frac{19}{6} = \overset{3}{\cancel{\frac{57}{10}}} \times \frac{\overset{3}{\cancel{6}}}{\cancel{19}} = \frac{9}{5} = 1\frac{4}{5}$

따라서 평행사변형의 높이는 $1\frac{4}{5}$ cm입니다.

20~21쪽

대표문제 4

나눗셈식을 계산하여 간단히 나타냅니다.

$9\frac{1}{6} \div 2\frac{3}{4} = \frac{55}{6} \div \frac{11}{4} = \frac{55}{6} \times \frac{4}{11} = \frac{10}{3} = 3\frac{1}{3}$

$42 \div \frac{7}{\bullet} = (42 \div 7) \times \bullet = 6 \times \bullet$

➡ $3\frac{1}{3} < 6 \times \bullet < 28$

따라서 $\bullet$ 안에 들어갈 수 있는 자연수는 1, 2, 3, 4입니다.

4-1 7개

$25 \div \frac{5}{\bullet} = (25 \div 5) \times \bullet = 5 \times \bullet$

$6\frac{3}{4} < 5 \times \bullet < 44$이므로 $\bullet$ 안에 들어갈 수 있는 자연수는 2, 3, 4, 5, 6, 7, 8로 모두 7개입니다.

4-2 8

$$12 \div \frac{9}{11} = (12 \div 9) \times 11 = \frac{44}{3} = 14\frac{2}{3}, \quad 2 \div \frac{1}{\bullet} = 2 \times \bullet$$

$14\frac{2}{3} < 2 \times \bullet < 18$이므로 $\bullet$ 안에 들어갈 수 있는 자연수는 8입니다.

4-3 10개

$$8\frac{1}{3} \div \frac{5}{9} = \frac{25}{3} \div \frac{5}{9} = \frac{75}{9} \div \frac{5}{9} = 75 \div 5 = 15,$$

$$\frac{\bullet}{6} \div \frac{7}{12} = \frac{\bullet \times 2}{12} \div \frac{7}{12} = (\bullet \times 2) \div 7 = \frac{\bullet \times 2}{7}$$

$$26 \div 1\frac{4}{9} = 26 \div \frac{13}{9} = (26 \div 13) \times 9 = 18$$

$$15 < \frac{\bullet \times 2}{7} < 18 \Rightarrow \frac{105}{7} < \frac{\bullet \times 2}{7} < \frac{126}{7}$$이므로 $105 < \bullet \times 2 < 126$입니다.

따라서 $\bullet$ 안에 들어갈 수 있는 자연수는 53, 54 …… 61, 62로 모두 10개입니다.

4-4 1, 2, 3

$$1\frac{5}{6} \div 1\frac{3}{8} = \frac{11}{6} \div \frac{11}{8} = \frac{\overset{1}{\cancel{11}}}{\underset{3}{\cancel{6}}} \times \frac{\overset{4}{\cancel{8}}}{\underset{1}{\cancel{11}}} = \frac{4}{3} = 1\frac{1}{3},$$

$$\frac{2}{9} \div \frac{\bullet}{27} = \frac{6}{27} \div \frac{\bullet}{27} = 6 \div \bullet = \frac{6}{\bullet}, \quad 6 \div \frac{9}{10} = (6 \div 9) \times 10 = \frac{20}{3} = 6\frac{2}{3}$$

$1\frac{1}{3} < \frac{6}{\bullet} < 6\frac{2}{3}$이면서 $\bullet$가 6의 약수이므로 $\bullet$ 안에 들어갈 수 있는 자연수는 1, 2, 3입니다.

22~23쪽

 대표문제 5

나눗셈의 몫을 가장 작게 하려면 가장 작은 수를 가장 큰 수로 나누어야 하므로 진분수를 가장 작게, 대분수를 가장 크게 만듭니다.

① 수 카드 2장을 골라 만들 수 있는 가장 작은 진분수: $\frac{2}{9}$

② 남은 수 카드 4, 6, 7을 모두 사용하여 만들 수 있는 가장 큰 대분수: $7\frac{4}{6}$

따라서 $\frac{2}{9} \div 7\frac{4}{6} = \frac{2}{9} \times \frac{6}{46} = \frac{2}{69}$입니다.

5-1 $\frac{2}{13}$

나눗셈의 몫을 가장 작게 하려면 나누어지는 수가 가장 작은 수이어야 하므로 진분수를 가장 작게 만듭니다. 진분수는 항상 1보다 작으므로 가장 작은 진분수는 $\frac{1}{5}$입니다.

따라서 $\frac{1}{5} \div 1\frac{3}{10} = \frac{2}{10} \div \frac{13}{10} = 2 \div 13 = \frac{2}{13}$입니다.

5-2 $2\frac{1}{2}$

(가장 작은 대분수)$= 1\frac{2}{8}$, (진분수)$= \frac{3}{6}$

$\Rightarrow 1\frac{2}{8} \div \frac{3}{6} = \frac{10}{8} \div \frac{3}{6} = \frac{30}{24} \div \frac{12}{24} = 30 \div 12 = \frac{30}{12} = \frac{5}{2} = 2\frac{1}{2}$입니다.

5-3 $2\frac{6}{7}$

나눗셈의 몫을 가장 크게 하려면 가장 큰 수를 가장 작은 수로 나누어야 하므로 자연수를 가장 크게, 대분수를 가장 작게 만듭니다.

$$8 \div 2\frac{4}{5} = 8 \div \frac{14}{5} = \overset{4}{8} \times \frac{5}{\underset{7}{14}} = \frac{20}{7} = 2\frac{6}{7}$$

5-4 $\frac{21}{124}$

나눗셈의 몫을 가장 작게 하려면 가장 작은 수를 가장 큰 수로 나누어야 합니다.

소미가 가지고 있는 수 카드의 수가 은호가 가지고 있는 수 카드의 수보다 작으므로 소미는 가장 작은 대분수를, 은호는 가장 큰 대분수를 만들어 나눗셈을 합니다.

(가장 작은 대분수)$= 1\frac{2}{4}$, (가장 큰 대분수)$= 8\frac{6}{7}$

$$\Rightarrow 1\frac{2}{4} \div 8\frac{6}{7} = \frac{6}{4} \div \frac{62}{7} = \frac{\overset{3}{6}}{4} \times \frac{7}{\underset{31}{62}} = \frac{21}{124}$$

대표문제 6

구하려는 가장 작은 가분수를 $\frac{\blacktriangle}{\blacksquare}$라 하면

$\frac{\blacktriangle}{\blacksquare} \div \frac{3}{8} = \frac{\blacktriangle}{\blacksquare} \times \frac{8}{3}$과 $\frac{\blacktriangle}{\blacksquare} \div 1\frac{1}{6} = \frac{\blacktriangle}{\blacksquare} \times \frac{6}{7}$의 계산 결과가 모두 자연수가 되어야 합니다.

$\blacktriangle$는 3과 7의 최소공배수 $\Rightarrow \blacktriangle = 21$

$\blacksquare$는 8과 6의 최대공약수 $\Rightarrow \blacksquare = 2$

따라서 $\frac{\blacktriangle}{\blacksquare} = \frac{21}{2}$입니다.

6-1 1

$\frac{1}{3} \div \frac{\bullet}{12} = \frac{4}{12} \div \frac{\bullet}{12} = 4 \div \bullet = \frac{4}{\bullet}$에서 $\frac{4}{\bullet}$는 자연수이므로

$\bullet$는 4의 약수입니다.

4의 약수는 1, 2, 4이고 $\frac{\bullet}{12}$는 기약분수이므로 $\bullet$가 될 수 있는 수는 1입니다.

서술형 6-2 $\frac{28}{3}$

예 구하려는 가장 작은 가분수를 $\frac{\blacktriangle}{\blacksquare}$라 하면

$\frac{\blacktriangle}{\blacksquare} \div \frac{4}{9} = \frac{\blacktriangle}{\blacksquare} \times \frac{9}{4}$와 $\frac{\blacktriangle}{\blacksquare} \div \frac{7}{12} = \frac{\blacktriangle}{\blacksquare} \times \frac{12}{7}$의 계산 결과가 모두 자연수가 되어야 합니다.

$\blacktriangle$는 4와 7의 최소공배수인 28이고, $\blacksquare$는 9와 12의 최대공약수인 3이므로

$\frac{\blacktriangle}{\blacksquare} = \frac{28}{3}$입니다.

채점 기준	배점
구하려는 가장 작은 분수의 분자를 구했나요?	2점
구하려는 가장 작은 분수의 분모를 구했나요?	2점
구하려는 가장 작은 가분수를 구했나요?	1점

6-3 $5\frac{3}{7}$

구하려는 가장 작은 분수를 $\dfrac{\blacktriangle}{\blacksquare}$라 하면

$\dfrac{\blacktriangle}{\blacksquare} \div 1\frac{5}{14} = \dfrac{\blacktriangle}{\blacksquare} \times \dfrac{14}{19}$와 $\dfrac{\blacktriangle}{\blacksquare} \div 1\frac{17}{21} = \dfrac{\blacktriangle}{\blacksquare} \times \dfrac{21}{38}$의 계산 결과가 모두 자연수가 되어야 합니다.

$\blacktriangle$는 19와 38의 최소공배수인 38이고, $\blacksquare$는 14와 21의 최대공약수인 7이므로

$\dfrac{\blacktriangle}{\blacksquare} = \dfrac{38}{7} = 5\frac{3}{7}$입니다.

6-4 2

먼저 세 분수 중 두 분수를 골라 곱했을 때 곱셈은 두 수를 바꾸어 곱해도 계산 결과는 같으므로 그 값은 다음의 3가지입니다.

$\dfrac{1}{8} \times \dfrac{3}{4} = \dfrac{3}{32}$, $\dfrac{1}{8} \times \dfrac{1}{3} = \dfrac{1}{24}$, $\dfrac{3}{4} \times \dfrac{1}{3} = \dfrac{1}{4}$과 남은 분수로 나눗셈식을 만들어 계산해 봅니다.

$\dfrac{3}{32} \div \dfrac{1}{3} = \dfrac{3}{32} \times 3 = \dfrac{9}{32}$ (자연수가 아닙니다.)

$\dfrac{1}{24} \div \dfrac{3}{4} = \dfrac{1}{24} \times \dfrac{4}{3} = \dfrac{1}{18}$ (자연수가 아닙니다.)

$\dfrac{1}{4} \div \dfrac{1}{8} = \dfrac{2}{8} \div \dfrac{1}{8} = 2 \div 1 = 2$ (자연수입니다.)

따라서 계산 결과가 자연수인 $\dfrac{3}{4} \times \dfrac{1}{3} \div \dfrac{1}{8}$의 값은 2입니다.

대표문제 7

내가 받은 용돈을 $\blacksquare$원이라 하면

(형이 받은 용돈)$= \blacksquare \times 2\frac{1}{2}$이므로 $\blacksquare =$(형이 받은 용돈)$\div \dfrac{5}{2}$입니다.

(동생이 받은 용돈)$= \blacksquare \times \dfrac{3}{4}$

$\quad\quad\quad\quad\quad\quad\quad = $(형이 받은 용돈)$\div \dfrac{5}{2} \times \dfrac{3}{4}$

$\quad\quad\quad\quad\quad\quad\quad = $(형이 받은 용돈)$\times \dfrac{2}{5} \times \dfrac{3}{4}$

$\quad\quad\quad\quad\quad\quad\quad = $(형이 받은 용돈)$\times \dfrac{3}{10}$

따라서 동생이 받은 용돈은 형이 받은 용돈의 $\dfrac{3}{10}$배입니다.

7-1 $\dfrac{3}{5}$배

$\blacktriangle = \blacksquare \times 2$이므로 $\blacksquare = \blacktriangle \div 2$입니다.

$\bullet = \blacksquare \times 1\frac{1}{5} = \blacktriangle \div 2 \times 1\frac{1}{5} = \dfrac{\blacktriangle}{2} \times \dfrac{6}{5} = \blacktriangle \times \dfrac{3}{5}$

따라서 $\bullet$는 $\blacktriangle$의 $\dfrac{3}{5}$배입니다.

7-2 $1\dfrac{1}{2}$배

(㉠의 넓이)=(원 ㉮의 넓이)$\times\dfrac{1}{4}$, (㉡의 넓이)=(원 ㉯의 넓이)$\times\dfrac{1}{6}$

㉠=㉡이므로 (원 ㉮의 넓이)$\times\dfrac{1}{4}$=(원 ㉯의 넓이)$\times\dfrac{1}{6}$입니다.

(원 ㉯의 넓이)=(원 ㉮의 넓이)$\times\dfrac{1}{4}\div\dfrac{1}{6}$

=(원 ㉮의 넓이)$\times\dfrac{1}{4}\times 6$=(원 ㉮의 넓이)$\times\dfrac{3}{2}$

따라서 원 ㉯의 넓이는 원 ㉮의 넓이의 $1\dfrac{1}{2}$배입니다.

7-3 45 cm^2

(㉮의 넓이)=(㉯의 넓이)$\times\dfrac{3}{5}$에서 (㉯의 넓이)=(㉮의 넓이)$\div\dfrac{3}{5}$입니다.

(㉰의 넓이)=(㉯의 넓이)$\times\dfrac{9}{10}$=(㉮의 넓이)$\div\dfrac{3}{5}\times\dfrac{9}{10}$

=(㉮의 넓이)$\times\dfrac{\overset{1}{5}}{\underset{1}{3}}\times\dfrac{\overset{3}{9}}{\underset{2}{10}}$=(㉮의 넓이)$\times\dfrac{3}{2}$

㉮의 넓이가 30 cm^2이므로 ㉰의 넓이는 $\overset{15}{30}\times\dfrac{3}{\underset{1}{2}}=45\,(\text{cm}^2)$입니다.

7-4 44 cm

막대 ㉮와 ㉯의 물에 잠긴 부분의 길이는 같으므로 ㉮$\times\dfrac{3}{10}$=㉯$\times\dfrac{6}{11}$입니다.

㉮=㉯$\times\dfrac{6}{11}\div\dfrac{3}{10}$=㉯$\times\dfrac{\overset{2}{6}}{11}\times\dfrac{10}{\underset{1}{3}}$=㉯$\times\dfrac{20}{11}$

㉮+㉯=124이므로 ㉯$\times\dfrac{20}{11}$+㉯=124, ㉯$\times\left(\dfrac{20}{11}+1\right)$=124, ㉯$\times\dfrac{31}{11}$=124,

㉯=$124\div\dfrac{31}{11}$=$\overset{4}{124}\times\dfrac{11}{\underset{1}{31}}$=44 (cm)

따라서 막대 ㉯의 길이는 44 cm입니다.

MATH MASTER

1 $1\dfrac{1}{2}$

$\dfrac{3}{16}\bigstar\dfrac{1}{6}=\dfrac{3}{16}\div\dfrac{1}{2}+\dfrac{3}{16}\div\dfrac{1}{6}$

$=\dfrac{3}{\underset{8}{16}}\times\overset{1}{2}+\dfrac{3}{\underset{8}{16}}\times\overset{3}{6}=\dfrac{3}{8}+\dfrac{9}{8}=\dfrac{12}{8}=\dfrac{3}{2}=1\dfrac{1}{2}$

2 3시간 20분

(1 km를 걷는 데 걸리는 시간)=$\dfrac{2}{3}\div 1\dfrac{1}{5}=\dfrac{\overset{1}{2}}{3}\times\dfrac{5}{\underset{3}{6}}=\dfrac{5}{9}$(시간)

(6 km를 걷는 데 걸리는 시간)=$\dfrac{5}{\underset{3}{9}}\times\overset{2}{6}=\dfrac{10}{3}=3\dfrac{1}{3}=3\dfrac{20}{60}$(시간) ➡ 3시간 20분

3 $9\dfrac{1}{11}$ cm

(직사각형 ㄱㄴㄷㄹ의 넓이)$=17\dfrac{3}{5}\times10=\dfrac{88}{5}\times\overset{2}{10}=176\,(\text{cm}^2)$

(삼각형 ㅁㄴㄷ의 넓이)$=$(직사각형 ㄱㄴㄷㄹ의 넓이)$\times\dfrac{5}{11}=\overset{16}{176}\times\dfrac{5}{11}=80\,(\text{cm}^2)$

$17\dfrac{3}{5}\times$(선분 ㅁㄴ)$\div2=80$에서

(선분 ㅁㄴ)$=80\times2\div17\dfrac{3}{5}=\overset{10}{80}\times2\times\dfrac{5}{88}=\dfrac{100}{11}=9\dfrac{1}{11}\,(\text{cm})$

---

4 9가지

$9\div\dfrac{\blacktriangle}{4}=\dfrac{36}{4}\div\dfrac{\blacktriangle}{4}=36\div\blacktriangle$에서 $36\div\blacktriangle=\bullet$이므로 $\bullet$가 자연수이려면 $\blacktriangle$는 36의 약수이어야 합니다.

따라서 가능한 $\blacktriangle$와 $\bullet$를 $(\blacktriangle,\ \bullet)$로 나타내면

$(1, 36), (2, 18), (3, 12), (4, 9), (6, 6), (9, 4), (12, 3), (18, 2), (36, 1)$의 9가지입니다.

보충 개념

36의 약수는 9개이므로 식을 만족하는 $(\blacktriangle,\ \bullet)$은 9가지입니다.

---

5 10시간 25분

$\left(1\dfrac{1}{4}\text{시간 동안 탄 양초의 길이}\right)=16-14\dfrac{2}{7}=1\dfrac{5}{7}\,(\text{cm})$

(한 시간 동안 탄 양초의 길이)$=1\dfrac{5}{7}\div1\dfrac{1}{4}=\dfrac{12}{7}\times\dfrac{4}{5}=\dfrac{48}{35}=1\dfrac{13}{35}\,(\text{cm})$

(남은 양초가 다 타는 데 걸리는 시간)

$=14\dfrac{2}{7}\div1\dfrac{13}{35}=\dfrac{\overset{25}{100}}{7}\times\dfrac{\overset{5}{35}}{\underset{12}{48}}=\dfrac{125}{12}=10\dfrac{5}{12}=10\dfrac{25}{60}\,(\text{시간})$ ➡ 10시간 25분

따라서 남은 양초가 다 타려면 10시간 25분이 걸립니다.

서술형 6 $1\dfrac{2}{3}$ L

㉠ (벽 1 m²를 칠하는 데 필요한 페인트의 양)$=2\dfrac{1}{4}\div13\dfrac{1}{2}=\dfrac{\overset{1}{9}}{\underset{2}{4}}\times\dfrac{\overset{1}{2}}{\underset{3}{27}}=\dfrac{1}{6}\,(\text{L})$

(벽 20 m²를 칠하는 데 필요한 페인트의 양)$=\dfrac{1}{\underset{3}{6}}\times\overset{10}{20}=\dfrac{10}{3}=3\dfrac{1}{3}\,(\text{L})$

(남은 페인트의 양)$=5-3\dfrac{1}{3}=1\dfrac{2}{3}\,(\text{L})$

채점 기준	배점
벽 1 m²를 칠하는 데 필요한 페인트의 양을 구했나요?	2점
벽 20 m²를 칠하는 데 필요한 페인트의 양을 구했나요?	2점
남은 페인트의 양을 구했나요?	1점

7 14시간 40분

밤의 길이를 □시간이라 하면 하루는 24시간이므로 낮의 길이는 (24−□)시간입니다.

$24-□=□\times\dfrac{7}{11}$, $□\times\dfrac{7}{11}+□=24$, $□\times\left(\dfrac{7}{11}+1\right)=24$, $□\times\dfrac{18}{11}=24$

➡ $□=24\div\dfrac{18}{11}=\overset{4}{24}\times\dfrac{11}{\underset{3}{18}}=\dfrac{44}{3}=14\dfrac{2}{3}=14\dfrac{40}{60}$

따라서 밤의 길이는 14시간 40분입니다.

8 320명

농구를 좋아하는 학생은 전체의

$\left(\dfrac{2}{5}-\dfrac{3}{8}\right)\times 6\dfrac{1}{4}=\left(\dfrac{16}{40}-\dfrac{15}{40}\right)\times\dfrac{25}{4}=\dfrac{1}{\underset{8}{40}}\times\dfrac{\overset{5}{25}}{4}=\dfrac{5}{32}$ 입니다.

$\dfrac{3}{8}+\dfrac{2}{5}+\dfrac{5}{32}=\dfrac{60}{160}+\dfrac{64}{160}+\dfrac{25}{160}=\dfrac{149}{160}$에서 나머지 22명은 전체의

$1-\dfrac{149}{160}=\dfrac{11}{160}$입니다.

진우네 학교 6학년 학생 수를 □명이라 하면

$□\times\dfrac{11}{160}=22$에서 $□=22\div\dfrac{11}{160}=\overset{2}{22}\times\dfrac{160}{\underset{1}{11}}=320$입니다.

9 225 g

(마신 물의 무게)=420−290=130 (g)

마신 물의 양은 전체 물의 양의 $\dfrac{3}{7}\times\dfrac{\overset{1}{2}}{\underset{1}{3}}=\dfrac{2}{7}$이므로 전체 물의 양을 □g이라 하면

$□\times\dfrac{2}{7}=130$에서 $□=130\div\dfrac{2}{7}=\overset{65}{130}\times\dfrac{7}{\underset{1}{2}}=455$입니다.

(전체의 $\dfrac{3}{7}$만큼 넣은 물의 무게)=$\overset{65}{455}\times\dfrac{3}{\underset{1}{7}}=195$ (g)

따라서 빈 병의 무게는 420−195=225 (g)입니다.

10 50 cm

㉮+㉯=210, ㉮+㉰=205이므로 ㉯−㉰=5입니다.

막대 ㉯와 ㉰가 물에 잠긴 부분의 길이는 같으므로 $㉯\times\dfrac{5}{11}=㉰\times\dfrac{10}{21}$입니다.

$㉯=㉰\times\dfrac{10}{21}\div\dfrac{5}{11}=㉰\times\dfrac{\overset{2}{10}}{21}\times\dfrac{11}{\underset{1}{5}}=㉰\times\dfrac{22}{21}$이므로

㉯−㉰=5에서 $㉰\times\dfrac{22}{21}-㉰=5$입니다.

$㉰\times\left(\dfrac{22}{21}-1\right)=5$, $㉰\times\dfrac{1}{21}=5$, $㉰=5\div\dfrac{1}{21}=5\times21=105$ (cm)

따라서 통에 들어 있는 물의 높이는 $\overset{5}{105}\times\dfrac{10}{\underset{1}{21}}=50$ (cm)입니다.

2 소수의 나눗셈

1 21, 21, 21

나누는 수와 나누어지는 수에 각각 같은 수를 곱하면 몫은 변하지 않습니다.

2 ④

①, ②, ③, ⑤의 몫은 3.2이고, ④의 몫은 32입니다.

――――――――――――――――――――

다른 풀이
나누는 수가 47이 되도록 소수점을 옮겨 보면 ①, ②, ③, ⑤는 $150.4 \div 47$이고 ④는 $1504 \div 47$입니다.

――――――――――――――――――――

3 3.2배

집에서 도서관까지의 거리는 집에서 학교까지의 거리의 $5.76 \div 1.8 = 3.2$(배)입니다.

4 6 cm

(가로)=(직사각형의 넓이)÷(세로)=$24.72 \div 4.12 = 6$(cm)

5 ⓒ, ⓔ

나누는 수가 1보다 크면 몫은 나누어지는 수보다 작습니다.
따라서 ⓒ, ⓔ의 몫은 나누어지는 수보다 작습니다.

――――――――――――――――――――

다른 풀이
ⓐ $192 \div 0.8 = 240$　　ⓑ $192 \div 1.2 = 160$　　ⓒ $192 \div 0.96 = 200$　　ⓔ $192 \div 4.8 = 40$

――――――――――――――――――――

1 4.8 kg

$14.5 \div 3 = 4.83 \cdots$이고 소수 둘째 자리 숫자가 3이므로 버림합니다. ➡ 4.8

2 1.8

$30.6 - 7.2 - 7.2 - 7.2 - 7.2 = 1.8$ ➡ 30.6에서 7.2를 4번 빼면 1.8이 남습니다.

3 ⓐ

ⓐ
$$0.8 \overline{)5.4} \quad \frac{6}{}$$
$$\frac{4\ 8}{0.6}$$ ➡ 남는 양: 0.6 L

ⓑ
$$0.9 \overline{)6.8} \quad \frac{7}{}$$
$$\frac{6\ 3}{0.5}$$ ➡ 남는 양: 0.5 L

4 $\frac{1}{10}$배

나누어지는 수가 같고 나누는 수의 소수점이 왼쪽으로 한 칸 옮겨졌으므로 몫은 10배로 커집니다.

➡ $14.76 \div 3.6$의 몫은 $14.76 \div 0.36$의 몫의 $\frac{1}{10}$배입니다.

14.76÷3.6＝4.1, 14.76÷0.36＝41입니다.

14.76÷3.6의 몫은 14.76÷0.36의 몫의 $\frac{1}{10}$배입니다.

5 0.05

24.35÷7.5＝3.246······

몫을 반올림하여 소수 첫째 자리까지 나타내려면 소수 둘째 자리 숫자가 4이므로 버림합니다. ➡ 3.2

몫을 반올림하여 소수 둘째 자리까지 나타내려면 소수 셋째 자리 숫자가 6이므로 올림합니다. ➡ 3.25

따라서 3.25－3.2＝0.05입니다.

6 ④

① $\frac{3}{4}=0.75$　② $1\frac{1}{2}=1.5$　③ $\frac{7}{8}=0.875$　④ $\frac{4}{9}=0.444$······　⑤ $2\frac{3}{5}=2.6$

따라서 무한소수인 것은 ④입니다.

3 소수의 나눗셈 활용

36~37쪽

1 28상자, 0.05 m

$$\begin{array}{r} 2\ 8 \\ 0.7)\overline{1\ 9.6\ 5} \\ 1\ 4 \\ \hline 5\ 6 \\ 5\ 6 \\ \hline 0.0\ 5 \end{array}$$

➡ 포장할 수 있는 상자는 최대 28상자이고 남는 끈의 길이는 0.05 m 입니다.

개수를 구하는 것이기 때문에 몫은 자연수까지 구합니다.

2 24개

105.5÷4.5＝23.44······이므로 물을 남김없이 모두 담으려면 통이 적어도 23＋1＝24(개) 필요합니다.

모두 담아야 하므로 남은 물도 담을 통 한 개가 더 필요합니다.

3 32개

(구입한 비료의 무게)＝3.7×25＝92.5(kg)

92.5 kg을 한 봉지에 2.9 kg씩 나누어 담으면 92.5÷2.9＝31.89······이므로 비료를 남김없이 모두 담으려면 봉지가 적어도 31＋1＝32(개) 필요합니다.

4 2시간 45분

176÷64＝2.75(시간) ➡ 2시간 45분

5 122 km

1시간 15분=1.25시간이므로

(자동차가 1시간 동안 간 거리)=76.25÷1.25=61 (km)입니다.

따라서 자동차가 2시간 동안 간 거리는 61×2=122 (km)입니다.

보충 개념

1시간 15분=$1\frac{15}{60}$시간=$1\frac{1}{4}$시간=1.25시간

---

6 3시간 30분

2시간 12분=2.2시간이므로

(자동차가 1시간 동안 간 거리)=114.4÷2.2=52 (km)입니다.

➡ (182 km를 가는 데 걸린 시간)=182÷52=3.5(시간) ➡ 3시간 30분

대표문제 1

어떤 수를 ■라 하면 ■=6.4×5+1.2=33.2입니다.

$$9.5)\overline{\begin{array}{r} 3 \\ 3\,3.2 \\ \underline{2\,8\,5} \\ 4.7 \end{array}}$$

따라서 33.2÷9.5의 몫은 3이고 남는 수는 4.7입니다.

1-1 29.5

어떤 수를 □라 하면 □=7×4+1.5=29.5입니다.

1-2 2, 4.6

어떤 수를 □라 하면 □=4.7×3+2.1=16.2입니다.

$$5.8)\overline{\begin{array}{r} 2 \\ 1\,6.2 \\ \underline{1\,1\,6} \\ 4.6 \end{array}}$$

1-3 0.06

어떤 수를 □라 하면 □=3.2×2+1.2=7.6입니다.

$$2.9)\overline{\begin{array}{r} 2.6 \\ 7.6\,0 \\ \underline{5\,8} \\ 1\,8\,0 \\ \underline{1\,7\,4} \\ 0\,0\,6 \end{array}}$$

1-4 5.2

□.△가 클수록 어떤 수도 커지고 □.△<1.96이므로

□.△가 될 수 있는 가장 큰 소수 한 자리 수는 1.9입니다.

어떤 수를 □라 하면 □=1.96×15+1.9=31.3이므로

31.3÷6.04=5.18……이고 소수 둘째 자리 숫자가 8이므로 올림합니다.

➡ 5.2

1시간 48분＝$1\frac{48}{60}$시간＝1.8시간입니다.

(속력)＝(간 거리)÷(걸린 시간)에서

160÷1.8의 몫을 소수 둘째 자리까지 구한 88.88의 소수 둘째 자리 숫자가 8이므로 올림을 하면 88.9입니다.

따라서 자동차가 한 시간 동안 달린 거리는 88.9km입니다.

2-1 20L

1시간 30분＝$1\frac{30}{60}$시간＝1.5시간입니다.

30÷1.5＝20이므로 수도로 한 시간 동안 받은 물은 20L입니다.

2-2 149.2km

1시간 18분＝$1\frac{18}{60}$시간＝1.3시간입니다.

194÷1.3＝149.23……이고 소수 둘째 자리 숫자가 3이므로 버림합니다. ➡ 149.2

따라서 기차가 한 시간 동안 달린 거리는 149.2km입니다.

서술형 2-3 114상자

예 3kg 500g＝3.5kg입니다.

사과 400kg을 한 상자에 3.5kg씩 담으면 400÷3.5＝114.28……이므로

최대 114상자까지 판매할 수 있습니다.

채점 기준	배점
3kg 500g을 kg으로 바꿨나요?	1점
400÷3.5를 계산했나요?	2점
판매할 수 있는 사과 상자 수를 구했나요?	2점

2-4 62개

40m 20cm＝40.2m이므로 1206÷40.2＝30에서 전등 사이의 간격 수는 30군데입니다.

(터널 한쪽에 설치할 전등의 수)＝(전등 사이의 간격 수)＋1＝30＋1＝31(개)이므로

(터널 양쪽에 설치할 전등의 수)＝31×2＝62(개)입니다.

84.06÷2.63의 몫을 자연수 부분까지 구하여 남는 호두의 양을 알아봅니다.

```
              3 1
    2.6 3 ) 8 4.0 6
            7 8 9
            5 1 6
            2 6 3
            2.5 3
```

따라서 남는 호두 2.53kg으로 한 자루를 더 담으려면 적어도 2.63－2.53＝0.1(kg)이 더 필요합니다.

3-1 9봉지

1÷0.12의 몫을 자연수까지 구하면 몫은 8이고 0.04가 남으므로

사탕 1kg을 한 봉지에 0.12kg씩 담으면 8봉지가 되고 0.04kg이 남습니다.

따라서 남은 0.04kg까지 담으려면 적어도 8+1=9(봉지)가 필요합니다.

3-2 0.8kg

50.2÷3.4의 몫을 자연수까지 구하면 몫은 14이고 2.6이 남으므로

소금 50.2kg을 한 자루에 3.4kg씩 담으면 14자루가 되고 2.6kg이 남습니다.

따라서 남은 2.6kg으로 한 자루 더 담으려면 소금은 적어도 3.4-2.6=0.8(kg)이 더
필요합니다.

3-3 1kg

(남은 고춧가루의 양)=2000-24×81=56(kg)

56÷1.9의 몫을 자연수까지 구하면 몫은 29이고 0.9가 남으므로

고춧가루를 1.9kg씩 담으면 29 봉지가 되고 0.9kg이 남습니다.

따라서 남은 0.9kg으로 한 봉지를 더 담으려면 고춧가루는 적어도 1.9-0.9=1(kg)
이 더 필요합니다.

3-4 0.34

10.73÷6.15=1.74……이므로 소수 첫째 자리에서 나누어떨어지는 가장 작은 몫은
1.8입니다.

6.15×1.8=11.07이므로 나누어지는 수에 적어도 11.07-10.73=0.34를 더해야
합니다.

참고

➡ (10.73+0.34)÷6.15=11.07÷6.15=1.8

8.7÷5.5=1.58181……에서

몫의 소수 첫째 자리 숫자는 5이고, 몫의 소수 둘째 자리 숫자부터 8, 1이 반복됩니다.

따라서 몫의 소수 10째 자리 숫자는 소수 둘째 자리 숫자와 같은 8이고,

　　　몫의 소수 15째 자리 숫자는 소수 셋째 자리 숫자와 같은 1입니다.

4-1 6

4.4÷12.1=0.3636……이므로 몫의 소수 첫째 자리부터 숫자 3, 6이 반복됩니다.

따라서 몫의 소수 12째 자리 숫자는 소수 둘째 자리 숫자와 같은 6입니다.

4-2 2

23÷13.2=1.74242……이므로 몫의 소수 첫째 자리 숫자는 7이고, 소수 둘째 자리
부터 숫자 4, 2가 반복됩니다.

따라서 몫의 소수 23째 자리 숫자는 소수 셋째 자리 숫자와 같은 2입니다.

4-3 5, 8

$14 \div 2.7 = 5.185185\cdots$이므로 몫의 소수 첫째 자리부터 숫자 1, 8, 5가 반복됩니다. 반복되는 수가 3개이므로 $15 \div 3 = 5$에서 몫의 소수 15째 자리 숫자는 소수 셋째 자리 숫자와 같은 5이고, $20 \div 3$에서 몫이 6이고 2가 남으므로 몫의 소수 20째 자리 숫자는 소수 둘째 자리 숫자와 같은 8입니다.

4-4 5

$31.3 \div 3.7 = 8.459459\cdots$이므로 몫의 소수 첫째 자리부터 숫자 4, 5, 9가 반복됩니다. 몫을 반올림하여 소수 100째 자리까지 나타내려면 소수 101째 자리에서 반올림합니다.
• 몫의 소수 100째 자리 숫자: $100 \div 3$에서 몫이 33이고 1이 남으므로 소수 첫째 자리 숫자와 같은 4입니다.
• 몫의 소수 101째 자리 숫자: $101 \div 3$에서 몫이 33이고 2가 남으므로 소수 둘째 자리 숫자와 같은 5입니다.
따라서 소수 100째 자리 숫자 4는 소수 101째 자리 숫자에서 올림하여 5가 됩니다.

 대표문제 5

나눗셈의 몫을 가장 크게 하려면 가장 큰 수를 가장 작은 수로 나누어야 합니다.
• 수 카드 3장을 골라 만들 수 있는 가장 큰 소수 두 자리 수: 6.54
• 남은 수 카드 2장으로 만들 수 있는 가장 작은 소수 한 자리 수: 1.2
따라서 $6.54 \div 1.2 = 5.45$입니다.

5-1 (왼쪽부터) 3, 8, 4 / 28

나눗셈의 몫을 가장 크게 하려면 가장 큰 수를 가장 작은 수로 나누어야 하므로 나누어지는 수는 가장 큰 소수 한 자리 수인 8.4이고, 나누는 수는 가장 작은 수인 0.3이 되어야 합니다. 따라서 나눗셈의 몫을 구하면 $8.4 \div 0.3 = 28$입니다.

5-2 0.36

나눗셈의 몫을 가장 작게 하려면 가장 작은 수를 가장 큰 수로 나누어야 하므로 나누어지는 수는 가장 작은 소수 두 자리 수인 2.34이고, 나누는 수는 가장 큰 소수 한 자리 수인 6.5가 되어야 합니다. 따라서 나눗셈의 몫을 구하면 $2.34 \div 6.5 = 0.36$입니다.

5-3 0.06

$8 > 7 > 6 > 5 > 1 > 0$이므로 나누어지는 수는 가장 큰 소수 두 자리 수인 8.76이고, 나누는 수는 가장 작은 소수 두 자리 수인 0.15가 되어야 합니다.

$$
\begin{array}{r}
5\,8 \leftarrow \text{몫} \\
0.15\,)\overline{8.76} \\
7\,5 \\
\hline
1\,2\,6 \\
1\,2\,0 \\
\hline
0.06 \leftarrow \text{남는 수}
\end{array}
$$

5-4 3

7>5>4>2>0이므로 나누어지는 수는 가장 작은 두 자리 수인 20이고,
나누는 수는 가장 큰 소수 두 자리 수인 7.54가 되어야 합니다.
20÷7.54=2.6……이고 소수 첫째 자리 숫자가 6이므로 올림합니다. ➡ 3

(휘발유 1L로 갈 수 있는 거리)=28.14÷2.1=13.4(km)
(335km를 가는 데 필요한 휘발유의 양)=335÷13.4=25(L)
➡ (335km를 가는 데 필요한 휘발유의 값)=1430×25=35750(원)

6-1 16L

(1L의 페인트로 칠할 수 있는 벽의 넓이)=2.5÷0.4=6.25(m²)
(100m²의 벽을 칠하는 데 필요한 페인트의 양)=100÷6.25=16(L)

다른 풀이
(1m²의 벽을 칠하는 데 필요한 페인트의 양)=0.4÷2.5=0.16(L)
(100m²의 벽을 칠하는 데 필요한 페인트의 양)=0.16×100=16(L)

6-2 38000원

(휘발유 1L로 갈 수 있는 거리)=19.2÷1.5=12.8(km)
(320km를 가는 데 필요한 휘발유의 양)=320÷12.8=25(L)
➡ (320km를 가는 데 필요한 휘발유의 값)=1520×25=38000(원)

서술형 **6-3** 63750원

예 (철근 1m의 무게)=47.84÷2.6=18.4(kg)
(철근 78.2kg의 길이)=78.2÷18.4=4.25(m)
➡ (철근 78.2kg의 값)=15000×4.25=63750(원)

채점 기준	배점
철근 1m의 무게를 구했나요?	2점
철근 78.2kg은 몇 m인지 구했나요?	2점
철근 78.2kg의 값을 구했나요?	1점

6-4 2.5L

(휘발유 1L로 갈 수 있는 거리)=32.64÷2.4=13.6(km)
➡ (306km를 가는 데 필요한 휘발유의 양)=306÷13.6=22.5(L)
(37000원으로 주유할 수 있는 휘발유의 양)=37000÷1480=25(L)
따라서 남은 휘발유의 양은 25-22.5=2.5(L)입니다.

7

반올림하여 4가 되는 수의 범위는 3.5 이상 4.5 미만입니다.

$$\begin{bmatrix} 7.\blacksquare8 \div 1.7 = 3.5 \rightarrow 1.7 \times 3.5 = 5.95 \\ 7.\blacksquare8 \div 1.7 = 4.5 \rightarrow 1.7 \times 4.5 = 7.65 \end{bmatrix}$$

$7.\blacksquare8$은 5.95 이상 7.65 미만이므로 $\blacksquare$ 안에 들어갈 수 있는 수

0, 1, 2, 3, 4, 5 중 가장 큰 수는 5입니다.

7-1 0

반올림하여 2가 되는 수의 범위는 1.5 이상 2.5 미만입니다.

$\bigcirc.65 \div 0.4 = 1.5$, $\bigcirc.65 \div 0.4 = 2.5$에서

$\bigcirc.65$는 $0.4 \times 1.5 = 0.6$ 이상 $0.4 \times 2.5 = 1$ 미만인 수입니다.

따라서 $\bigcirc$에 알맞은 수는 0입니다.

7-2 1, 2

반올림하여 6이 되는 수의 범위는 5.5 이상 6.5 미만입니다.

$1\square.8 \div 2.1 = 5.5$, $1\square.8 \div 2.1 = 6.5$에서

$1\square.8$은 $2.1 \times 5.5 = 11.55$ 이상 $2.1 \times 6.5 = 13.65$ 미만인 수입니다.

따라서 $\square$ 안에 들어갈 수 있는 수는 1, 2입니다.

7-3 3.48

반올림하여 3.6이 되는 수의 범위는 3.55 이상 3.65 미만입니다.

$2\bigcirc.08 \div 6.2 = 3.55$, $2\bigcirc.08 \div 6.2 = 3.65$에서

$2\bigcirc.08$은 $6.2 \times 3.55 = 22.01$ 이상 $6.2 \times 3.65 = 22.63$ 미만인 수이므로

$\bigcirc$에 알맞은 수는 2입니다.

➡
$$\begin{array}{r} 3 \\ 6.2{\overline{)2\,2.0\,8}} \\ \underline{1\,8\,|6} \\ 3\!\!\downarrow\!4\,8 \end{array}$$

7-4 3.53

반올림하여 1.9가 되는 수의 범위는 1.85 이상 1.95 미만입니다.

$7.\square3 \div 3.8 = 1.85$, $7.\square3 \div 3.8 = 1.95$에서

$7.\square3$은 $3.8 \times 1.85 = 7.03$ 이상 $3.8 \times 1.95 = 7.41$ 미만인 수입니다.

$\square$ 안에 들어갈 수 있는 수 0, 1, 2, 3 중 가장 큰 수는 3입니다.

➡
$$\begin{array}{r} 1 \\ 3.8{\overline{)7.3\,3}} \\ \underline{3\,|8} \\ 3\!\!\downarrow\!5\,3 \end{array}$$

(우유 2.4L의 무게) $= 6.87 - 4.35 = 2.52$(kg)

(우유 1L의 무게) $= 2.52 \div 2.4 = 1.05$(kg)

(우유 6L의 무게) $= 1.05 \times 6 = 6.3$(kg)

➡ (빈 통의 무게) $= 6.87 - 6.3 = 0.57$(kg)

8-1 0.25 kg

(참기름 2L의 무게)=4.75−2.95=1.8(kg)

(참기름 1L의 무게)=1.8÷2=0.9(kg)

(참기름 5L의 무게)=0.9×5=4.5(kg)

따라서 빈 통의 무게는 4.75−4.5=0.25(kg)입니다.

8-2 0.28 kg

(식용유 1.5L의 무게)=7−5.74=1.26(kg)

(식용유 1L의 무게)=1.26÷1.5=0.84(kg)

(식용유 8L의 무게)=0.84×8=6.72(kg)

따라서 빈 통의 무게는 7−6.72=0.28(kg)입니다.

8-3 1.15 kg

병에 담긴 주스의 양의 차는 4.5−2=2.5(L)입니다.

(주스 2.5L의 무게)=5.92−3.27=2.65(kg)

(주스 1L의 무게)=2.65÷2.5=1.06(kg)

(주스 2L의 무게)=1.06×2=2.12(kg)

따라서 빈 병의 무게는 3.27−2.12=1.15(kg)입니다.

8-4 2.63 kg

(간장 1.8L의 무게)=4.91−3.2=1.71(kg)

(간장 1L의 무게)=1.71÷1.8=0.95(kg)

(간장 4.8L의 무게)=0.95×4.8=4.56(kg)

➡ (빈 통의 무게)=4.91−4.56=0.35(kg)

따라서 간장 2.4L가 담긴 통의 무게는

0.95×2.4+0.35=2.28+0.35=2.63(kg)입니다.

다른 풀이

(간장 1L의 무게)=0.95kg, (간장 2.4L의 무게)=0.95×2.4=2.28(kg)

```
   (간장 4.8L의 무게)+(통)          4.9 1
 −)(간장 2.4L의 무게)        ➡    −2.2 8
   (간장 2.4L의 무게)+(통)          2.6 3
```

MATH MASTER

1 35개

40.5÷5.3=7.64……에서 가로로 자를 수 있는 정사각형은 7개이고,

28.7÷5.3=5.41……에서 세로로 자를 수 있는 정사각형은 5개입니다.

따라서 자를 수 있는 정사각형은 최대 7×5=35(개)입니다.

서술형

2 50분

예 (양초가 1분 동안 타는 길이)=1.8÷10=0.18(cm)

(줄어든 양초의 길이)=16−7=9(cm)

(양초가 타는 데 걸리는 시간)=9÷0.18=50(분)

채점 기준	배점
양초가 1분 동안 타는 길이를 구했나요?	2점
양초의 길이가 7cm가 되는 데 걸리는 시간을 구했나요?	3점

3 10.8 cm

(삼각형 ㄱㄴㄷ의 넓이)=(선분 ㄴㄷ)×(선분 ㄱㄴ)÷2

=18×13.5÷2=121.5(cm²)

선분 ㄴㄹ을 삼각형의 높이로 보면

(삼각형 ㄱㄴㄷ의 넓이)=(선분 ㄱㄷ)×(선분 ㄴㄹ)÷2=121.5(cm²)입니다.

22.5×(선분 ㄴㄹ)÷2=121.5 ➡ (선분 ㄴㄹ)=121.5×2÷22.5=10.8(cm)

다른 풀이

삼각형 ㄱㄴㄷ에서 (선분 ㄴㄷ)×(선분 ㄱㄴ)=(선분 ㄱㄷ)×(선분 ㄴㄹ)이므로

18×13.5=22.5×(선분 ㄴㄹ)입니다. ➡ (선분 ㄴㄹ)=243÷22.5=10.8(cm)

4 10분 12초

(㉮ 수도에서 1분 동안 나오는 물의 양)=96.6÷3=32.2(L)

5분 30초=5$\frac{30}{60}$분=5.5분이므로

(㉯ 수도에서 1분 동안 나오는 물의 양)=156.2÷5.5=28.4(L)입니다.

(㉮와 ㉯ 수도에서 1분 동안 나오는 물의 양)=32.2+28.4=60.6(L)

따라서 두 수도를 동시에 틀어서 618.12L의 물을 받으려면 적어도

618.12÷60.6=10.2(분) ➡ 10분 12초가 걸립니다.

5 15장

3.5cm씩 겹치게 이어 붙였으므로 색 테이프를 한 장씩 더 이어 붙일 때마다

전체 길이는 26−3.5=22.5(cm)씩 늘어납니다.

더 이어 붙인 색 테이프의 수를 □장이라 하면

26+22.5×□=341, 22.5×□=315, □=315÷22.5=14입니다.

따라서 이어 붙인 색 테이프는 모두 1+14=15(장)입니다.

서술형

6 87

예 6.7÷1.2=5.5833……

소수 셋째 자리부터 숫자 3이 반복되므로 몫을 소수 25째 자리까지 구하면 3은

25−2=23(번) 나옵니다.

따라서 각 자리 숫자의 합은 5+5+8+3×23=87입니다.

채점 기준	배점
6.7÷1.2의 몫을 구했나요?	2점
몫의 소수점 아래 반복되는 숫자를 찾았나요?	1점
몫의 각 자리 숫자의 합을 구했나요?	2점

7 5.6 cm

정사각형 ㄱㄴㄷㄹ의 한 변을 □cm라 하면 □×□=64, □=8입니다.

삼각형 ㅁㄴㄷ에서 선분 ㅁㅂ을 △cm라 하면

8×△÷2=64÷4, 4×△=16, △=4입니다.

삼각형 ㅁㅂㄷ은 한 각이 직각이면서 이등변삼각형이므로

(선분 ㅁㅂ)=(선분 ㅂㄷ)=4cm입니다.

(직사각형 ㅁㅂㅅㅇ의 넓이)=(선분 ㅂㅅ)×(선분 ㅁㅂ)이므로

(선분 ㅂㅅ)×4=64×0.6, (선분 ㅂㅅ)=38.4÷4=9.6(cm)입니다.

따라서 (선분 ㄷㅅ)=(선분 ㅂㅅ)-(선분 ㅂㄷ)=9.6-4=5.6(cm)입니다.

8 1분 27초

80m=0.08km이므로 기차가 터널을 완전히 통과하기 위해 가야 할 거리는

3.69+0.08=3.77(km)입니다.

(1분 동안 기차가 가는 거리)=156÷60=2.6(km)

(기차가 터널을 완전히 통과하는 데 걸리는 시간)=3.77÷2.6=1.45(분)

➡ 1.45분=1분+(0.45×60)초=1분 27초

보충 개념

(기차가 터널을 완전히 통과하기 위해 가야 할 거리)=(터널의 길이)+(기차의 길이)

9 12시 32분

(긴바늘이 1분 동안 움직이는 각도)=360°÷60=6°

(짧은바늘이 1분 동안 움직이는 각도)=30°÷60=0.5°

두 시곗바늘은 1분 동안 6°-0.5°=5.5°만큼 차이가 나므로 176°÷5.5°=32에서

시계의 긴바늘과 짧은바늘이 처음으로 176°를 이루는 시각은 12시 32분입니다.

보충 개념

긴바늘은 한 시간 동안 한 바퀴를 움직이고 짧은바늘은 한 시간 동안 360°÷12=30°만큼 움직입니다.

10 0.8, 0.9, 1.6

$\dfrac{(㉮×㉯)×(㉯×㉰)}{(㉮×㉰)}=㉯×㉯$이고, $\dfrac{0.72×1.44}{1.28}=0.81$이므로

㉯×㉯=0.81, ㉯=0.9입니다.

㉮×㉯=0.72 ➡ ㉮×0.9=0.72, ㉮=0.72÷0.9=0.8

㉯×㉰=1.44 ➡ 0.9×㉰=1.44, ㉰=1.44÷0.9=1.6

따라서 ㉮=0.8, ㉯=0.9, ㉰=1.6입니다.

3 공간과 입체

1 쌓기나무의 개수와 위, 앞, 옆에서 본 모양

58~59쪽

1 12개

쌓기나무를 최소로 하여 쌓으면 앞에 있는 쌓기나무에 가려서 보이지 않는 쌓기나무가 없습니다.

1층: 8개, 2층: 3개, 3층: 1개 ➡ $8+3+1=12$(개)

따라서 필요한 쌓기나무는 최소 12개입니다.

2 풀이 참조

쌓기나무가 1층에 6개, 2층에 2개, 3층에 1개 있으므로 모두 $6+2+1=9$(개)입니다.

따라서 보이지 않는 쌓기나무는 없습니다.

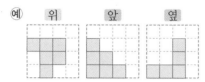

3 ㉢

옆에서 본 모양을 그려 보면 다음과 같습니다.

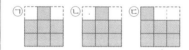

4 풀이 참조

층별로 나누어 보면 오른쪽과 같습니다.

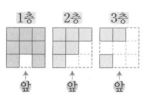
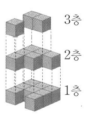

2 전체 모양, 여러 가지 모양 만들기

60~61쪽

1 ㉠

앞과 옆에서 본 모양을 보고 위에서 본 모양의 각 자리에 쌓은 쌓기나무의 수를 써넣으면 오른쪽과 같습니다.

2 11개

앞과 옆에서 본 모양을 보고 위에서 본 모양의 각 자리에 쌓은 쌓기나무의 수를 써넣으면 오른쪽과 같습니다.

➡ $1+3+3+2+2=11$(개)

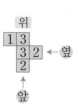

3 ㉢

4 7가지

만들 수 있는 테트라큐브는 다음과 같이 모두 7가지입니다.

3 사용된 쌓기나무의 최대, 최소 개수

62~63쪽

1 ㉡

㉠을 빼면 앞과 옆에서 본 모양이 달라지고, ㉢을 빼면 앞에서 본 모양이 달라지며, ㉣을 빼면 위와 앞에서 본 모양이 달라집니다.
따라서 빼내어도 위, 앞, 옆에서 본 모양이 달라지지 않는 것은 ㉡입니다.

2

위
| | 1 | 2 | |
| 3 | 1 | 1 | |

앞과 옆에서 본 모양을 보고 위에서 본 모양의 각 자리에 쌓은 쌓기나무의 개수를 알 수 있는 것부터 수를 쓰면 오른쪽과 같습니다.
따라서 쌓기나무의 개수가 가장 적은 경우는 ㉠=1인 경우입니다.

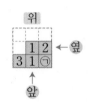

3 4가지

앞과 옆에서 본 모양을 보고 위에서 본 모양의 각 자리에 쌓은 쌓기나무의 개수를 알 수 있는 것부터 수를 쓰면 오른쪽과 같습니다.
따라서 나올 수 있는 쌓기나무 모양은 다음과 같이 모두 4가지입니다.

• ㉠=2, ㉡=2인 경우

• ㉠=2, ㉡=1인 경우

• ㉠=1, ㉡=2인 경우

• ㉠=1, ㉡=1인 경우

4 8개

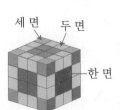

세 면   두 면
한 면

• 한 면만 칠해진 곳: 각 면의 가운데 쌓기나무
• 두 면이 칠해진 곳: 모서리의 가운데 있는 쌓기나무
• 세 면이 칠해진 곳: 꼭짓점에 있는 쌓기나무
• 한 면도 칠해지지 않은 곳: 정육면체 속의 보이지 않는 쌓기나무
따라서 한 면도 칠해지지 않은 쌓기나무는 $2 \times 2 \times 2 = 8$(개)입니다.

쌓기나무를 층별로 나타낸 모양에서 1층의 모양은 위에서 본 모양과 같습니다.
위에서 본 모양의 ○ 부분은 2층까지 쌓여 있고 ○ 부분은 3층까지 쌓여 있습니다.

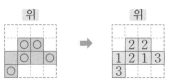

1-1 6개

(1층에 쌓은 쌓기나무의 수)=(위에서 본 모양의 각 자리의 수)=6개

1-2 풀이 참조

쌓기나무 10개로 쌓았고 1층과 2층 모양에서 쌓은 쌓기나무는 9개이므로 3층은 1개입니다. 3층을 쌓으려면 2층이 있어야 하므로 3층은 2층의 두 곳 중 한 곳 위에 쌓으면 됩니다.

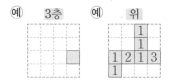

1-3 12개

(전체 쌓기나무의 수)=4+2+3+2+3+1+1+3+2=21(개)
(2층보다 낮은 층에 쌓인 쌓기나무의 수)=(1층에 쌓인 쌓기나무의 수)=9개
➡ (구하려는 쌓기나무의 수)=21-9=12(개)

1-4 1개

가: 각 자리에 적힌 **숫자**가 2 이상인 자리가 6개이므로
　　 2층에 쌓인 쌓기나무의 수는 6개입니다.
나: 각 자리에 적힌 숫자가 2 이상인 자리가 5개이므로
　　 2층에 쌓인 쌓기나무의 수는 5개입니다.
➡ (2층에 쌓인 쌓기나무 수의 차)=6-5=1(개)

쌓은 모양은 쌓기나무가 1층: 6개, 2층: 2개, 3층: 1개이므로
(쌓은 쌓기나무의 수)=6+2+1=9(개)입니다.
가장 작은 정육면체를 만들려면 한 모서리에 쌓기나무를 3개씩 쌓아야 하므로
(정육면체를 만드는 데 필요한 쌓기나무의 수)=3×3×3=27(개)입니다.
➡ (더 필요한 쌓기나무의 수)=27-9=18(개)

2-1 6개

(쌓은 쌓기나무의 수)=3+3+3+3+2+3+2+1+1=21(개)
가장 작은 정육면체를 만들려면 한 모서리에 쌓기나무를 3개씩 쌓아야 하므로
(정육면체를 만드는 데 필요한 쌓기나무의 수)=3×3×3=27(개)입니다.
➡ (더 필요한 쌓기나무의 수)=27-21=6(개)

2-2 17개

쌓은 모양은 쌓기나무가 1층: 6개, 2층: 3개, 3층: 1개이므로
(쌓은 쌓기나무의 수)=6+3+1=10(개)입니다.
가장 작은 정육면체를 만들려면 한 모서리에 쌓기나무를 3개씩 쌓아야 하므로
(정육면체를 만드는 데 필요한 쌓기나무의 수)=3×3×3=27(개)입니다.
➡ (더 필요한 쌓기나무의 수)=27−10=17(개)

2-3 41개

쌓은 모양은 쌓기나무가 1층: 10개, 2층: 9개, 3층: 4개이므로
(쌓은 쌓기나무의 수)=10+9+4=23(개)입니다.
가장 작은 정육면체를 만들려면 한 모서리에 쌓기나무를 4개씩 쌓아야 하므로
(정육면체를 만드는 데 필요한 쌓기나무의 수)=4×4×4=64(개)입니다.
➡ (더 필요한 쌓기나무의 수)=64−23=41(개)

2-4 31개

쌓은 모양은 쌓기나무가 1층: 10개, 2층: 6개, 3층: 1개이므로
(쌓은 쌓기나무의 수)=10+6+1=17(개)입니다.
가장 작은 직육면체는 쌓기나무를 가로 4칸, 세로 4칸, 높이 3층으로 쌓은 모양이므로
(직육면체를 만드는 데 필요한 쌓기나무의 수)=4×4×3=48(개)입니다.
➡ (더 필요한 쌓기나무의 수)=48−17=31(개)

68~69쪽

대표문제 3

각각의 쌓기나무 모양이 들어갈 자리를 예상해 보고 남은 자리에 다른 모양이 들어갈 수 있는지 알아봅니다.

㉠을 사용한 경우	㉡을 사용한 경우	㉢을 사용한 경우
㉣이 들어갈 수 있습니다.	들어갈 수 있는 모양이 없습니다.	들어갈 수 있는 모양이 없습니다.

따라서 사용한 쌓기나무 모양 2가지는 ㉠과 ㉣입니다.

3-1

다음과 같이 만들 수 있습니다.

3-2 ㉡, ㉣

각각의 쌓기나무 모양이 들어갈 자리를 예상해 보고 남은 자리에 다른 모양이 들어갈 수 있는지 알아봅니다.

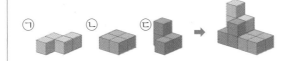

따라서 사용한 쌓기나무 모양 2가지는 ㉡과 ㉣입니다.

3-3 ㉠, ㉡, ㉢

㉠, ㉡, ㉢ 모양으로 주어진 모양을 만들 수 있습니다.

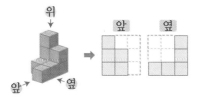

빨간색으로 색칠한 쌓기나무 3개를 빼낸 후의 모양은 왼쪽과 같고, 이때 앞과 옆에서 본 모양은 다음과 같습니다.

4-1

3층에 1개, 2층에 4개, 1층에 $11-4-1=6$(개)이므로 뒤에 보이지 않는 쌓기나무는 없습니다.
빨간색 쌓기나무 3개를 빼낸 모양은 다음과 같습니다.

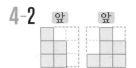

4-2

층별로 쌓은 쌓기나무의 수는 4층에 1개, 3층에 1개, 2층에 3개, 1층에 $10-1-1-3=5$(개)이므로 뒤에 보이지 않는 쌓기나무가 1개 있습니다.
빨간색으로 색칠한 쌓기나무 2개를 빼내면 다음과 같은 두 가지 모양이 됩니다.

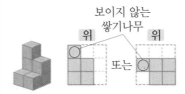

보이지 않는 쌓기나무

또는

4-3

층별로 쌓은 쌓기나무의 수는 3층에 2개, 2층에 4개 또는 5개, 1층에 7개 또는 6개이므로 뒤에 보이지 않는 쌓기나무 2개가 더 있습니다. 빨간색으로 색칠한 쌓기나무 3개를 빼내면 다음과 같은 두 가지 모양이 됩니다.

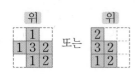

대표문제 5

앞에서 본 모양으로 각 자리에 쌓은 쌓기나무 수를 생각하면
㉠=㉢=㉤=1, ㉣=3입니다.
앞에서 본 모양으로 ㉡과 ㉤ 중 적어도 하나는 2가 되어야 합니다.
전체 쌓기나무는 10개에서 ㉡+㉤=10-1-1-1-3=4이므로
㉡=㉤=2입니다.

따라서 옆에서 본 모양은 입니다.

5-1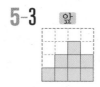

앞에서 본 모양을 보면
㉠=㉣=㉤=1, ㉡=3, ㉢=㉤=1입니다.
전체 쌓기나무가 8개이므로 보이지 않는 쌓기나무는 없습니다.

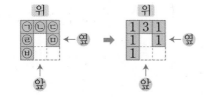

5-2

앞에서 본 모양을 보면 ㉡=2, ㉣=㉤=1입니다.
앞에서 본 모양으로 ㉠, ㉢, ㉤ 중 적어도 하나는 3이어야 합니다. 전체 쌓기나무 13개에서
㉠+㉢+㉤=13-2-1-1=9이므로
㉠=㉢=㉤=3입니다.

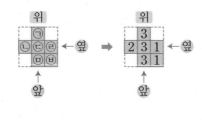

5-3

옆에서 본 모양을 보면 ㉠=㉡=1, ㉤=3, ㉥=1입니다. 옆에서 본 모양으로 ㉢, ㉣, ㉤ 중 적어도 하나는 2이어야 합니다. 전체 쌓기나무 12개에서
㉢+㉣+㉤=12-1-1-3-1=6이므로
㉢=㉣=㉤=2입니다.

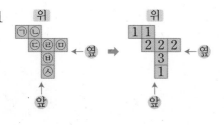

5-4 3가지

앞에서 본 모양을 보면 ㉠=㉤=㉥=㉼=1,
㉢=㉅=1, ㉣=3입니다.
앞에서 본 모양으로 ㉡, ㉂, ㉈ 중 적어도 하나는 2
이어야 합니다.

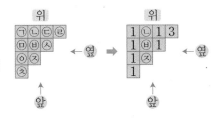

전체 쌓기나무 14개에서
㉡+㉂+㉈=14-1-1-1-1-1-1-3=5이므로
㉡, ㉂, ㉈ 중 하나는 1이고 나머지 둘은 2입니다.
따라서 가능한 경우는 다음과 같이 3가지입니다.

• ㉡=2, ㉂=2, ㉈=1   • ㉡=2, ㉂=1, ㉈=2   • ㉡=1, ㉂=2, ㉈=2

대표문제 6

세 면   두 면
한 면

색칠된 면의 수에 따른 쌓기나무의 위치는 다음과 같습니다.
• 한 면만 칠해진 곳: 각 면의 가운데 있는 쌓기나무
• 두 면이 칠해진 곳: 모서리의 가운데 있는 쌓기나무
• 세 면이 칠해진 곳: 꼭짓점에 있는 쌓기나무
• 한 면도 칠해지지 않은 곳: 정육면체 속의 보이지 않는 쌓기나무

따라서 한 면만 칠해진 쌓기나무는 각 면에 4개씩 있고, 정육면체의 면은 6개이므로
$4 \times 6 = 24$(개)입니다.

6-1 8개

세 면이 칠해진 쌓기나무의 수는 꼭짓점에 있는 쌓기나무의 수와 같습니다.
따라서 정육면체의 꼭짓점은 8개이므로 세 면이 칠해진 쌓기나무는 8개입니다.

6-2 48개

두 면이 칠해진 쌓기나무는 각 모서리에 $6-2=4$(개)씩 있습니다.
따라서 정육면체의 모서리는 12개이므로 두 면이 칠해진 쌓기나무는
$4 \times 12 = 48$(개)입니다.

서술형 **6-3** 27개

⑩ $10 \div 2 = 5$이므로 만들어진 정육면체는 한 모서리에 쌓기나무를 5개씩 쌓은 모양입
니다.
이 중에서 한 면도 칠해지지 않은 쌓기나무는 정육면체 속의 보이지 않는 쌓기나무로
$3 \times 3 \times 3 = 27$(개)입니다.

채점 기준	배점
정육면체의 한 모서리에 쌓은 쌓기나무의 수를 구했나요?	2점
한 면도 칠해지지 않은 쌓기나무의 수를 구했나요?	3점

6-4 9개

세 면이 칠해진 쌓기나무는 오른쪽과 같이 빨간색 쌓기나무 9개입니다.

옆에서 본 쌓기나무 개수
앞 앞에서 본 쌓기나무 개수

앞과 옆에서 본 모양을 보고 위에서 본 모양의 각 자리에 쌓은 쌓기나무의 개수를 알 수 있는 것부터 수를 씁니다.

• ㉠=2, ㉡=2인 경우   • ㉠=2, ㉡=1인 경우   • ㉠=1, ㉡=2인 경우

위	
2	3
2	3

위	
2	3
1	3

위	
1	3
2	3

따라서 쌓을 수 있는 서로 다른 모양은 모두 3가지입니다.

7-1 2가지

앞과 옆에서 본 모양을 보고 위에서 본 모양의 각 자리에 쌓은 쌓기나무의 개수를 알 수 있는 것부터 수를 씁니다.
㉠에 쌓을 수 있는 쌓기나무의 수: 1개 또는 2개
따라서 쌓을 수 있는 서로 다른 모양은 모두 2가지입니다.

위		
		1
	1	2	← 옆
	1	㉠	3

앞

7-2 3가지

앞과 옆에서 본 모양을 보고 위에서 본 모양의 각 자리에 쌓은 쌓기나무의 개수를 알 수 있는 것부터 수를 씁니다.
• ㉠=1일 때 ㉡=2,   • ㉠=2일 때 ㉡=1 또는 2
따라서 쌓을 수 있는 서로 다른 모양은 다음과 같이 모두 3가지입니다.

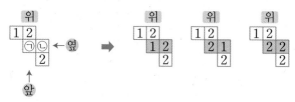

7-3 5가지

앞과 옆에서 본 모양을 보고 위에서 본 모양의 각 자리에 쌓은 쌓기나무의 개수를 알 수 있는 것부터 수를 씁니다.
• ㉡=1일 때 ㉠=1 또는 2, ㉢=2
• ㉡=2일 때 ㉠=1이면 ㉢=2, ㉠=2이면 ㉢=1 또는 2
따라서 쌓을 수 있는 서로 다른 모양은 다음과 같이 모두 5가지입니다.

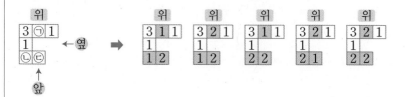

$5 \times 5 \times 5 = 125$이므로 쌓기나무 125개로 만든 정육면체는 한 모서리에 쌓기나무를 5개씩 쌓은 모양입니다.

각 면의 한 가운데를 관통하도록 쌓기나무를 빼려면 쌓기나무 5개로 이루어진 각기둥 3개를 빼면 됩니다. 이때, 정육면체의 가장 안쪽에 있는 쌓기나무를 3번 빼게 됩니다.

➡ (빼지는 쌓기나무의 수)$=5 \times 3 - 2 = 13$(개)

따라서 남은 쌓기나무는 $125 - 13 = 112$(개)입니다.

8-1 7개

각 면의 한 가운데에 있는 쌓기나무를 빼려면 쌓기나무 3개로 이루어진 각기둥 3개를 빼면 됩니다. 이때, 정육면체의 가장 안쪽에 있는 쌓기나무를 3번 빼게 됩니다.

➡ (빼지는 쌓기나무의 수)$=3 \times 3 - 2 = 7$(개)

8-2 19개

각 면의 한 가운데를 관통하도록 쌓기나무를 빼려면 쌓기나무 7개로 이루어진 각기둥 3개를 빼면 됩니다. 이때, 정육면체의 가장 안쪽에 있는 쌓기나무를 3번 빼게 됩니다.

➡ (빼지는 쌓기나무의 수)$=7 \times 3 - 2 = 19$(개)

8-3 704개

$9 \times 9 \times 9 = 729$이므로 쌓기나무 729개로 만든 정육면체는 한 모서리에 쌓기나무를 9개씩 쌓은 모양입니다.

각 면의 한 가운데를 관통하도록 쌓기나무를 빼려면 쌓기나무 9개로 이루어진 각기둥 3개를 빼면 됩니다. 이때, 정육면체의 가장 안쪽에 있는 쌓기나무를 3번 빼게 됩니다.

➡ (빼지는 쌓기나무의 수)$=9 \times 3 - 2 = 25$(개)

따라서 남은 쌓기나무는 $729 - 25 = 704$(개)입니다.

8-4 81개

$5 \times 5 \times 5 = 125$이므로 쌓기나무 125개로 만든 정육면체는 한 모서리에 쌓기나무를 5개씩 쌓은 모양입니다.

각 모서리에는 쌓기나무가 5개씩 있고, 정육면체의 모서리는 12개이므로 쌓기나무를 5개씩 12번 빼면 됩니다. 이때, 정육면체의 꼭짓점에 있는 쌓기나무를 3번 빼게 됩니다.

➡ (빼지는 쌓기나무의 수)$=5 \times 12 - 8 \times 2 = 44$(개)

따라서 남은 쌓기나무는 $125 - 44 = 81$(개)입니다.

1 9가지

만들 수 있는 모양은 다음과 같이 모두 9가지입니다.

2 14개

각 층의 가장자리에 있는 쌓기나무를 걷어내면 보이지 않는 안쪽의 쌓기나무는 다음과 같습니다.

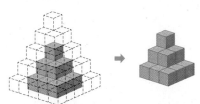

따라서 어느 방향에서도 보이지 않는 쌓기나무는 1+4+9=14(개)입니다.

서술형
3 45개

예 쌓은 쌓기나무의 수는 4층: 2개, 3층: 4개, 2층: 6개, 1층: 7개이므로
2+4+6+7=19(개)입니다.
가장 작은 정육면체를 만들려면 한 모서리에 쌓기나무를 4개씩 쌓아야 하므로
(정육면체를 만드는 데 필요한 쌓기나무의 수)=4×4×4=64(개)입니다.
따라서 더 필요한 쌓기나무는 64−19=45(개)입니다.

채점 기준	배점
쌓은 쌓기나무의 수를 구했나요?	1점
정육면체를 만드는 데 필요한 쌓기나무의 수를 구했나요?	2점
더 필요한 쌓기나무의 수를 구했나요?	2점

4 위

주어진 3개의 쌓기나무 모양을 모두 연결하여 만들면 오른쪽과 같습니다.

5 3가지

위에서 본 모양을 보고 1층에 쌓은 쌓기나무의 수를 알 수 있습니다.
1층에 쌓은 쌓기나무는 4개이므로 3층에 쌓은 쌓기나무가 2개인 경우 2층에 쌓은 쌓기나무는 8−4−2=2(개)가 되어 두 번째 조건에 맞지 않습니다.
따라서 3층에 쌓은 쌓기나무는 1개, 2층에 쌓은 쌓기나무는 8−4−1=3(개)이고
이때, 만들 수 있는 모양은 다음과 같이 모두 3가지입니다.

6 22개

층별로 빼낸 쌓기나무를 알아보면 다음과 같습니다.

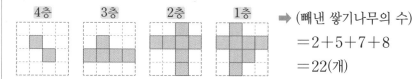

➡ (빼낸 쌓기나무의 수)
$=2+5+7+8$
$=22$(개)

7 4개

앞과 옆에서 본 모양을 보고 위에서 본 모양의 각 자리에 쌓은 쌓기나무의 개수를 알 수 있는 것부터 수를 씁니다.

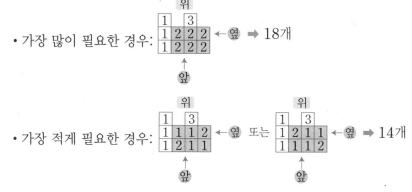

따라서 필요한 쌓기나무의 차는 $18-14=4$(개)입니다.

8 378 cm²

쌓은 모양은 오른쪽과 같고, 어느 방향에서도 보이지 않는 면은 없습니다.

➡ (색칠된 면의 수)$=7\times2+8\times2+6\times2=42$(개)

따라서 쌓기나무의 한 면의 넓이는 $3\times3=9(cm^2)$이므로

페인트를 칠한 면의 넓이는 $42\times9=378(cm^2)$입니다.

9 4개

층별로 알아보면 다음과 같습니다.

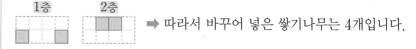

➡ 따라서 바꾸어 넣은 쌓기나무는 4개입니다.

10 94 cm²

만든 모양의 가로, 세로, 높이에 쌓인 쌓기나무를 각각 ㉠개, ㉡개, ㉢개라 하면 한 면도 칠해지지 않은 쌓기나무가 6개이므로 $(㉠-2)\times(㉡-2)\times(㉢-2)=6$입니다.

· $1\times1\times6=6$인 경우: ㉠$=3$, ㉡$=3$, ㉢$=8$이고 ㉠$\times$㉡$\times$㉢$=3\times3\times8=72$이 므로 조건에 맞지 않습니다.

· $1\times2\times3=6$인 경우: ㉠$=3$, ㉡$=4$, ㉢$=5$이고 ㉠$\times$㉡$\times$㉢$=3\times4\times5=60$으로 조건에 맞습니다.

따라서 만든 모양은 오른쪽과 같고 이때의 겉넓이는

$12\times2+20\times2+15\times2=94(cm^2)$입니다.

4 비례식과 비례배분

1 (1) 27, 20, 90
   (2) 5, 12, 25

(1) $9:4 \xrightarrow{\times 3} 27:12$ $9:4 \xrightarrow{\times 5} 45:20$ $9:4 \xrightarrow{\times 10} 90:40$

(2) $45:54 \xrightarrow{\div 9} 5:6$ $5:6 \xrightarrow{\times 2} 10:12$ $5:6 \xrightarrow{\times 5} 25:30$

2 ㉡, ㉣

비율을 각각 구하면 ㉠ $3:4 \Rightarrow \dfrac{3}{4}$ ㉡ $2:7 \Rightarrow \dfrac{2}{7}$ ㉢ $12:20 \Rightarrow \dfrac{12}{20}=\dfrac{3}{5}$

㉣ $8:28 \Rightarrow \dfrac{8}{28}=\dfrac{2}{7}$ 입니다.

따라서 비율이 같은 두 비는 2 : 7과 8 : 28이므로 ㉡, ㉣입니다.

3 13 : 15

(여자 수)=168－78=90(명)이므로 (남자 수) : (여자 수)=78 : 90입니다.
78과 90의 최대공약수는 6이므로 가장 간단한 자연수의 비로 나타내면

$78:90 \xrightarrow{\div 6} 13:15$입니다.

4 9 : 20

$0.15=\dfrac{3}{20}$이고 20과 3의 최소공배수는 60이므로 가장 간단한 자연수의 비로 나타내면

$0.15:\dfrac{1}{3} \xrightarrow{\times 60} 9:20$입니다.

5 20 : 12 : 21

가 : 나=5 : 3, 나 : 다=4 : 7이고 3과 4의 최소공배수는 12이므로
가 : 나=5 : 3=20 : 12, 나 : 다=4 : 7=12 : 21
➡ 가 : 나 : 다=20 : 12 : 21

다른 풀이

```
        가  :  나  :  다
        5   :   3
×4(              4  :  7  )×3
        20  :  ⑫  :  21
                └─ 3과 4의 최소공배수
```

1 (1) 3 (2) 10

(1) $\square \times 24 = 8 \times 9$, $\square \times 24 = 72$, $\square = 3$

(2) $\dfrac{1}{4} \times 8 = \dfrac{1}{5} \times \square$, $2 = \dfrac{1}{5} \times \square$, $\square = 10$

2 9

비례식에서 (외항의 곱)=(내항의 곱)이므로 ㉠ : 4 = 9 : ㉡입니다.

3 26.25 km

1시간 15분=75분이므로 자전거를 타고 1시간 15분 동안 달린 거리를 $\square$ km라 놓고
비례식을 세우면 8 : 2.8 = 75 : $\square$입니다.

➡ $8 \times \square = 2.8 \times 75$, $8 \times \square = 210$, $\square = 26.25$

따라서 1시간 15분 동안 26.25 km를 달립니다.

4 (1) 7 : 4 (2) 8바퀴

(1) 맞물려 돌아가는 두 톱니바퀴 ㉮와 ㉯에서

    (㉮의 톱니 수) : (㉯의 톱니 수)=(㉯의 회전수) : (㉮의 회전수)입니다.

    (㉮의 톱니 수) : (㉯의 톱니 수)=16 : 28=4 : 7이므로

    (㉮의 회전수) : (㉯의 회전수)=7 : 4입니다.

(2) 톱니바퀴 ㉮가 14바퀴를 도는 동안 톱니바퀴 ㉯가 $\square$바퀴를 돈다고 하면

    $7 : 4 = 14 : \square$, $7 \times \square = 4 \times 14$, $7 \times \square = 56$, $\square = 8$입니다.

5 $\dfrac{5}{6}$

㉠=5×●, ㉡=6×●라 하면

$\dfrac{㉠+㉠}{㉡+㉡} = \dfrac{5\times● + 5\times●}{6\times● + 6\times●} = \dfrac{10\times●}{12\times●} = \dfrac{10}{12} = \dfrac{5}{6}$입니다.

1 (1) 60, 210
   (2) 75, 195

(1) $270 \times \dfrac{2}{2+7} = 270 \times \dfrac{2}{9} = 60$, $270 \times \dfrac{7}{2+7} = 270 \times \dfrac{7}{9} = 210$

(2) $270 \times \dfrac{5}{5+13} = 270 \times \dfrac{5}{18} = 75$, $270 \times \dfrac{13}{5+13} = 270 \times \dfrac{13}{18} = 195$

2 44개, 56개

(지아가 가지는 구슬 수)$= 100 \times \dfrac{11}{11+14} = 100 \times \dfrac{11}{25} = 44$(개)

(현수가 가지는 구슬 수)$= 100 \times \dfrac{14}{11+14} = 100 \times \dfrac{14}{25} = 56$(개)

3 500 cm²

(전체 도화지의 넓이)$= 40 \times 20 = 800$(cm²)이고 나눈 도화지의 넓이의 비를 가장 간

단한 자연수의 비로 나타내면 $\dfrac{1}{2} : 0.3 = 5 : 3$입니다.

따라서 (더 넓은 도화지의 넓이)$= 800 \times \dfrac{5}{5+3} = 800 \times \dfrac{5}{8} = 500$(cm²)입니다.

4 52개

준수와 연아가 나누어 가진 사탕 수의 비를 가장 간단한 자연수의 비로 나타내면

$$1.6 : 1 \quad 8 : 5$$입니다. (×5)

따라서 (연아가 가진 사탕 수)=(나누기 전의 사탕 수)$\times \dfrac{5}{8+5}$이므로

(나누기 전의 사탕 수)=(연아가 가진 사탕 수)$\div \dfrac{5}{13}=20\times\dfrac{13}{5}=52$(개)입니다.

5 12500원, 7500원, 10000원

주아, 민서, 은우가 캔 고구마의 무게의 비를 가장 간단한 자연수의 비로 나타내면
$10 : 6 : 8 = 5 : 3 : 4$입니다.

➡ (주아가 가지게 될 돈)$=30000\times\dfrac{5}{5+3+4}=30000\times\dfrac{5}{12}=12500$(원)

(민서가 가지게 될 돈)$=30000\times\dfrac{3}{5+3+4}=30000\times\dfrac{3}{12}=7500$(원)

(은우가 가지게 될 돈)$=30000\times\dfrac{4}{5+3+4}=30000\times\dfrac{4}{12}=10000$(원)

대표문제 1

비율이 $\dfrac{6}{7}$인 비는 $6 : 7$입니다.

$6 : 7 \quad 12 : 14$ ➡ 전항과 후항의 합: $12+14=26$ (×2)

$6 : 7 \quad 18 : 21$ ➡ 전항과 후항의 합: $18+21=39$ (×3)

$6 : 7 \quad 24 : 28$ ➡ 전항과 후항의 합: $24+28=52$ (×4)

따라서 비율이 $\dfrac{6}{7}$인 비 중에서 전항과 후항의 합이 52인 비는 $24 : 28$입니다.

1-1 $15 : 24$

$5 : 8 \quad 10 : 16$ ➡ 전항과 후항의 차: $16-10=6$ (×2)

$5 : 8 \quad 15 : 24$ ➡ 전항과 후항의 차: $24-15=9$ (×3)

따라서 비 $5 : 8$과 비율이 같은 비 중에서 전항과 후항의 차가 9인 비는 $15 : 24$입니다.

1-2 $44 : 16$

비율이 $\dfrac{11}{4}$인 비는 $11 : 4$입니다.

$11 : 4 \xrightarrow[\times 2]{\times 2} 22 : 8 \Rightarrow$ 전항과 후항의 합: $22 + 8 = 30$

$11 : 4 \xrightarrow[\times 3]{\times 3} 33 : 12 \Rightarrow$ 전항과 후항의 합: $33 + 12 = 45$

$11 : 4 \xrightarrow[\times 4]{\times 4} 44 : 16 \Rightarrow$ 전항과 후항의 합: $44 + 16 = 60$

따라서 비율이 $\dfrac{11}{4}$인 비 중에서 전항과 후항의 합이 60인 비는 $44 : 16$입니다.

1-3 52

$10 : 3 \xrightarrow[\times 2]{\times 2} 20 : 6$에서 전항과 후항의 차: $20 - 6 = 14$

$10 : 3 \xrightarrow[\times 3]{\times 3} 30 : 9$에서 전항과 후항의 차: $30 - 9 = 21$

$10 : 3 \xrightarrow[\times 4]{\times 4} 40 : 12$에서 전항과 후항의 차: $40 - 12 = 28$

따라서 구하는 비는 $40 : 12$이고 이때, 전항과 후항의 합은 $40 + 12 = 52$입니다.

다른 풀이

$10 : 3 \xrightarrow[\times \square]{\times \square} (10 \times \square) : (3 \times \square)$라 하면 $10 \times \square - 3 \times \square = 28$, $7 \times \square = 28$, $\square = 4$입니다.

따라서 구하는 비는 $(10 \times 4) : (3 \times 4) = 40 : 12$이고 이때, 전항과 후항의 합은 $40 + 12 = 52$입니다.

1-4 30살

$2 : 7 \xrightarrow[\times \square]{\times \square} (2 \times \square) : (7 \times \square)$라 하면 $2 \times \square + 7 \times \square = 54$, $9 \times \square = 54$, $\square = 6$입니다.

따라서 올해 진아와 어머니의 나이의 차는 $7 \times \square - 2 \times \square = 5 \times \square$에서 $5 \times 6 = 30$(살)입니다.

다른 풀이

$2 : 7 \xrightarrow[\times \square]{\times \square} (2 \times \square) : (7 \times \square)$라 하면 $2 \times \square + 7 \times \square = 54$, $9 \times \square = 54$, $\square = 6$입니다.

따라서 올해 진아는 $2 \times 6 = 12$(살), 어머니는 $7 \times 6 = 42$(살)이고, 진아와 어머니의 나이의 차는 $42 - 12 = 30$(살)입니다.

비율 $1.5=\dfrac{3}{2}$이므로 ㉠ : 20＝㉡ : ㉢이라 하면

$\dfrac{㉠}{20}=\dfrac{3}{2}$에서 $\dfrac{㉠}{20}=\dfrac{3}{2}$, ㉠÷10＝3, ㉠＝30입니다.

비례식에서 외항의 곱과 내항의 곱은 같으므로

┌ (외항의 곱)＝360 ➡ ㉠×㉢＝360, 30×㉢＝360, ㉢＝12
└ (내항의 곱)＝360 ➡ 20×㉡＝360, ㉡＝18

따라서 비례식은 30 : 20＝18 : 12입니다.

2-1 10, 20, 10

비율이 2이므로 ㉠ : 5＝㉡ : ㉢이라 하면 $\dfrac{㉠}{5}=\dfrac{2}{1}$에서 ㉠÷5＝2, ㉠＝10입니다.

┌ (외항의 곱)＝100 ➡ ㉠×㉢＝100, 10×㉢＝100, ㉢＝10
└ (내항의 곱)＝100 ➡ 5×㉡＝100, ㉡＝20

따라서 비례식은 10 : 5＝20 : 10입니다.

2-2 52, 20, 26

비율이 $2.6=\dfrac{13}{5}$이므로 ㉠ : ㉡＝㉢ : 10이라 하면

$\dfrac{㉢}{10}=\dfrac{13}{5}$에서 $\dfrac{㉢}{10}=\dfrac{13}{5}$, ㉢÷2＝13, ㉢＝26입니다.

┌ (외항의 곱)＝520 ➡ ㉠×10＝520, ㉠＝52
└ (내항의 곱)＝520 ➡ ㉡×㉢＝520, ㉡×26＝520, ㉡＝20

따라서 비례식은 52 : 20＝26 : 10입니다.

2-3 6, 16, 32

$37.5\% ➡ 0.375=\dfrac{3}{8}$이므로 ㉠ : ㉡＝12 : ㉢이라 하면

$\dfrac{12}{㉢}=\dfrac{3}{8}$에서 $\dfrac{12}{㉢}=\dfrac{3}{8}$, ㉢÷4＝8, ㉢＝32입니다.

┌ (외항의 곱)＝192 ➡ ㉠×㉢＝192, ㉠×32＝192, ㉠＝6
└ (내항의 곱)＝192 ➡ ㉡×12＝192, ㉡＝16

따라서 비례식은 6 : 16＝12 : 32입니다.

2-4 3가지

비례식에서 외항의 곱과 내항의 곱은 같으므로 ㉠×40＝280, ㉠＝280÷40＝7입니다. ㉡×㉢＝280이 되는 (㉡, ㉢) 중 ㉡<㉢인 경우는 (1, 280), (2, 140), (4, 70), (5, 56), (7, 40), (8, 35), (10, 28), (14, 20)이고, 이 중 ㉠<㉡<㉢이 되는 (㉡, ㉢)은 (8, 35), (10, 28), (14, 20)으로 모두 3가지입니다. 따라서 만들 수 있는 비례식은 모두 3가지입니다.

비의 전항과 후항에 같은 수를 곱해도 비율은 같으므로

$7:9$ → $(7×●):(9×●)$입니다.

(주아가 받은 용돈)$=7×●$, (은우가 받은 용돈)$=9×●$라 하면

은우가 주아보다 500원 더 많이 받았으므로

$9×●-7×●=500$, $2×●=500$, $●=250$입니다.

➡ (은우가 받은 용돈)$=9×●=9×250=2250$(원)

3-1 20개

$4:3$ → $(4×□):(3×□)$

(사과의 수)$=4×□$, (배의 수)$=3×□$라 하면

사과가 배보다 5개 더 많으므로 $4×□-3×□=5$, $□=5$입니다.

➡ (상자에 들어 있는 사과의 수)$=4×□=4×5=20$(개)

3-2 40 kg

$8:11$ → $(8×□):(11×□)$이고

(민아의 몸무게)$=8×□$, (준서의 몸무게)$=11×□$라 하면

민아가 준서보다 15 kg 더 가벼우므로

$11×□-8×□=15$, $3×□=15$, $□=5$입니다.

➡ (민아의 몸무게)$=8×□=8×5=40$(kg)

다른 풀이

$8:11$의 비율은 $\dfrac{8}{11}$입니다.

$\dfrac{8}{11}$에서 분모와 분자의 차는 $11-8=3$이고 $15÷3=5$이므로 $\dfrac{8}{11}=\dfrac{8×5}{11×5}=\dfrac{40}{55}$입니다.

따라서 민아의 몸무게는 40 kg, 준서의 몸무게는 55 kg입니다.

3-3 9900원

예 $13:4$ → $(13×□):(4×□)$이고

(100원짜리 동전 수)$=13×□$, (500원짜리 동전 수)$=4×□$라 하면

100원짜리 동전과 500원짜리 동전은 모두 51개이므로

$13×□+4×□=51$, $17×□=51$, $□=3$입니다.

➡ (100원짜리 동전 수)$=13×3=39$(개), (500원짜리 동전 수)$=4×3=12$(개)

따라서 태우가 저금통에 모은 동전은 모두

$100×39+500×12=3900+6000=9900$(원)입니다.

채점 기준	배점
100원짜리 동전 수와 500원짜리 동전 수를 각각 구했나요?	3점
태우가 저금통에 모은 동전은 모두 얼마인지 구했나요?	2점

3-4 12 : 13

- 5학년: (남학생 수)$=7\times\square$, (여학생 수)$=6\times\square$라 하면

  $7\times\square-6\times\square=12$, $\square=12$입니다.

  ➡ (남학생 수)$=7\times12=84$(명), (여학생 수)$=6\times12=72$(명)

- 6학년: (남학생 수)$=5\times\triangle$, (여학생 수)$=7\times\triangle$라 하면

  $5\times\triangle+7\times\triangle=144$, $12\times\triangle=144$, $\triangle=12$입니다.

  ➡ (남학생 수)$=5\times12=60$(명), (여학생 수)$=7\times12=84$(명)

따라서 5학년과 6학년 전체에서 남학생 수와 여학생 수의 비는

$(84+60):(72+84)=144:156$이고, 가장 간단한 자연수의 비로 나타내면

$(144\div12):(156\div12)=12:13$입니다.

대표문제 4

$1:3$ ⬚ ●: $(3\times●)$이고 ㉮와 ㉯의 남은 끈의 길이를 각각 ● cm, $(3\times●)$ cm,

잘라낸 끈의 길이를 ■ cm라 하면 다음과 같습니다.

㉮ ⟨30 cm⟩ ➡ $●+■=30$ …… ㉠

㉯ ⟨50 cm⟩ ➡ $●+●+●+■=50$ …… ㉡

㉡－㉠을 하면

$$
\begin{array}{r}
●+●+●+■=50 \\
-\ )\quad ●+■=30 \\
\hline
●+● \qquad =20
\end{array}
$$
이므로 $●=10$

㉠에서 $10+■=30$, $■=20$입니다.

따라서 잘라낸 끈의 길이는 20 cm입니다.

4-1 5 cm

㉮와 ㉯의 남은 테이프의 길이를 각각 ■ cm, $(2\times■)$ cm,

잘라낸 테이프의 길이를 ▲ cm라 하면

$■+▲=7$ …… ㉠,

$■+■+▲=9$ …… ㉡입니다.

㉡－㉠을 하면

$$
\begin{array}{r}
■+■+▲=9 \\
-\ )\quad ■+▲=7 \\
\hline
■ \qquad =2
\end{array}
$$
이고,

㉠에서 $2+▲=7$, $▲=5$입니다.

따라서 잘라낸 테이프의 길이는 5 cm입니다.

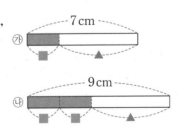

4-2 11 cm

⑦와 ④의 남은 철사의 길이를 각각 ■ cm,
(5×■) cm, 사용한 철사의 길이를 ▲ cm라 하면

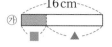

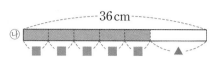

■+▲=16 …… ㉠,
■+■+■+■+■+▲=36 …… ㉡입니다.
㉡-㉠을 하면

$$\begin{array}{r} \text{■}+\text{■}+\text{■}+\text{■}+\text{■}+\text{▲}=36 \\ -\text{■}+\text{▲}=16 \\ \hline \text{■}+\text{■}+\text{■}+\text{■}\phantom{+\text{▲}}=20 \end{array}$$

이므로 ■=5이고,

㉠에서 5+▲=16, ▲=11입니다.
따라서 사용한 철사의 길이는 11 cm입니다.

다른 풀이

■+▲=16에서 ▲=16-■

5×■+▲=36이므로 5×■+16-■=36, 4×■=20, ■=5, ▲=16-■=16-5=11입니다.

따라서 사용한 철사의 길이는 11 cm입니다.

4-3 15 cm

끈 ⑦와 ④의 길이를 각각 (5×■) cm, (8×■) cm, 잘라낸 끈의 길이를 ▲ cm라 하면
5×■=10+▲ …… ㉠, 8×■=25+▲ …… ㉡입니다.
㉡-㉠을 하면 3×■=15, ■=5이고, ㉠에서 10+▲=5×5, ▲=15입니다.
따라서 잘라낸 끈의 길이는 15 cm입니다.

다른 풀이

잘라낸 끈의 길이를 ▲ cm라 하면 (10+▲) : (25+▲)=5 : 8입니다.

➡ (10+▲)×8=(25+▲)×5, 80+8×▲=125+5×▲, 3×▲=45, ▲=15

따라서 잘라낸 끈의 길이는 15 cm입니다.

4-4 72 cm

두 막대의 길이를 각각 ⑦ cm, ④ cm라 하면 물에 잠긴 부분의 길이는

$(⑦×\frac{3}{4})$ cm, $(④×\frac{2}{3})$ cm입니다.

연못의 깊이는 일정하므로

$⑦×\frac{3}{4}=④×\frac{2}{3}$ ➡ $⑦ : ④ = \frac{2}{3} : \frac{3}{4}$ 8 : 9입니다.

⑦=8×■, ④=9×■라 하면 9×■-8×■=12, ■=12입니다.
따라서 두 막대의 길이는 각각 8×12=96 (cm), 9×12=108 (cm)이고,

연못의 깊이는 $96×\frac{3}{4}=72$ (cm)입니다.

참고

막대의 길이가 1일 때, 물 위로 나온 막대의 길이가 $\frac{1}{●}$이면

물속에 잠긴 막대의 길이는 $(1-\frac{1}{●})$입니다.

은지와 현수가 투자한 금액의 비를 가장 간단한 자연수의 비로 나타냅니다.

$$\Rightarrow 150 : 200 \quad 3 : 4$$

총 이익금이 70만 원이므로 투자한 금액의 비로 나누면

(은지가 가지는 이익금)$=70 \times \dfrac{3}{3+4}=70 \times \dfrac{3}{7}=30$(만 원)입니다.

5-1 8만 원

형과 동생이 투자한 금액의 비를 가장 간단한 자연수의 비로 나타내면 8 : 5입니다.
총 이익금이 13만 원이므로 투자한 금액의 비로 나누면

(형이 가지는 이익금)$=13 \times \dfrac{8}{8+5}=13 \times \dfrac{8}{13}=8$(만 원)입니다.

5-2 50만 원, 35만 원

준서와 윤호가 투자한 금액의 비를 가장 간단한 자연수의 비로 나타내면
200 : 140＝10 : 7입니다.
총 이익금이 85만 원이므로 투자한 금액의 비로 나누면

(준서가 가지는 이익금)$=85 \times \dfrac{10}{10+7}=85 \times \dfrac{10}{17}=50$(만 원),

(윤호가 가지는 이익금)$=85 \times \dfrac{7}{10+7}=85 \times \dfrac{7}{17}=35$(만 원)입니다.

5-3 2500만 원

㉮ : ㉯＝3000 : 2000＝3 : 2

총 이익금을 □만 원이라 하면 $\square \times \dfrac{3}{3+2}=1500$, $\square \times \dfrac{3}{5}=1500$,

$\square=1500 \div \dfrac{3}{5}=2500$입니다.

따라서 총 이익금은 2500만 원입니다.

5-4 360만 원

(지아) : (은수)＝100 : 60＝5 : 3이므로

(은수가 가지는 이익금)$=40 \times \dfrac{3}{5+3}=40 \times \dfrac{3}{8}=15$(만 원)입니다.

투자한 금액에 대한 이익금의 비율은 항상 일정하므로
은수가 다시 투자하는 금액을 □만 원이라 하면
60 : 15＝□ : 90 ➡ 60×90＝15×□, 15×□＝5400, □＝360입니다.
따라서 은수는 360만 원을 다시 투자해야 합니다.

(오늘 오전 8시부터 다음 날 낮 12시까지의 시간)

＝(오늘 오전 8시~다음 날 오전 8시)＋(다음 날 오전 8시~낮 12시)

＝24시간＋4시간＝28시간

28시간 동안 시계가 빨라지는 시간을 ■분이라 하고 비례식을 세우면

$24 : 6 = 28 : ■$

$24 × ■ = 6 × 28$

$24 × ■ = 168$

$■ = 7$

따라서 다음 날 낮 12시에 이 시계가 가리키는 시각은

낮 12시＋7분＝오후 12시 7분입니다.

6-1 오전 9시 10분

오늘 오전 9시부터 다음 날 오전 9시까지의 시간은 24시간입니다.

하루는 24시간이고, 시계는 하루에 10분씩 빨라지므로

다음 날 오전 9시에 이 시계가 가리키는 시각은

오전 9시＋10분＝오전 9시 10분입니다.

서술형

6-2 오후 3시 11분

㈎ 오늘 오전 6시부터 다음 날 오후 3시까지의 시간은 24＋9＝33(시간)입니다.

33시간 동안 시계가 빨라지는 시간을 □분이라 하고 비례식을 세우면

$24 : 8 = 33 : □$, $24 × □ = 8 × 33$, $24 × □ = 264$, $□ = 11$입니다.

따라서 다음 날 오후 3시에 이 시계가 가리키는 시각은

오후 3시＋11분＝오후 3시 11분입니다.

채점 기준	배점
오늘 오전 6시부터 다음 날 오후 3시까지는 몇 시간인지 구했나요?	1점
비례식을 세웠나요?	2점
다음 날 오후 3시에 이 시계가 가리키는 시각을 구했나요?	2점

6-3 오후 9시 39분

오늘 오전 10시부터 다음 날 오후 10시까지의 시간은 24＋12＝36(시간)입니다.

36시간 동안 시계가 늦어지는 시간을 □분이라 하고 비례식을 세우면

$24 : 14 = 36 : □$, $24 × □ = 14 × 36$, $24 × □ = 504$, $□ = 21$입니다.

따라서 다음 날 오후 10시에 이 시계가 가리키는 시각은

오후 10시－21분＝오후 9시 39분입니다.

6-4 오후 6시 47분 15초

오늘 오전 9시부터 다음 날 오후 7시까지의 시간은 24＋10＝34(시간)입니다.

34시간 동안 시계가 늦어지는 시간을 □분이라 하고 비례식을 세우면

$24 : 9 = 34 : □$, $24 × □ = 9 × 34$, $24 × □ = 306$, $□ = 12.75$입니다.

따라서 12.75분＝12분 45초이므로 다음 날 오후 7시에 이 시계가 가리키는 시각은

오후 7시－12분 45초＝오후 6시 47분 15초입니다.

삼각형 ㄱㄹㄷ과 삼각형 ㄹㅁㄷ에서 밑변의 길이의 비는

(선분 ㄱㄹ의 길이) : (선분 ㄹㅁ의 길이)=6 : 4=3 : 2이고

두 삼각형의 높이가 같으므로

(삼각형 ㄱㄹㄷ의 넓이) : (삼각형 ㄹㅁㄷ의 넓이)=3 : 2입니다.

삼각형 ㄱㄹㄷ과 삼각형 ㄹㅁㄷ의 넓이를 각각 $3 \times$ ■, $2 \times$ ■라 하면

(삼각형 ㄱㄴㅁ의 넓이)=(삼각형 ㄹㅁㄷ의 넓이)=$2 \times$ ■이고

(삼각형 ㄱㅁㄷ의 넓이)=$3 \times$ ■$+2 \times$ ■=$5 \times$ ■입니다.

➡ (삼각형 ㄱㄴㅁ의 넓이) : (삼각형 ㄱㅁㄷ의 넓이)=$2 \times$ ■ : $5 \times$ ■=2 : 5

7-1 1 : 2

삼각형 ㄱㄴㄹ과 삼각형 ㄱㄹㄷ의 높이가 같으므로 두 삼각형의 넓이의 비는 밑변의 길이의 비와 같습니다.

➡ (삼각형 ㄱㄴㄹ의 넓이) : (삼각형 ㄱㄹㄷ의 넓이)

= (선분 ㄴㄹ의 길이) : (선분 ㄹㄷ의 길이)=3 : 6=1 : 2

7-2 2 : 3

삼각형 ㄱㅁㄹ과 삼각형 ㄹㅁㄷ의 높이가 같으므로

(삼각형 ㄱㅁㄹ의 넓이) : (삼각형 ㄹㅁㄷ의 넓이)

= (선분 ㄱㄹ의 길이) : (선분 ㄹㄷ의 길이)=4 : 8=1 : 2입니다.

삼각형 ㄱㅁㄹ과 삼각형 ㄹㅁㄷ의 넓이를 각각 □, $2 \times$ □라 하면

(삼각형 ㄱㅁㄷ의 넓이)=$3 \times$ □이고,

(삼각형 ㄱㄴㅁ의 넓이)=(삼각형 ㄹㅁㄷ의 넓이)=$2 \times$ □입니다.

➡ (삼각형 ㄱㄴㅁ의 넓이) : (삼각형 ㄱㅁㄷ의 넓이)=$2 \times$ □ : $3 \times$ □=2 : 3

7-3 6 cm

삼각형 ㄱㄴㄹ과 삼각형 ㄹㄴㅁ의 높이가 같으므로

(삼각형 ㄱㄴㄹ의 넓이) : (삼각형 ㄹㄴㅁ의 넓이)

= (선분 ㄱㄹ의 길이) : (선분 ㄹㅁ의 길이)=6 : 8=3 : 4입니다.

삼각형 ㄱㄴㄹ과 삼각형 ㄹㄴㅁ의 넓이를 각각 $3 \times$ □, $4 \times$ □라 하면

(삼각형 ㄱㄴㅁ의 넓이)=$3 \times$ □$+4 \times$ □=$7 \times$ □이고

(삼각형 ㄱㅁㄷ의 넓이)=(삼각형 ㄱㄴㅁ의 넓이)=$3 \times$ □이므로

(삼각형 ㄱㄴㅁ의 넓이) : (삼각형 ㄱㅁㄷ의 넓이)=$7 \times$ □ : $3 \times$ □=7 : 3입니다.

➡ (선분 ㄴㅁ의 길이) : (선분 ㅁㄷ의 길이)=7 : 3

따라서 (선분 ㅁㄷ의 길이)=$20 \times \dfrac{3}{7+3}=20 \times \dfrac{3}{10}=6$(cm)입니다.

7-4 25 cm²

삼각형 ㄱㄹㄷ과 삼각형 ㄹㅁㄷ의 높이가 같으므로

(삼각형 ㄱㄹㄷ의 넓이) : (삼각형 ㄹㅁㄷ의 넓이)=5 : 7이고

(삼각형 ㄱㄴㅁ의 넓이)=(삼각형 ㄹㅁㄷ의 넓이)이므로

(삼각형 ㄱㄹㄷ의 넓이) : (삼각형 ㄱㄴㄷ의 넓이)=5 : (5+7+7)=5 : 19입니다.

(삼각형 ㄱㄴㄷ의 넓이)=$19 \times 10 \div 2=95$(cm²)이므로 삼각형 ㄱㄹㄷ의 넓이를 □ cm²라 하면 5 : 19=□ : 95, $5 \times 95=19 \times$ □, $19 \times$ □$=475$, □$=25$입니다.

따라서 삼각형 ㄱㄹㄷ의 넓이는 25 cm²입니다.

8

(전체 사탕 수)$=20+20=40$(개)

지아가 민호에게 사탕을 몇 개 준 후 지아와 민호가 가진 사탕 수의 비가 $1:3$이 되었으므로

(지아가 민호에게 사탕을 주고 남은 사탕 수)

$=40\times\dfrac{1}{1+3}=40\times\dfrac{1}{4}=10$(개)입니다.

따라서 지아가 민호에게 준 사탕은 $20-10=10$(개)입니다.

8-1 $1:2$

($\oplus$ 주머니로 옮기고 $\oplus$ 주머니에 남은 구슬 수)$=6-2=4$(개)

($\oplus$ 주머니에서 받은 후 $\oplus$ 주머니에 있는 구슬 수)$=6+2=8$(개)

따라서 주머니 $\oplus$와 $\oplus$에 있는 구슬 수의 비는 $4:8=1:2$입니다.

8-2 8장

전체 카드 수는 $20+20=40$(장)입니다.

은우가 연아에게 카드 몇 장을 준 후 은우와 연아가 가진 카드 수의 비가 $3:7$이므로

(은우가 연아에게 카드를 주고 남은 카드 수)$=40\times\dfrac{3}{3+7}=40\times\dfrac{3}{10}=12$(장)입니다.

따라서 은우가 연아에게 준 카드는 $20-12=8$(장)입니다.

8-3 4개

전체 사과 수는 64개이고, 옮긴 후 $\oplus$ 상자와 $\oplus$ 상자에 들어 있는 사과 수의 비가 $7:9$이므로 (옮긴 후 $\oplus$ 상자에 들어 있는 사과 수)$=64\times\dfrac{7}{7+9}=64\times\dfrac{7}{16}=28$(개)입니다.

따라서 처음 $\oplus$ 상자와 $\oplus$ 상자에 들어 있던 사과는 각각 $64\div2=32$(개)이므로

$\oplus$ 상자에서 $\oplus$ 상자로 옮긴 사과는 $32-28=4$(개)입니다.

8-4 6명

(이번 달 남학생 수)$=175\times\dfrac{12}{12+13}=175\times\dfrac{12}{25}=84$(명)

(이번 달 여학생 수)$=175\times\dfrac{13}{12+13}=175\times\dfrac{13}{25}=91$(명)

지난달과 이번 달 여학생 수는 같으므로 지난달 남학생 수를 $\square$명이라 하면

$6:7=\square:91$, $6\times91=7\times\square$, $7\times\square=546$, $\square=78$입니다.

따라서 전학을 온 남학생은 $84-78=6$(명)입니다.

$$\oplus\times\dfrac{5}{6}=\oplus\times\dfrac{1}{2}\ \Rightarrow\ \oplus:\oplus=\dfrac{1}{2}:\dfrac{5}{6}\quad 3:5$$

$$\oplus\times\dfrac{1}{2}=\oplus\times\dfrac{7}{8}\ \Rightarrow\ \oplus:\oplus=\dfrac{7}{8}:\dfrac{1}{2}\quad 7:4$$

$$㉮:㉯=3:5 \qquad ㉮:㉯=21:35$$
$$㉯:㉰=7:4 \Rightarrow ㉯:㉰=35:20$$
$$\Rightarrow ㉮:㉯:㉰=21:35:20$$

9-1 $2:3:5$

$$㉮:㉯=2:3 \qquad ㉮:㉯=4:6$$
$$㉯:㉰=6:10 \Rightarrow ㉯:㉰=6:10$$
$$\Rightarrow ㉮:㉯:㉰=4:6:10$$에서 각 항을 최대공약수 2로 나누면
$$㉮:㉯:㉰=2:3:5$$입니다.

9-2 $20:26:65$

$$㉯=㉮\times1.3 \Rightarrow ㉮:㉯=1:1.3=10:13$$
$$㉰=㉮\times3\frac{1}{4}=㉮\times\frac{13}{4} \Rightarrow ㉮:㉰=1:\frac{13}{4}=4:13$$
$$㉮:㉯=10:13 \qquad ㉮:㉯=20:26$$
$$㉮:㉰=4:13 \Rightarrow ㉮:㉰=20:65$$
$$\Rightarrow ㉮:㉯:㉰=20:26:65$$

9-3 $3:2:5$

$$㉮=㉯\times\frac{5}{11} \Rightarrow ㉮:㉯=\frac{5}{11}:1=5:11$$
$$㉯=㉰\times2.75 \Rightarrow ㉯:㉰=2.75:1=275:100=11:4$$
$$\Rightarrow ㉮:㉯:㉰=5:11:4$$
따라서 $(㉮+㉰):(㉯-㉮):(㉯+㉰)=(5+4):(11-5):(11+4)$
$$=9:6:15=3:2:5$$입니다.

다른 풀이

$㉰=1$이라 하면 $㉯=2.75=\frac{11}{4}$, $㉮=\frac{11}{4}\times\frac{5}{11}=\frac{5}{4}$이므로

$(㉮+㉰):(㉯-㉮):(㉯+㉰)=(\frac{5}{4}+1):(\frac{11}{4}-\frac{5}{4}):(\frac{11}{4}+1)=\frac{9}{4}:\frac{6}{4}:\frac{15}{4}$
$$=9:6:15=3:2:5$$

9-4 $54\,\mathrm{cm}$

$㉮:㉯=\dfrac{1}{2}:\dfrac{2}{9}=9:4$이고

60%는 0.6이므로

$$㉯:㉰=0.6:1=6:10=3:5$$
$$㉮:㉯=9:4 \qquad ㉮:㉯=27:12$$
$$㉯:㉰=3:5 \Rightarrow ㉯:㉰=12:20$$
$$\Rightarrow ㉮:㉯:㉰=27:12:20$$
따라서 (끈 ㉮의 길이)$=118\times\dfrac{27}{27+12+20}=118\times\dfrac{27}{59}=54\,(\mathrm{cm})$입니다.

1 $\dfrac{7}{8}$

$40\,\%=0.4$이므로 ㉮$\times 0.4=$㉯$\times 0.35$이고

㉮ : ㉯$=0.35 : 0.4=35 : 40=7 : 8$입니다. ➡ $\dfrac{㉮}{㉯}=\dfrac{7}{8}$

2 $20 : 21$

오르기 전 책의 가격을 □원이라 하면

□$\times(1+\dfrac{5}{100})=$□$\times 1.05=14700$, □$=14000$입니다.

➡ (오르기 전 책의 가격) : (오른 후 책의 가격)
　$=14000 : 14700=20 : 21$

___

참고

■원에서 ▲ % 인상된 가격 ➡ ■$\times(1+\dfrac{▲}{100})$, ■원에서 ▲ % 할인된 가격 ➡ ■$\times(1-\dfrac{▲}{100})$

___

서술형

3 24개

㉠ (톱니바퀴 ㉮의 1분 동안 회전수)$=192\div 6=32$(바퀴),

(톱니바퀴 ㉯의 1분 동안 회전수)$=160\div 8=20$(바퀴)이므로

(톱니바퀴 ㉮와 ㉯의 회전수의 비)$=32 : 20=8 : 5$이고,

(톱니바퀴 ㉮와 ㉯의 톱니 수의 비)$=5 : 8$입니다.

톱니바퀴 ㉯의 톱니를 □개라 하면

$5 : 8=15 :$ □, $5\times$□$=8\times 15$, $5\times$□$=120$, □$=24$입니다.

따라서 톱니바퀴 ㉯의 톱니는 24개입니다.

채점 기준	배점
톱니바퀴 ㉮와 ㉯의 회전수의 비를 구했나요?	2점
톱니바퀴 ㉮와 ㉯의 톱니 수의 비를 구했나요?	1점
톱니바퀴 ㉯의 톱니 수를 구했나요?	2점

4 8 m

두 막대의 길이를 각각 ㉮ m, ㉯ m라 하면

물에 잠긴 부분의 길이는 (㉮$\times\dfrac{4}{7}$) m, (㉯$\times\dfrac{4}{9}$) m입니다.

저수지의 깊이는 일정하므로 ㉮$\times\dfrac{4}{7}=$㉯$\times\dfrac{4}{9}$ ➡ ㉮ : ㉯$=\dfrac{4}{9} : \dfrac{4}{7}=7 : 9$입니다.

두 막대의 길이의 합은 32 m이므로 ㉮$=32\times\dfrac{7}{7+9}=32\times\dfrac{7}{16}=14$ (m)입니다.

따라서 저수지의 깊이는 $14\times\dfrac{4}{7}=8$ (m)입니다.

5 5°

1시간 동안 긴바늘은 360° 움직이고, 짧은바늘은 $360°\div 12=30°$ 움직입니다.

10분 동안 긴바늘은 $360°\div 60\times 10=60°$ 움직이므로 긴바늘이 60° 움직이는 동안 짧은바늘이 움직인 각도를 □°라 하면

$360 : 30=60 :$ □, $360\times$□$=30\times 60$, □$=5$입니다.

따라서 짧은 바늘은 5° 움직입니다.

6 1200원

$(산\ 사과의\ 수) = 44 \times \dfrac{7}{7+4} = 44 \times \dfrac{7}{11} = 28(개)$

$(산\ 배의\ 수) = 44 \times \dfrac{4}{7+4} = 44 \times \dfrac{4}{11} = 16(개)$

사과 한 개의 가격과 배 한 개의 가격을 각각 $(5 \times \square)$원, $(6 \times \square)$원이라 하면

$28 \times 5 \times \square + 16 \times 6 \times \square = 47200$, $236 \times \square = 47200$, $\square = 200$입니다.

따라서 배 한 개의 가격은 $6 \times 200 = 1200$(원)입니다.

7 112 m

기차의 길이를 $\square$ m라 하면 $(200 + \square) : 6 = (720 + \square) : 16$입니다.

$(200 + \square) \times 16 = 6 \times (720 + \square)$, $3200 + 16 \times \square = 4320 + 6 \times \square$,

$10 \times \square = 1120$, $\square = 112$이므로 기차의 길이는 112 m입니다.

8 40 cm

3 : 2에서 전항과 후항의 합은 5, 13 : 7에서 전항과

후항의 합은 20이고 $20 \div 5 = 4$이므로

3 : 2의 전항과 후항에 4를 곱하면 13 : 7과 전항과 후항의 합이 같아집니다.

(선분 ㄱㄷ) : (선분 ㄷㄴ) $= 3 : 2 = 12 : 8$

(선분 ㄱㄹ) : (선분 ㄹㄴ) $= 13 : 7$

(선분 ㄷㄹ) : (선분 ㄱㄴ) $= 1 : 20$

선분 ㄱㄴ을 $\square$ cm라 하면 $1 : 20 = 2 : \square$, $\square = 20 \times 2 = 40$입니다.

따라서 선분 ㄱㄴ의 길이는 40 cm입니다.

9 3시간 12분

밭 ㉮의 가로를 9, 세로를 5라 하면

둘레는 $(9 + 5) \times 2 = 28$이므로 밭 ㉯의 둘레도 28입니다.

➡ (밭 ㉯의 가로와 세로의 합) $= 28 \div 2 = 14$

   (밭 ㉯의 가로) $= 14 \times \dfrac{3}{3+4} = 14 \times \dfrac{3}{7} = 6$

   (밭 ㉯의 세로) $= 14 \times \dfrac{4}{3+4} = 14 \times \dfrac{4}{7} = 8$

(밭 ㉮와 ㉯를 일구는 데 걸리는 시간의 비)

$=$ (밭 ㉮와 ㉯의 넓이의 비) $= (9 \times 5) : (6 \times 8) = 45 : 48 = 15 : 16$

밭 ㉯ 전체를 일구는 데 걸리는 시간을 $\square$시간이라 하면

$15 : 16 = 3 : \square$, $15 \times \square = 16 \times 3$, $15 \times \square = 48$, $\square = 3.2$입니다.

따라서 밭 ㉯ 전체를 일구는 데 걸리는 시간은 3.2시간 = 3시간 12분입니다.

10 2배

준서가 1000 m를 가는 동안 지호가 가는 거리를 $\square$ m라 하면

$6 : 5 = \square : 1000$, $6 \times 1000 = 5 \times \square$, $5 \times \square = 6000$, $\square = 1200$입니다.

남은 거리는 지호가 $1500 - 1200 = 300$ (m),

준서가 $1500 - 1000 = 500$ (m)입니다.

지호의 빠르기와 준서의 바뀐 빠르기의 비를 6 : △라 하면

$300 : 6 = 500 : \triangle$, $300 \times \triangle = 6 \times 500$, $300 \times \triangle = 3000$, $\triangle = 10$입니다.

따라서 준서는 처음 빠르기의 $10 \div 5 = 2$(배)로 바꾸어 달려야 합니다.

5 원의 넓이

1 원주와 원주율

1 ㉡

㉠ 지름에 대한 원주의 비입니다.

㉢ 원주율은 필요에 따라 3, 3.1, 3.14 등으로 씁니다.

㉣ 원주율은 지름의 길이와 관계없이 항상 일정합니다.

2 3 cm

(원주)=(반지름)×2×(원주율)이므로

(반지름)=(원주)÷(원주율)÷2=18.84÷3.14÷2=3(cm)입니다.

3 ㉠

원주를 각각 구해 봅니다.

㉠ 5×2×3.1=31(cm)　　㉡ 8×3.1=24.8(cm)　　㉢ 27.9 cm

따라서 원주가 가장 긴 원은 ㉠입니다.

다른 풀이

지름을 비교해 보면

㉠ 5×2=10(cm), ㉡ 8 cm, ㉢ 27.9÷3.1=9(cm)입니다.

지름이 길수록 원주가 길어지므로 원주가 가장 긴 원은 ㉠입니다.

4 2배

(㉮의 원주)=6×2×3=36(cm), (㉯의 원주)=3×2×3=18(cm)이므로

㉮의 원주는 ㉯의 원주의 36÷18=2(배)입니다.

다른 풀이

지름이 1배, 2배, 3배……로 길어지면 원주도 1배, 2배, 3배……로 길어집니다.

㉮의 지름 12 cm는 ㉯의 지름 6 cm의 12÷6=2(배)이므로 ㉮의 원주는 ㉯의 원주의 2배입니다.

5 504 cm

(굴렁쇠의 원주)=28×2×3=168(cm)이므로

(굴렁쇠가 3바퀴 굴러간 거리)=168×3=504(cm)입니다.

2 원의 넓이

1 정사각형, 86 cm²

(지름이 20 cm인 원의 넓이)=10×10×3.14=314(cm²)

(한 변이 20 cm인 정사각형의 넓이)=20×20=400(cm²)

따라서 정사각형의 넓이가 원의 넓이보다 400−314=86(cm²) 더 넓습니다.

2 ㉡, ㉢, ㉠

원의 넓이를 구해 봅니다.

㉠ (반지름)$=12\div2=6$(cm)이므로 (넓이)$=6\times6\times3.1=111.6$(cm²)

㉡ (반지름)$=8$ cm이므로 (넓이)$=8\times8\times3.1=198.4$(cm²)

㉢ (반지름)$=43.4\div3.1\div2=7$(cm)이므로 (넓이)$=7\times7\times3.1=151.9$(cm²)

따라서 넓이가 넓은 원부터 차례로 기호를 쓰면 ㉡, ㉢, ㉠입니다.

다른 풀이

지름을 비교해 보면

㉠ 12 cm, ㉡ $8\times2=16$(cm), ㉢ $43.4\div3.1=14$(cm)입니다.

지름이 길수록 원의 넓이가 넓으므로 넓이가 넓은 원부터 차례로 기호를 쓰면 ㉡, ㉢, ㉠입니다.

---

3 441 m²

양쪽의 반원 2개를 합치면 지름이 14 m인 원이 됩니다.

(트랙의 넓이)$=$(직사각형의 넓이)$+$(원의 넓이)

$$=21\times14+7\times7\times3$$
$$=294+147=441\,(\text{m}^2)$$

4 (위에서부터) 48, 48, 48
/ 144, 168, 192
/ 정육각형, 정사각형

• 정사각형: (둘레)$=12\times4=48$(cm), (넓이)$=12\times12=144$(cm²)

• 정육각형: (둘레)$=8\times6=48$(cm)

정육각형은 합동인 정삼각형 6개로 이루어져 있으므로

(넓이)$=(8\times7\div2)\times6=28\times6=168$(cm²)

• 원: (둘레)$=16\times3=48$(cm), (넓이)$=8\times8\times3=192$(cm²)

➡ 정사각형, 정육각형, 원의 둘레는 모두 같고 넓이는 원 > 정육각형 > 정사각형입니다.

---

3 여러 가지 원의 넓이

116~117쪽

1 4배

(반지름이 6 cm인 원의 넓이)$=6\times6\times3=108$(cm²)

(반지름이 3 cm인 원의 넓이)$=3\times3\times3=27$(cm²)

따라서 반지름이 6 cm인 원의 넓이는 반지름이 3 cm인 원의 넓이의

$108\div27=4$(배)입니다.

2 16배

반지름이 ■배가 되면 원의 넓이는 (■×■)배가 됩니다.

따라서 반지름이 4배이면 원의 넓이는 $4\times4=16$(배)입니다.

다른 풀이

원 ㉯의 반지름을 □라 하면 원 ㉮의 반지름은 □×4입니다.

(원 ㉯의 넓이)$=\square\times\square\times3.14$, (원 ㉮의 넓이)$=\square\times4\times\square\times4\times3.14$이므로

원 ㉮의 넓이는 원 ㉯의 넓이의 $\dfrac{\square\times4\times\square\times4\times3.14}{\square\times\square\times3.14}=4\times4=16$(배)입니다.

---

3 110 cm²

그림과 같이 정사각형을 돌려 보면 대각선의 길이가 각각 20 cm인 마름모가 됩니다.

(색칠한 부분의 넓이)＝(원의 넓이)－(마름모의 넓이)

$$＝10×10×3.1－20×20÷2$$
$$＝310－200＝110\,(cm^2)$$

4 18.24 cm²

(색칠한 부분의 넓이)＝(반지름이 8 cm인 원의 넓이의 $\frac{1}{4}$)－(직각삼각형의 넓이)

$$＝8×8×3.14×\frac{1}{4}－8×8÷2＝50.24－32＝18.24\,(cm^2)$$

5 10.5 cm, 73.5 cm²

(부채꼴의 호의 길이)＝$14×2×3×\dfrac{45°}{360°}＝10.5\,(cm)$

(부채꼴의 넓이)＝$14×14×3×\dfrac{45°}{360°}＝73.5\,(cm^2)$

118~119쪽

대표문제 1

굴렁쇠가 한 바퀴 굴러간 거리는 굴렁쇠의 원주와 같습니다.

(굴렁쇠의 원주)＝$28×2×3.1＝173.6\,(cm)$

➡ (굴렁쇠가 4바퀴 반 굴러간 거리)＝(원주)×4.5
$$＝173.6×4.5$$
$$＝781.2\,(cm)$$

1-1 60 cm

고리가 한 바퀴 굴러간 거리는 고리의 원주와 같습니다.

(고리의 원주)＝$10×3＝30\,(cm)$

➡ (고리가 2바퀴 굴러간 거리)＝$30×2＝60\,(cm)$

1-2 690.8 cm

예 (쟁반의 원주)＝$20×2×3.14＝125.6\,(cm)$이므로

(쟁반이 5바퀴 반 굴러간 거리)＝$125.6×5.5＝690.8\,(cm)$입니다.

채점 기준	배점
쟁반의 원주를 구했나요?	2점
쟁반이 5바퀴 반 굴러간 거리를 구했나요?	3점

1-3 12 cm

접시의 반지름을 □ cm라 하면 (접시의 원주)＝$□×2×3.1＝□×6.2\,(cm)$입니다.

$□×6.2×2.5＝186$이므로 $□×15.5＝186$, $□＝12$입니다.

따라서 접시의 반지름은 12 cm입니다.

1-4 16바퀴

㉯ 굴렁쇠의 지름을 □cm라 하면 ㉯ 굴렁쇠의 원주는 (□×3)cm입니다.

➡ □×3×12=1152, □×36=1152, □=32

㉮ 굴렁쇠의 지름은 ㉯ 굴렁쇠의 지름보다 8cm가 짧으므로 32−8=24(cm)입니다.

➡ (㉮ 굴렁쇠의 원주)=24×3=72(cm)

따라서 1152cm를 가려면 ㉮ 굴렁쇠를 1152÷72=16(바퀴) 굴려야 합니다.

색칠한 부분을 넷으로 나누어 알아봅니다.

(각 ㄱㅇㄹ)=(각 ㄴㅇㄷ)=360°÷12×3=90°

(각 ㄱㅇㄴ)=360°÷12×2=60°

(각 ㄷㅇㄹ)=360°÷12×4=120°

➡ ①=③=12×12÷2=72(cm²)

②=12×12×3.1×$\dfrac{60°}{360°}$=74.4(cm²)

④=12×12×3.1×$\dfrac{120°}{360°}$=148.8(cm²)

따라서 (색칠한 부분의 넓이)=72+74.4+72+148.8=367.2(cm²)입니다.

2-1 50cm²

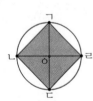

색칠한 부분을 넷으로 나누어 알아봅니다.

(각 ㄱㅇㄴ)=(각 ㄴㅇㄷ)=(각 ㄷㅇㄹ)=(각 ㄹㅇㄱ)

=360°÷4=90°이므로 사각형 ㄱㄴㄷㄹ은 마름모입니다.

따라서 (색칠한 부분의 넓이)=10×10÷2=50(cm²)입니다.

2-2 744cm²

(각 ㄱㅇㄴ)=360°÷10×2=72°

(각 ㄷㅇㄹ)=360°÷10×4=144°

➡ ①=20×20×3.1×$\dfrac{72°}{360°}$=248(cm²)

②=20×20×3.1×$\dfrac{144°}{360°}$=496(cm²)

따라서 (색칠한 부분의 넓이)=248+496=744(cm²)입니다.

2-3 328.79cm²

색칠한 부분을 둘로 나누어 알아봅니다.

(각 ㄱㅇㄴ)=360°÷8×3=135°

(각 ㄱㅇㄷ)=360°÷8×2=90°

➡ ①=14×14×3.14×$\dfrac{135°}{360°}$=230.79(cm²)

②=14×14÷2=98(cm²)

따라서 (색칠한 부분의 넓이)=230.79+98=328.79(cm²)입니다.

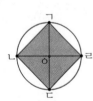

2-4 6 cm

색칠한 부분을 셋으로 나누어 알아봅니다.

(각 ㄱㅇㄷ)＝(각 ㄷㅇㄴ)＝360°÷12×3＝90°

(각 ㄱㅇㄴ)＝360°÷12×6＝180°

원의 반지름을 □cm라 하면 ①＝③＝□×□÷2,

②＝□×□×3×$\frac{180°}{360°}$입니다.

➡ (□×□÷2)×2＋□×□×3×$\frac{180°}{360°}$＝90,

□×□×2.5＝90, □×□＝36, □＝6

따라서 원의 반지름은 6 cm입니다.

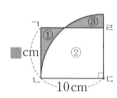

(직사각형의 넓이)＝①＋②, (원의 넓이)×$\frac{1}{4}$＝②＋③

문제의 조건에서 ①＝③이므로

(직사각형의 넓이)＝(원의 넓이)×$\frac{1}{4}$입니다.

선분 ㄱㄴ을 ■cm라 하면

■×10＝10×10×3.14×$\frac{1}{4}$, ■×10＝78.5, ■＝7.85입니다.

따라서 선분 ㄱㄴ의 길이는 7.85 cm입니다.

3-1 8 cm

선분 ㄴㄷ을 □cm라 하면 6×□＝4×4×3, 6×□＝48, □＝8입니다.

따라서 선분 ㄴㄷ의 길이는 8 cm입니다.

3-2 15.7 cm

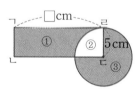

(직사각형의 넓이)＝①＋②, (원의 넓이)＝②＋③

문제의 조건에서 ①＝③이므로

(직사각형의 넓이)＝(원의 넓이)입니다.

선분 ㄱㄹ을 □cm라 하면 □×5＝5×5×3.14, □×5＝78.5, □＝15.7입니다.

따라서 선분 ㄱㄹ의 길이는 15.7 cm입니다.

3-3 18.6 cm

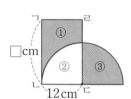

(직사각형의 넓이)＝①＋②, (반원의 넓이)＝②＋③

문제의 조건에서 ①＝③이므로

(직사각형의 넓이)＝(반원의 넓이)입니다.

선분 ㄱㄴ을 □cm라 하면

□×12＝12×12×3.1×$\frac{1}{2}$, □×12＝223.2, □＝18.6입니다.

따라서 선분 ㄱㄴ의 길이는 18.6 cm입니다.

3-4 16 cm

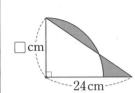

(원의 넓이)×$\frac{1}{4}$=(직각삼각형의 넓이)이므로

원의 반지름을 □cm라 하면

□×□×3×$\frac{1}{4}$=24×□÷2, □×□×$\frac{3}{4}$=□×12,

□×$\frac{3}{4}$=12, □=16입니다.

따라서 원의 반지름은 16cm입니다.

124~125쪽

①

(정사각형의 한 변의 길이)=16cm

②

(반지름이 16cm인 원의 원주)×$\frac{1}{4}$=16×2×3.1×$\frac{1}{4}$=24.8(cm)

③

(지름이 16cm인 원의 원주)×$\frac{1}{2}$=16×3.1×$\frac{1}{2}$=24.8(cm)

➡ (색칠한 부분의 둘레)

=①+②+③=16+24.8+24.8=65.6(cm)

4-1 14 cm

①

(정사각형의 한 변의 길이)×2=4×2=8(cm)

②

(반지름이 4cm인 원의 원주)×$\frac{1}{4}$=4×2×3×$\frac{1}{4}$=6(cm)

➡ (색칠한 부분의 둘레)=①+②=8+6=14(cm)

4-2 71.96 cm

①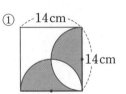

(정사각형의 한 변의 길이)×2=14×2=28(cm)

②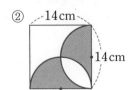

(지름이 14cm인 원의 원주)=14×3.14=43.96(cm)

➡ (색칠한 부분의 둘레)=①+②=28+43.96=71.96(cm)

4-3 54.5 cm

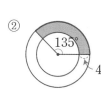
① (두 원의 반지름의 차)×2=4×2=8(cm)

② (지름이 24 cm인 원의 원주)×$\dfrac{135°}{360°}$

$=24×3.1×\dfrac{3}{8}=27.9$(cm)

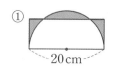
③ (작은 원의 지름)=24−4×2=16(cm)이므로

(지름이 16 cm인 원의 원주)×$\dfrac{135°}{360°}$

$=16×3.1×\dfrac{3}{8}=18.6$(cm)

➡ (색칠한 부분의 둘레)=①+②+③=8+27.9+18.6=54.5(cm)

4-4 67.1 cm

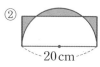
① (직사각형의 가로)=20 cm

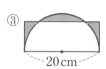
② 직사각형의 세로를 □ cm라 하면

$20×□=10×10×3.14×\dfrac{1}{2}$, $20×□=157$,

□=7.85입니다.

➡ (직사각형의 세로)×2=7.85×2=15.7(cm)

③ (지름이 20 cm인 원이 원주)×$\dfrac{1}{2}$−20×3.14×$\dfrac{1}{2}$=31.4(cm)

➡ (색칠한 부분의 둘레)=①+②+③=20+15.7+31.4=67.1(cm)

오각형은 왼쪽 그림과 같이 세 개의 삼각형으로 나눌 수 있으므로

오각형의 모든 각의 크기의 합은 180°×3=540°입니다.

540°÷360°=1.5이므로

색칠한 부분의 넓이는 반지름이 6 cm인 원의 넓이의 1.5배와 같습니다.

➡ (색칠한 부분의 넓이)=6×6×3.1×1.5=167.4(cm²)

5-1 48 cm²

사각형의 모든 각의 크기의 합은 360°이므로 <u>색칠한 부분의 넓이는 반지름이 4 cm인</u> 원의 넓이와 같습니다.

➡ (색칠한 부분의 넓이)=4×4×3=48(cm²)

360°

5-2 508.68 cm²

육각형은 왼쪽 그림과 같이 4개의 삼각형으로 나눌 수 있으므로 육각형의 모든 각의 크기의 합은 180°×4=720°입니다.
720°÷360°=2이므로 <u>색칠한 부분의 넓이는 반지름이 9 cm인 원의</u> 넓이의 2배입니다.

360°   360°

➡ (색칠한 부분의 넓이)=9×9×3.14×2=508.68(cm²)

5-3 455.7 cm²

팔각형은 왼쪽 그림과 같이 6개의 삼각형으로 나눌 수 있으므로 팔각형의 모든 각의 크기의 합은 180°×6=1080°입니다.
1080°÷360°=3이므로 <u>색칠한 부분의 넓이는 반지름이 7 cm인 원의</u> 넓이의 3배입니다.

360°   360°   360°

➡ (색칠한 부분의 넓이)=7×7×3.1×3=455.7(cm²)

5-4 496 cm²

삼각형의 모든 각의 크기의 합은 180°이고 $180°÷360°=\dfrac{1}{2}$이므로

3개의 원에서 색칠하지 않은 부분의 넓이의 합은 한 원의 넓이의 $\dfrac{1}{2}$과 같습니다.

➡ (색칠한 부분의 넓이)=(원 3개의 넓이)−(한 원의 넓이)$×\dfrac{1}{2}$

$=8×8×3.1×3−8×8×3.1×\dfrac{1}{2}$

$=595.2−99.2=496(cm²)$

다른 풀이

색칠한 부분의 넓이는 원 3개의 넓이에서 반원의 넓이를 뺀 것과 같으므로
(색칠한 부분의 넓이)=(원의 넓이)×2.5=8×8×3.1×2.5=496(cm²)입니다.

색칠한 부분을 왼쪽 그림과 같이 옮겨 보면

색칠한 부분의 넓이는 반지름이 12cm인 원의 넓이의 $\frac{1}{2}$과 같습니다.

➡ (색칠한 부분의 넓이)$=12 \times 12 \times 3.14 \times \frac{1}{2}$

$=226.08(cm^2)$

6-1 54cm²

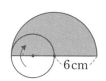

색칠한 부분을 왼쪽 그림과 같이 옮겨 보면 색칠한 부분의 넓이는 반지름이 6cm인 원의 넓이의 $\frac{1}{2}$과 같습니다.

➡ (색칠한 부분의 넓이)$=6 \times 6 \times 3 \times \frac{1}{2}=54(cm^2)$

6-2 147cm²

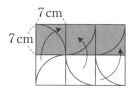

색칠한 부분을 왼쪽 그림과 같이 옮겨 보면 색칠한 부분의 넓이는 가로가 $7 \times 3=21$(cm), 세로가 7cm인 직사각형의 넓이와 같습니다.

➡ (색칠한 부분의 넓이)$=21 \times 7=147(cm^2)$

다른 풀이

$(7 \times 7 \times 3.14 \times \frac{1}{4}) \times 3 + (7 \times 7 - 7 \times 7 \times 3.14 \times \frac{1}{4}) \times 3$

$=115.395+31.605=147(cm^2)$

6-3 60.5cm²

색칠한 부분을 왼쪽 그림과 같이 옮겨 보면 색칠한 부분의 넓이는 밑변과 높이가 각각 11cm인 삼각형의 넓이와 같습니다.

➡ (색칠한 부분의 넓이)$=11 \times 11 \div 2=60.5(cm^2)$

6-4 180cm²

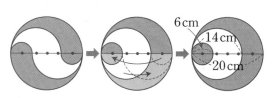

색칠한 부분을 위의 그림과 같이 옮겨 보면 색칠한 부분의 넓이는 지름이 20cm인 원의 넓이에서 지름이 14cm인 원의 넓이를 뺀 뒤 지름이 6cm인 원의 넓이를 더한 것과 같습니다.

➡ (색칠한 부분의 넓이)$=10 \times 10 \times 3 - 7 \times 7 \times 3 + 3 \times 3 \times 3$

$=300-147+27=180(cm^2)$

원통의 밑면의 반지름을 ■cm라 하면 ■×2×3.14＝43.96, ■＝7이므로
(원통의 밑면의 넓이)＝7×7×3.14＝153.86(cm²)입니다.
상자의 바닥은 한 변의 길이가 7×4＝28(cm)인 정사각형 모양이므로
(바닥의 넓이)＝28×28＝784(cm²)입니다.
➡ (비어 있는 부분의 넓이)＝(바닥의 넓이)－(원통의 밑면의 넓이)×4
　　　　　　　　　　　＝784－153.86×4
　　　　　　　　　　　＝168.56(cm²)

7-1 8cm²

(원통의 밑면의 넓이)＝2×2×3＝12(cm²)
상자의 바닥은 가로가 2×4＝8(cm), 세로가 2×2＝4(cm)인 직사각형 모양이므로
(바닥의 넓이)＝8×4＝32(cm²)입니다.
따라서 (비어 있는 부분의 넓이)＝32－12×2＝8(cm²)입니다.

7-2 86.4cm²

원통의 밑면의 반지름을 □cm라 하면 □×2×3.1＝24.8, □＝4입니다.
➡ (원통의 밑면의 넓이)＝4×4×3.1＝49.6(cm²)
상자의 바닥은 가로가 4×6＝24(cm), 세로가 4×4＝16(cm)인 직사각형 모양이므
로 (바닥의 넓이)＝24×16＝384(cm²)입니다.
따라서 (비어 있는 부분의 넓이)＝384－49.6×6＝86.4(cm²)입니다.

7-3 31cm

원통의 밑면의 반지름을 □cm라 하면 직사각형의 가로는 (□×6)cm,
세로는 (□×2)cm입니다.
(비어 있는 부분의 넓이)＝(직사각형의 넓이)－(원통의 밑면의 넓이)×3이므로
□×6×□×2－□×□×3.1×3＝67.5, □×□×2.7＝67.5, □×□＝25,
□＝5입니다.
따라서 원통의 한 밑면의 둘레는 5×2×3.1＝31(cm)입니다.

7-4 324cm²

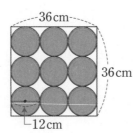

정사각형의 한 변은 144÷4＝36(cm)입니다.
원의 지름은 6×2＝12(cm)이고, 36÷12＝3이므로 원을 겹
치지 않게 최대한 많이 그리면 왼쪽 그림과 같이 3×3＝9(개)
까지 그릴 수 있습니다.
➡ (남은 부분의 넓이)＝36×36－6×6×3×9
　　　　　　　　　　＝1296－972＝324(cm²)

8

(지름이 10 cm인 피자의 넓이)=5×5×3.1=77.5(cm²)

(지름이 20 cm인 피자의 넓이)=10×10×3.1=310(cm²)

310÷77.5=4이므로 지름이 20 cm인 피자를 만드는 데 필요한 밀가루의 양은

지름이 10 cm인 피자를 만드는 데 필요한 밀가루의 양의 4배입니다.

따라서 (필요한 밀가루의 양)=25×4=100(g)입니다.

8-1 18 g

(반지름이 4 cm인 원의 넓이)=4×4×3=48(cm²)

48÷16=3이므로 반지름이 4 cm인 원을 색칠하는 데 필요한 물감의 양은 넓이가

16 cm²인 원을 색칠하는 데 필요한 물감의 양의 3배입니다.

따라서 (필요한 물감의 양)=6×3=18(g)입니다.

서술형 **8-2** 128 g

예 (반지름이 7 cm인 팬케이크의 넓이)=7×7×3.1=151.9(cm²)이고

(반지름이 14 cm인 팬케이크의 넓이)=14×14×3.1=607.6(cm²)입니다.

따라서 607.6÷151.9=4(배)이므로 (필요한 설탕의 양)=32×4=128(g)입니다.

채점 기준	배점
반지름이 7 cm인 팬케이크의 넓이를 구했나요?	1점
반지름이 14 cm인 팬케이크의 넓이를 구했나요?	1점
필요한 설탕의 양을 구했나요?	3점

8-3 9배

(지름이 12 cm인 부침개의 넓이)=6×6×3=108(cm²)

(지름이 36 cm인 부침개의 넓이)=18×18×3=972(cm²)

972÷108=9이므로 지름이 36 cm인 부침개를 만드는 데 필요한 밀가루의 양은 지름

이 12 cm인 부침개를 만드는 데 필요한 밀가루의 양의 9배입니다.

8-4 2.25배

㉯ 피자의 반지름을 □ cm라 하면 ㉮ 피자의 반지름은 (□×1.5) cm입니다.

(㉮ 피자의 넓이)=□×1.5×□×1.5×3.14=□×□×3.14×2.25

(㉯ 피자의 넓이)=□×□×3.14

$\dfrac{□×□×3.14×2.25}{□×□×3.14}$=2.25이므로 ㉮ 피자를 만드는 데 필요한 밀가루의 양은

㉯ 피자를 만드는 데 필요한 밀가루의 양의 2.25배입니다.

다른 풀이

원의 반지름이 ▲배이면 넓이는 (▲×▲)배입니다.

㉮ 피자의 반지름이 ㉯ 피자의 반지름의 1.5배이므로 ㉮ 피자의 넓이는 ㉯ 피자의 넓이의

1.5×1.5=2.25(배)입니다.

따라서 ㉮ 피자를 만드는 데 필요한 밀가루의 양은 ㉯ 피자를 만드는 데 필요한 밀가루의 양의 2.25배입니다.

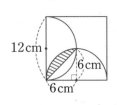

빗금 친 부분의 넓이는 반지름이 6cm인 원의 넓이의 $\frac{1}{4}$배에서

밑변의 길이와 높이가 각각 6cm인 삼각형의 넓이를 뺀 것입니다.

➡ $6 \times 6 \times 3.1 \times \frac{1}{4} - 6 \times 6 \div 2 = 9.9 (\text{cm}^2)$

따라서 (색칠한 부분의 넓이)$=9.9 \times 2 = 19.8 (\text{cm}^2)$입니다.

9-1 12cm²

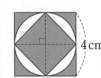

왼쪽 그림과 같이 작은 정사각형을 돌려 보면 대각선의 길이가 각각 4cm인 마름모가 됩니다.

(색칠한 부분의 넓이)

=(큰 정사각형의 넓이)－(원의 넓이)＋(마름모의 넓이)

$=4 \times 4 - 2 \times 2 \times 3 + 4 \times 4 \div 2$

$=16 - 12 + 8 = 12 (\text{cm}^2)$

다른 풀이

$(2 \times 2 - 2 \times 2 \times 3 \times \frac{1}{4}) \times 4 + 2 \times 2 \div 2 \times 4 = 4 + 8 = 12 (\text{cm}^2)$

9-2 228cm²

색칠한 부분의 넓이는 왼쪽 그림에서 빗금 친 부분의 넓이의 8배와 같습니다.

빗금 친 부분의 넓이는 반지름이 10cm인 원의 넓이의 $\frac{1}{4}$배에서

밑변의 길이와 높이가 각각 10cm인 삼각형의 넓이를 뺀 것입니다.

➡ $10 \times 10 \times 3.14 \times \frac{1}{4} - 10 \times 10 \div 2 = 78.5 - 50 = 28.5 (\text{cm}^2)$

따라서 (색칠한 부분의 넓이)$=28.5 \times 8 = 228 (\text{cm}^2)$입니다.

9-3 9.9cm²

색칠한 부분의 넓이는 ⟨에서 밑변의 길이 높이가 각각 6cm인

삼각형과 반지름이 6cm인 원의 넓이의 $\frac{1}{4}$배를 뺀 것입니다.

➡ $12 \times 12 \times 3.1 \times \frac{45°}{360°} - 6 \times 6 \div 2 - 6 \times 6 \times 3.1 \times \frac{1}{4}$

$= 55.8 - 18 - 27.9 = 9.9 (\text{cm}^2)$

9-4 24.5cm²

색칠한 부분의 넓이는 왼쪽 그림에서 빗금 친 부분의 넓이의 2배와 같습니다. 빗금 친 부분의 넓이는 한 변이 7cm인 정사각형의 넓이에서 반지름이 7cm인 원의 넓이의 $\frac{1}{4}$배를 뺀 것과 같습니다.

(빗금 친 부분의 넓이)$=7 \times 7 - 7 \times 7 \times 3 \times \frac{1}{4}$

$=49 - 36.75 = 12.25 (\text{cm}^2)$

따라서 (색칠한 부분의 넓이)$=12.25 \times 2 = 24.5 (\text{cm}^2)$입니다.

1 원, 0.56cm²

색칠한 부분의 넓이는 한 변이 4cm인 정사각형의 넓이의 $\frac{3}{4}$배입니다.

➡ (색칠한 부분의 넓이)$=4 \times 4 \times \frac{3}{4}=12$(cm²)

(지름이 4cm인 원의 넓이)$=2 \times 2 \times 3.14=12.56$(cm²)

$12.56-12=0.56$(cm²)이므로 원의 넓이가 0.56cm² 더 넓습니다.

2 101.7cm²

색칠한 부분의 넓이는 반지름이 6cm인 원의 넓이의 $\frac{3}{4}$배와 밑변의 길이와 높이가 각각 6cm인 삼각형의 넓이를 더한 것입니다.

따라서 (색칠한 부분의 넓이)$=6 \times 6 \times 3.1 \times \frac{3}{4}+6 \times 6 \div 2$

$=83.7+18=101.7$(cm²)입니다.

3 35cm

직선 부분과 곡선 부분으로 나누어 알아봅니다.

① 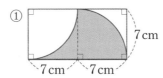　　(직선 부분)$=7 \times 2=14$(cm)

② 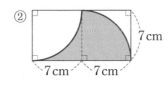　　곡선 부분은 반지름이 7cm인 원의 원주의 $\frac{1}{4}$배가 2개이므로

(곡선 부분)$=7 \times 2 \times 3 \times \frac{1}{4} \times 2=21$(cm)입니다.

➡ (색칠한 부분의 둘레)$=①+②=14+21=35$(cm)

4 120cm²

겹쳐진 부분의 넓이는 원의 넓이의 $\frac{1}{4}$배이므로 $10 \times 10 \times 3 \times \frac{1}{4}=75$(cm²)입니다.

(직사각형의 넓이)$\times \frac{5}{8}=75$이므로

(직사각형의 넓이)$=75 \div \frac{5}{8}=120$(cm²)입니다.

서술형 **5** 74.4cm

⑩ 작은 원의 지름을 □cm라 하면 $□ \times 3.1=24.8$, $□=8$입니다.

(큰 원의 지름)$=$(작은 원의 지름)$\times 3=8 \times 3=24$(cm)이므로

(큰 원의 원주)$=24 \times 3.1=74.4$(cm)입니다.

채점 기준	배점
작은 원의 지름을 구했나요?	2점
큰 원의 지름을 구했나요?	1점
큰 원의 원주를 구했나요?	2점

6 8 cm

(반지름이 4 cm인 원의 원주)=4×2×3.1=24.8(cm)

(반지름이 12 cm인 원의 원주)=12×2×3.1=74.4(cm)

➡ (두 원의 원주의 차)=74.4−24.8=49.6(cm)

구하는 원의 반지름을 □ cm라 하면 □×2×3.1=49.6, □=8입니다.

따라서 두 원의 원주의 차는 반지름이 8 cm인 원의 원주와 같습니다.

다른 풀이

두 원의 원주의 차는 12×2×3.1−4×2×3.1=8×2×3.1이므로 구하는 원의 반지름은 8 cm입니다.

---

7 128.52 cm

직선 부분과 곡선 부분으로 나누어 알아봅니다.

(직선 부분)=(9×4)×2=72(cm)

(곡선 부분)=(반지름이 9 cm인 원의 원주)

=9×2×3.14=56.52(cm)

따라서 (필요한 끈의 길이)=72+56.52=128.52(cm)입니다.

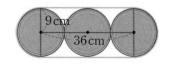

8 147 cm²

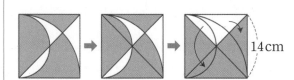

왼쪽 그림과 같이 대각선을 그어 색칠한 부분을 옮겨 보면 색칠한 부분의 넓이는 한 변의 길이가 14 cm인 정사각형 넓이의 $\frac{3}{4}$배와 같습니다.

➡ (색칠한 부분의 넓이)=$14×14×\frac{3}{4}$=147(cm²)

9 68.4 cm²

원이 지나간 부분은 그림과 같으므로 직선 부분과 곡선 부분으로 나누어 알아봅니다.

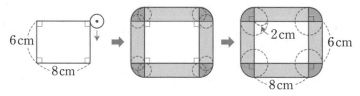

(직선 부분)=(2×6)×2+(8×2)×2=56(cm²)

(곡선 부분)=(반지름이 2 cm인 원의 넓이)=2×2×3.1=12.4(cm²)

따라서 (원이 지나간 부분의 넓이)=56+12.4=68.4(cm²)입니다.

10 1656 m²

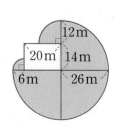

(소가 움직일 수 있는 부분의 최대 넓이)

=(반지름이 12 m인 원의 넓이)×$\frac{1}{4}$

  +(반지름이 26 m인 원의 넓이)×$\frac{3}{4}$

  +(반지름이 6 m인 원의 넓이)×$\frac{1}{4}$

=$12×12×3×\frac{1}{4}+26×26×3×\frac{3}{4}+6×6×3×\frac{1}{4}$

=108+1521+27=1656(m²)

6 원기둥, 원뿔, 구

1 원기둥, 원기둥의 전개도

140~141쪽

1 (위에서부터) 2, 12.56, 5

원기둥의 전개도에서 (옆면의 가로의 길이)=(밑면의 둘레)=2×2×3.14=12.56(cm)이고, (옆면의 세로의 길이)=(원기둥의 높이)=5 cm입니다.

2 68 cm

원기둥의 전개도에서 (옆면의 가로의 길이)=(밑면의 둘레)=4×2×3=24(cm)이고, (옆면의 세로의 길이)=(원기둥의 높이)=10 cm입니다.
➡ (옆면의 둘레)=(옆면의 가로의 길이)×2+(옆면의 세로의 길이)×2
　　　　　　　=24×2+10×2=48+20=68(cm)

3 풀이 참조

⑩ 밑면이 서로 평행하지 않고 합동이 아니므로 원기둥이 아닙니다.

4

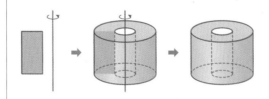

2 원뿔, 구

142~143쪽

1 ㉡

㉠, ㉢, ㉣은 원뿔의 모선, ㉡은 원뿔의 높이를 나타냅니다.

2 3 cm

만든 입체도형은 왼쪽과 같은 원뿔이고, 이 입체도형의 밑면의 반지름은 3 cm입니다.

3 14 cm

만든 입체도형은 왼쪽과 같은 구이고, 이 입체도형의 지름은 7×2=14(cm)입니다.

4 구

구는 어느 방향에서 보아도 원 모양입니다.

5 원뿔

회전축을 품은 평면으로 잘랐을 때 단면의 모양이 삼각형이고, 회전축에 수직인 평면으로 잘랐을 때 단면의 모양이 원인 입체도형은 원뿔입니다.

1 241.8 cm²

원기둥의 밑면의 반지름은 $6 \div 2 = 3$(cm)입니다.

(밑면의 넓이)$= 3 \times 3 \times 3.1 = 27.9$(cm²)

(밑면의 둘레)$= 6 \times 3.1 = 18.6$(cm)

(옆면의 넓이)$= 18.6 \times 10 = 186$(cm²)

➡ (원기둥의 겉넓이)$=$(밑면의 넓이)$\times 2 +$(옆면의 넓이)

$\qquad = 27.9 \times 2 + 186 = 241.8$(cm²)

2 966 cm²

(밑면의 넓이)$= 7 \times 7 \times 3 = 147$(cm²)

(밑면의 둘레)$= 7 \times 2 \times 3 = 42$(cm)

(옆면의 넓이)$= 42 \times 16 = 672$(cm²)

➡ (원기둥의 겉넓이)$= 147 \times 2 + 672 = 966$(cm²)

3 300 cm²

만든 원기둥의 밑면의 반지름과 높이는 각각 5 cm입니다.

(밑면의 넓이)$= 5 \times 5 \times 3 = 75$(cm²)

(밑면의 둘레)$= 5 \times 2 \times 3 = 30$(cm)

(옆면의 넓이)$= 30 \times 5 = 150$(cm²)

➡ (원기둥의 겉넓이)$= 75 \times 2 + 150 = 300$(cm²)

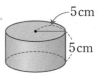

4 139.5 cm³

(밑면의 넓이)$= 3 \times 3 \times 3.1 = 27.9$(cm²)

➡ (원기둥의 부피)$=$(밑면의 넓이)$\times$(높이)$= 27.9 \times 5 = 139.5$(cm³)

대표문제 1

(원기둥의 전개도의 둘레)

$=$(밑면의 둘레)$\times 2 +$(옆면인 직사각형의 둘레)

$=$(밑면의 둘레)$\times 2 +$(밑면의 둘레)$\times 2 +$(옆면의 세로의 길이)$\times 2$

$=$(밑면의 둘레)$\times 4 +$(옆면의 세로의 길이)$\times 2$

$= 10 \times 4 + 5 \times 2$

$= 50$(cm)

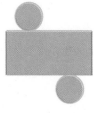

1-1 32 cm

(원기둥의 전개도의 둘레)$=$(밑면의 둘레)$\times 4 +$(옆면의 세로의 길이)$\times 2$

$\qquad = 6 \times 4 + 4 \times 2 = 32$(cm)

1-2 123.2 cm

(원기둥의 전개도의 둘레)=(밑면의 둘레)×4+(옆면의 세로의 길이)×2
=24.8×4+12×2=99.2+24=123.2(cm)

1-3 136 cm

예 (밑면의 둘레)=10×3=30(cm), (옆면의 세로의 길이)=8 cm이므로
(원기둥의 전개도의 둘레)=(밑면의 둘레)×4+(옆면의 세로의 길이)×2
=30×4+8×2=120+16=136(cm)입니다.

채점 기준	배점
밑면의 둘레를 구했나요?	2점
원기둥의 전개도의 둘레를 구했나요?	3점

1-4 10 cm

밑면의 지름을 □ cm라 하면 밑면의 둘레는 (□×3.14) cm이므로
(원기둥의 전개도의 둘레)=□×3.14×4+15×2,
155.6=□×12.56+30, □×12.56=125.6, □=10입니다.
따라서 밑면의 지름은 10 cm입니다.

(새로 만든 원기둥의 밑면의 반지름)=10×2=20(cm)
(원기둥의 부피)=(밑면의 넓이)×(높이)
(처음 원기둥의 부피)=10×10×3.1×13=4030(cm³) ┐
(새로 만든 원기둥의 부피)=20×20×3.1×13=16120(cm³) ◀ ┘ ×4

➡ (새로 만든 원기둥의 부피)=(처음 원기둥의 부피)×4이므로 4배입니다.

2-1 4배

반지름만 2배가 되었으므로 새로 만든 원기둥의 부피는 처음 원기둥의 부피의
2×2=4(배)입니다.

─────────

다른 풀이
(처음 원기둥의 부피)=2×2×3×10=120(cm³)
(새로 만든 원기둥의 부피)=(2×2)×(2×2)×3×10=4×4×3×10=480(cm³)
따라서 480÷120=4이므로 새로 만든 원기둥의 부피는 처음 원기둥의 부피의 4배입니다.

─────────

2-2 9배

반지름만 3배가 되었으므로 새로 만든 원기둥의 부피는 처음 원기둥의 부피의
3×3=9(배)입니다.

2-3 27 cm

밑면의 반지름만 □배로 늘린 원기둥의 부피는 처음 원기둥의 부피의 (□×□)배가 되
므로 □×□=9에서 □=3입니다.
따라서 밑면의 반지름만 3배로 늘였으므로 새로 만든 원기둥의 밑면의 반지름은
9×3=27(cm)입니다.

2-4 542.5 cm³

처음 원기둥의 밑면의 반지름을 □ cm, 높이를 △ cm라 하면

(처음 원기둥의 부피)=□×□×3.1×△ (cm³)

(새로 만든 원기둥의 부피)=(□×2)×(□×2)×3.1×(△×2)

$\qquad$ =(□×□×3.1×△)×8(cm³)

➡ (새로 만든 원기둥의 부피)=(처음 원기둥의 부피)×8

따라서 새로 만든 원기둥의 부피가 4340 cm³이므로 처음 원기둥의 부피는

4340÷8=542.5(cm³)입니다.

참고

밑면의 반지름과 높이를 각각 ■배로 늘린 원기둥의 부피는 처음 원기둥의 부피의 (■×■×■)배입니다.

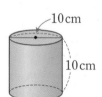

원기둥을 그려 보면 왼쪽과 같습니다.

(밑면의 반지름)=10÷2=5(cm), (높이)=10 cm

➡ (원기둥의 겉넓이)

$\qquad$ =(밑면의 넓이)×2+(옆면의 넓이)

$\qquad$ =(5×5×3.14)×2+5×2×3.14×10

$\qquad$ =157+314=471(cm²)

3-1 1380 cm²

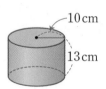

원기둥을 그려 보면 왼쪽과 같습니다.

(밑면의 반지름)=20÷2=10(cm), (높이)=13 cm

(밑면의 넓이)=10×10×3=300(cm²)

(옆면의 넓이)=10×2×3×13=780(cm²)

➡ (원기둥의 겉넓이)=300×2+780=1380(cm²)

3-2 911.4 cm²

원기둥을 그려 보면 왼쪽과 같습니다.

(밑면의 반지름)=14÷2=7(cm), (높이)=14 cm

(밑면의 넓이)=7×7×3.1=151.9(cm²)

(옆면의 넓이)=7×2×3.1×14=607.6(cm²)

➡ (원기둥의 겉넓이)=151.9×2+607.6=911.4(cm²)

3-3 948.6 cm²

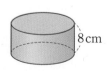

원기둥을 그려 보면 왼쪽과 같습니다.

밑면의 반지름을 □ cm라 하면

$\qquad$ □×□×3.1=251.1, □×□=81, □=9입니다.

$\qquad$ (옆면의 넓이)=9×2×3.1×8=446.4(cm²)

➡ (원기둥의 겉넓이)=251.1×2+446.4=948.6(cm²)

3-4 108 cm²

$\dfrac{90°}{360°} = \dfrac{1}{4}$ 이므로 입체도형은 밑면의 반지름이 4 cm이고, 높이가 6 cm인 원기둥의 $\dfrac{1}{4}$배만큼입니다.

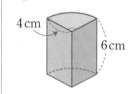

(입체도형의 겉넓이)=(밑면의 넓이)×2+(옆면의 넓이)

(밑면의 넓이)=$4 \times 4 \times 3 \times \dfrac{1}{4} = 12(\text{cm}^2)$

(옆면의 넓이)=$(4 \times 2 \times 3 \times \dfrac{1}{4} + 4 \times 2) \times 6$

$= 14 \times 6 = 84(\text{cm}^2)$

➡ (입체도형의 겉넓이)=$12 \times 2 + 84 = 108(\text{cm}^2)$

152~153쪽

원기둥의 높이를 ■ cm라 하면

(밑면의 넓이)×2+(옆면의 넓이)=(원기둥의 겉넓이)

$(7 \times 7 \times 3) \times 2 + 7 \times 2 \times 3 \times ■ = 1134$

$294 + 42 \times ■ = 1134$

$■ = 20$

따라서 원기둥의 높이는 20 cm입니다.

4-1 5 cm

원기둥의 높이를 □cm라 하면

(원기둥의 옆면의 넓이)=$4 \times 2 \times 3 \times □$, $24 \times □ = 120$, $□ = 5$입니다.

따라서 원기둥의 높이는 5 cm입니다.

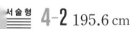

4-2 195.6 cm

㉺ 밑면의 반지름은 $20 \div 2 = 10(\text{cm})$이므로 원기둥의 높이를 □cm라 하면

(원기둥의 겉넓이)=$(10 \times 10 \times 3.14) \times 2 + 10 \times 2 \times 3.14 \times □$,

$628 + 62.8 \times □ = 2826$, $62.8 \times □ = 2198$, $□ = 35$입니다.

➡ (원기둥의 옆면의 둘레)=$(20 \times 3.14 + 35) \times 2 = 195.6(\text{cm})$

채점 기준	배점
원기둥의 높이를 구했나요?	3점
원기둥의 옆면의 둘레를 구했나요?	2점

4-3 131.6 cm

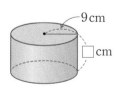

만든 입체도형은 밑면의 반지름이 9 cm인 원기둥입니다.

원기둥의 높이를 □cm라 하면

(원기둥의 겉넓이)=$(9 \times 9 \times 3.1) \times 2 + 9 \times 2 \times 3.1 \times □$,

$502.2 + 55.8 \times □ = 1060.2$, $55.8 \times □ = 558$, $□ = 10$입니다.

➡ (원기둥의 옆면의 둘레)=$(9 \times 2 \times 3.1 + 10) \times 2 = 131.6(\text{cm})$

4-4 3819.2 cm²

원기둥의 높이는 30 cm이므로 밑면의 반지름을 ☐ cm라 하면
(옆면의 넓이)=☐×2×3.1×30, ☐×186=2604, ☐=14입니다.
➡ (원기둥의 겉넓이)=(14×14×3.1)×2+2604=3819.2(cm²)

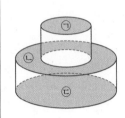

밑면을 살펴보면
(㉠의 넓이)+(㉡의 넓이)=(㉢의 넓이)이므로
(밑면의 넓이의 합)=(큰 원기둥의 밑면의 넓이)×2
　　　　　　　　　=(8×8×3.1)×2
　　　　　　　　　=396.8(cm²)입니다.
(옆면의 넓이의 합)=(작은 원기둥의 옆면의 넓이)+(큰 원기둥의 옆면의 넓이)
　　　　　　　　　=4×2×3.1×5+8×2×3.1×5
　　　　　　　　　=124+248=372(cm²)
➡ (입체도형의 겉넓이)=(밑면의 넓이의 합)+(옆면의 넓이의 합)
　　　　　　　　　　=396.8+372=768.8(cm²)

5-1 248 cm²

주어진 입체도형은 원기둥을 반으로 자른 것으로 밑면의 반지름이 8÷2=4(cm)입니다.
(밑면의 넓이)=4×4×3÷2=24(cm²)
(옆면의 넓이)=4×2×3÷2×10+8×10=120+80=200(cm²)
➡ (입체도형의 겉넓이)=24×2+200=248(cm²)

5-2 1890 cm²

(밑면의 넓이의 합)=(큰 원기둥의 밑면의 넓이)×2
　　　　　　　　　=(14×14×3)×2=1176(cm²)
(옆면의 넓이의 합)=(작은 원기둥의 옆면의 넓이)+(큰 원기둥의 옆면의 넓이)
　　　　　　　　　=7×2×3×5+14×2×3×6=210+504=714(cm²)
➡ (입체도형의 겉넓이)=1176+714=1890(cm²)

5-3 1344 cm²

만들어지는 입체도형은 다음과 같이 구멍이 뚫린 원기둥입니다.

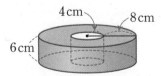

(밑면의 넓이)=12×12×3-4×4×3=432-48=384(cm²)
(바깥쪽 옆면의 넓이)=12×2×3×6=432(cm²)
(안쪽 옆면의 넓이)=4×2×3×6=144(cm²)
➡ (입체도형의 겉넓이)=384×2+432+144=1344(cm²)

5-4 997.2 cm²

$\dfrac{240°}{360°}=\dfrac{2}{3}$ 이므로 만들어지는 입체도형은 밑면의 반지름이 9 cm이고

높이가 12 cm인 원기둥의 $\dfrac{2}{3}$배만큼입니다.

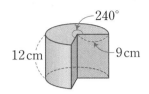

(밑면의 넓이)$=9\times9\times3.1\times\dfrac{2}{3}=167.4(\text{cm}^2)$

(굽은 옆면의 넓이)$=9\times2\times3.1\times12\times\dfrac{2}{3}=446.4(\text{cm}^2)$

(직사각형 모양 2개의 옆면의 넓이)$=9\times12\times2=216(\text{cm}^2)$

➡ (입체도형의 겉넓이)$=167.4\times2+446.4+216=997.2(\text{cm}^2)$

156~157쪽

원뿔이 5바퀴 회전한 거리는 반지름이 10 cm인 원의 원주입니다.

원뿔의 밑면의 반지름을 ■ cm라 하면

(원뿔의 밑면의 둘레)×5=(반지름이 10 cm인 원의 원주)

$(\blacksquare\times2\times3.14)\times5=10\times2\times3.14$

$\blacksquare\times31.4=62.8$

$\blacksquare=2$입니다.

따라서 원뿔의 밑면의 반지름은 2 cm입니다.

6-1 3바퀴

(원뿔의 밑면의 둘레)$=3\times2\times3=18(\text{cm})$

(원뿔이 회전한 거리)$=$(반지름이 9 cm인 원의 원주)$=9\times2\times3=54(\text{cm})$

따라서 54÷18=3이므로 원뿔은 3바퀴 회전해야 합니다.

참고
원뿔이 □바퀴 회전했다면 (원뿔의 밑면의 둘레)×□=(반지름이 9 cm인 원의 원주)입니다.

6-2 4 cm

원뿔의 밑면의 반지름을 □cm라 하면 (원뿔의 밑면의 둘레)=□×2×3.1(cm)입니다.

(원뿔이 4바퀴 회전한 거리)=(반지름이 16 cm인 원의 원주)

$=16\times2\times3.1=99.2(\text{cm})$

$(\square\times2\times3.1)\times4=99.2,\ \square\times24.8=99.2,\ \square=4$

따라서 원뿔의 밑면의 반지름은 4 cm입니다.

6-3 5배

원뿔의 밑면의 반지름을 □ cm, 모선의 길이를 △ cm라 하면
(원뿔의 밑면의 둘레)=□×2×3.14,
(원뿔이 5바퀴 회전한 거리)=(반지름이 △ cm인 원의 원주)
$$=△×2×3.14입니다.$$
➡ (□×2×3.14)×5=△×2×3.14, □×5=△
따라서 이 원뿔의 모선의 길이는 밑면의 반지름의 5배입니다.

참고
원뿔의 꼭짓점을 중심으로 하여 ●바퀴 돌려 처음 위치에 놓였다면
(모선의 길이)=(밑면의 반지름)×●입니다.

6-4 120°

(원뿔의 밑면의 둘레)=5×2×3.14=31.4(cm)

(원뿔이 한 바퀴 회전한 거리)=$15×2×3.14×\dfrac{\text{㉠}}{360°}$

➡ $15×2×3.14×\dfrac{\text{㉠}}{360°}=31.4$, $\dfrac{\text{㉠}}{360°}=\dfrac{1}{3}$, ㉠=120°

MATH MASTER

1 30 cm

(원기둥 ㉮의 옆면의 넓이)=6×2×3.14×20=753.6(cm²)
원기둥 ㉯의 밑면의 지름을 □ cm라 하면
(원기둥 ㉯의 옆면의 넓이)=□×3.14×8, □×25.12=753.6, □=30입니다.
따라서 원기둥 ㉯의 밑면의 지름은 30 cm입니다.

2 6 cm

(밑면의 둘레)=6×2×3.1=37.2(cm)이므로 원기둥의 높이를 □ cm라 하면
(원기둥의 전개도의 둘레)=37.2×4+□×2,
160.8=148.8+□×2, □×2=12, □=6입니다.
따라서 원기둥의 높이는 6 cm입니다.

3 1323 cm²

구의 중심을 지나도록 자르면 단면의 모양은 반지름이 21 cm인 원이고, 이때의 넓이가
가장 넓습니다.
➡ (단면의 최대 넓이)=21×21×3=1323(cm²)

서술형 **4** 1884 cm²

㉐ (롤러의 옆면의 넓이)=4×2×3.14×15=376.8(cm²)
(페인트가 칠해진 부분의 넓이)=(롤러의 옆면의 넓이)×5=376.8×5=1884(cm²)

채점 기준	배점
롤러의 옆면의 넓이를 구했나요?	3점
페인트가 칠해진 부분의 넓이를 구했나요?	2점

5 36 cm

원뿔을 앞에서 본 모양은 다음과 같은 이등변삼각형입니다.

이때, 나머지 한 각의 크기는 $180° - (60° \times 2) = 60°$이므로

원뿔을 앞에서 본 모양은 세 각의 크기가 60°로 모두 같은 정삼각형입니다.

➡ (필요한 끈 장식의 길이) $= 18 \times 2 = 36(cm)$

6 7.5 cm

(구를 앞에서 본 모양의 둘레) = (반지름이 10 cm인 원의 원주)

$$= 10 \times 2 \times 3 = 60(cm)$$

원기둥의 밑면의 반지름을 □cm라 하면

(원기둥을 앞에서 본 모양의 둘레) = (직사각형의 둘레) = (□ $\times$ 2) $\times$ 2 $+$ 15 $\times$ 2입니다.

➡ (□ $\times$ 2) $\times$ 2 $+$ 15 $\times$ 2 $=$ 60, □ $\times$ 4 $+$ 30 $=$ 60, □ $\times$ 4 $=$ 30, □ $=$ 7.5

따라서 원기둥의 밑면의 반지름은 7.5 cm입니다.

7 120 cm²

만든 입체도형은 왼쪽과 같고 이 입체도형을 회전축 품은 평면으로 자른 단면은 오른쪽과 같습니다.

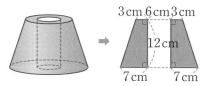

➡ (단면의 넓이) = (사다리꼴의 넓이) $\times$ 2

$$= ((3+7) \times 12 \div 2) \times 2$$

$$= 120(cm^2)$$

8 346 cm²

(밑면의 넓이) $= 6 \times 6 \times 3.14 \div 2 - 4 \times 4 \times 3.14 \div 2$

$$= 56.52 - 25.12 = 31.4(cm^2)$$

(옆면의 넓이)

= (바깥쪽 굽은 면의 넓이) + (안쪽 굽은 면의 넓이) + (직사각형의 넓이) $\times$ 2

$= 6 \times 2 \times 3.14 \div 2 \times 8 + 4 \times 2 \times 3.14 \div 2 \times 8 + (2 \times 8) \times 2$

$= 150.72 + 100.48 + 32 = 283.2(cm^2)$

➡ (입체도형의 겉넓이) $= 31.4 \times 2 + 283.2 = 346(cm^2)$

9 1398.9 cm²

주어진 직각삼각형을 높이인 20 cm를 기준으로 한 바퀴 돌리면 원뿔이 만들어지고

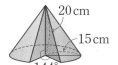

216°만큼 돌리면 왼쪽과 같은 입체도형이 만들어집니다.

$\dfrac{216°}{360°} = \dfrac{3}{5}$이므로

(밑면의 넓이) $= 15 \times 15 \times 3.14 \times \dfrac{3}{5} = 423.9(cm^2)$

(옆면의 넓이) = (원뿔의 옆면의 넓이) $\times \dfrac{3}{5} +$ (삼각형의 넓이) $\times$ 2

$$= 1125 \times \dfrac{3}{5} + (15 \times 20 \div 2) \times 2 = 675 + 300 = 975(cm^2)$$

➡ (입체도형의 겉넓이) $= 423.9 + 975 = 1398.9(cm^2)$

1 분수의 나눗셈

1 7상자

은지가 만든 쿠키의 개수를 □개라고 하면

(부서진 쿠키의 개수)$=□×\dfrac{3}{10}=12$(개)입니다.

$□=12÷\dfrac{3}{10}=(12÷3)×10=40$으로 은지가 만든 쿠키는 40개입니다.

따라서 선물할 쿠키는 $40-12=28$(개)이고 4개씩 담아 선물하려면 $28÷4=7$에서 7상자를 선물할 수 있습니다.

2 5700원

사과 1kg의 가격을 □원이라고 하면

(사과 $\dfrac{7}{12}$kg의 가격)$=□×\dfrac{7}{12}=1400$(원)입니다.

$□=1400÷\dfrac{7}{12}=(1400÷7)×12=2400$

따라서 (사과 $2\dfrac{3}{8}$ kg의 가격)$=2\dfrac{3}{8}×2400=\dfrac{19}{8}×2400=5700$(원)입니다.

3 $\dfrac{6}{7}$배

직사각형의 세로를 □cm라고 하면

(직사각형의 넓이)$=3\dfrac{1}{2}×□=10\dfrac{1}{2}$, $□=10\dfrac{1}{2}÷3\dfrac{1}{2}=\dfrac{21}{2}÷\dfrac{7}{2}=21÷7=3$입니다.

따라서 $3÷3\dfrac{1}{2}=3÷\dfrac{7}{2}=(3÷7)×2=\dfrac{6}{7}$이므로 세로는 가로의 $\dfrac{6}{7}$배입니다.

4 6

$\dfrac{3}{2}÷\dfrac{1}{2}=3÷1=3$, $5÷\dfrac{1}{\bullet}=5×\bullet$,

$13\dfrac{1}{2}÷\dfrac{3}{4}=\dfrac{27}{2}÷\dfrac{3}{4}=\dfrac{54}{4}÷\dfrac{3}{4}=54÷3=18$이 되어

$\dfrac{3}{2}÷\dfrac{1}{2}<5÷\dfrac{1}{\bullet}<13\dfrac{1}{2}÷\dfrac{3}{4}$ ➡ $3<5×\bullet<18$입니다.

따라서 ● 안에 들어갈 수 있는 자연수는 1, 2, 3이고 그 합은 $1+2+3=6$입니다.

5 $\dfrac{8}{27}$

나눗셈의 몫이 가장 작을 때는 (가장 작은 자연수)÷(가장 큰 대분수)일 때이므로

$2÷6\dfrac{3}{4}=2÷\dfrac{27}{4}=(2÷27)×4=\dfrac{8}{27}$입니다.

6 1

$\dfrac{1}{5} \div \dfrac{\bullet}{10} = \dfrac{2}{10} \div \dfrac{\bullet}{10} = 2 \div \bullet = \dfrac{2}{\bullet}$ 에서 $\dfrac{2}{\bullet}$ 가 자연수가 되려면 $\bullet$는 2의 약수이어야

합니다.

2의 약수는 1, 2이고 $\dfrac{\bullet}{10}$ 는 기약분수이므로 $\bullet$가 될 수 있는 수는 1입니다.

7 $\dfrac{2}{3}$배

(㉮의 넓이)=(㉯의 넓이)$\times \dfrac{2}{3}$, (㉯의 넓이)=(㉰의 넓이)$\times \dfrac{9}{4}$입니다.

(㉮의 넓이)=(㉯의 넓이)$\times \dfrac{2}{3}$=(㉰의 넓이)$\times \dfrac{9}{4} \times \dfrac{2}{3}$=(㉰의 넓이)$\times \dfrac{3}{2}$이므로

(㉰의 넓이)=(㉮의 넓이)$\div \dfrac{3}{2}$=(㉮의 넓이)$\times \dfrac{2}{3}$입니다.

따라서 ㉰의 넓이는 ㉮의 넓이의 $\dfrac{2}{3}$배입니다.

다시 푸는

MATH MASTER

5~8쪽

1 $\dfrac{1}{2}$

$\left(\dfrac{1}{2} \star \dfrac{5}{2}\right) = \left(\dfrac{1}{2}+1\right) \div \left(\dfrac{5}{2}-1\right) = \dfrac{3}{2} \div \dfrac{3}{2} = 3 \div 3 = 1$이고

$(1 \star 5) = 2 \div 4 = \dfrac{1}{2}$입니다.

따라서 $\left(\dfrac{1}{2} \star \dfrac{5}{2}\right) \star 5 = \dfrac{1}{2}$입니다.

2 3시간 45분

(영수가 1 km를 가는 데 걸리는 시간)$=1\dfrac{3}{7} \div 1\dfrac{5}{7} = \dfrac{10}{7} \times \dfrac{7}{12} = \dfrac{5}{6}$(시간)입니다.

따라서 ($4\dfrac{1}{2}$ km를 가는 데 걸리는 시간)$=4\dfrac{1}{2} \times \dfrac{5}{6} = \dfrac{9}{2} \times \dfrac{5}{6} = \dfrac{15}{4} = 3\dfrac{3}{4}$(시간)

이므로 3시간 45분 걸립니다.

3 $1\dfrac{1}{20}$ cm

(직사각형 ㄱㄴㄷㄹ의 넓이)$=12\dfrac{2}{9} \times 2\dfrac{1}{10} = \dfrac{110}{9} \times \dfrac{21}{10} = \dfrac{77}{3}$(cm²)이고,

(사다리꼴 ㄱㅁㄷㄹ의 넓이)

$=$(직사각형 ㄱㄴㄷㄹ의 넓이)$\times \dfrac{3}{4} = \dfrac{77}{3} \times \dfrac{3}{4} = \dfrac{77}{4}$(cm²)입니다.

따라서 (선분 ㄱㅁ)$=\square$ cm라고 하면

(사다리꼴 ㄱㅁㄷㄹ의 넓이)$=\left(\square+2\dfrac{1}{10}\right) \times 12\dfrac{2}{9} \times \dfrac{1}{2} = \dfrac{77}{4}$

➡ $\left(\square+2\dfrac{1}{10}\right) \times \dfrac{55}{9} = \dfrac{77}{4}$

➡ $\square+2\dfrac{1}{10} = \dfrac{77}{4} \div \dfrac{55}{9} = \dfrac{77}{4} \times \dfrac{9}{55} = \dfrac{63}{20}$

➡ $\square = \dfrac{63}{20} - 2\dfrac{1}{10} = 1\dfrac{1}{20}$입니다.

4 4가지

$$\frac{12}{\star} \div \frac{6}{5} = \frac{12}{\star} \times \frac{5}{6} = \frac{10}{\star} = \bullet \text{입니다.}$$

따라서 식을 만족하고 ★, ●가 자연수이기 위한 쌍 (★, ●)은 (1, 10), (2, 5), (5, 2), (10, 1)로 모두 4가지입니다.

5 8분 45초

1분은 60초이므로 2분 30초 $= 2\frac{30}{60}$ 분 $= 2\frac{1}{2}$ 분 $= \frac{5}{2}$ 분입니다.

$\frac{5}{2}$ 분 동안 탄 양초의 길이는 $6 - 4\frac{2}{3} = 1\frac{1}{3}$ (cm)이므로

1분 동안 타는 양초의 길이는 $\frac{4}{3} \div \frac{5}{2} = \frac{4}{3} \times \frac{2}{5} = \frac{8}{15}$ (cm)입니다.

남은 양초가 다 타는 데 걸리는 시간은

$4\frac{2}{3} \div \frac{8}{15} = \frac{14}{3} \times \frac{15}{8} = \frac{35}{4} = 8\frac{3}{4}$ (분)이고 $8\frac{3}{4}$ 분 $= 8\frac{45}{60}$ 분 $=$ 8분 45초입니다.

6 $4\frac{1}{3}$ L

(1 m²의 벽을 칠하는 데 사용된 페인트의 양) $= 2\frac{4}{5} \div 9\frac{1}{3} = \frac{14}{5} \times \frac{3}{28} = \frac{3}{10}$ (L)

($14\frac{4}{9}$ m²의 벽을 칠하는 데 필요한 페인트의 양)

$= 14\frac{4}{9} \times \frac{3}{10} = \frac{130}{9} \times \frac{3}{10} = \frac{13}{3} = 4\frac{1}{3}$ (L)

7 8시간 24분

밤의 길이를 □시간이라고 하면 하루는 24시간이므로
낮의 길이는 (24−□)시간입니다.

밤의 길이는 낮의 길이의 $\frac{7}{13}$ 배이므로 □ $= (24-□) \times \frac{7}{13}$ 입니다.

□ $\div \frac{7}{13} = 24-□$, □ $\times \frac{13}{7} = 24-□$, □ $\times \frac{13}{7}+□ = 24$, □ $\times \frac{20}{7} = 24$

□ $= 24 \div \frac{20}{7} = 24 \times \frac{7}{20} = \frac{42}{5} = 8\frac{2}{5}$

1시간은 60분이므로 구하는 밤의 길이는 $8\frac{2}{5}$ 시간 $= 8\frac{24}{60}$ 시간이므로 8시간 24분입니다.

8 560명

6학년 전체 학생 수를 □명이라고 하면

(사과를 좋아하는 학생 수) $= \frac{3}{7} \times □$

(바나나를 좋아하는 학생 수) $= \frac{5}{14} \times □$

(복숭아를 좋아하는 학생 수)=(사과와 바나나를 좋아하는 학생 수의 차)$\times 1\frac{3}{5}$

$$=(\frac{3}{7}\times\square-\frac{5}{14}\times\square)\times 1\frac{3}{5}$$

$$=\frac{1}{14}\times\square\times\frac{8}{5}=\frac{4}{35}\times\square$$

➡ (사과, 바나나, 복숭아를 좋아하는 학생 수의 합)

$$=\frac{3}{7}\times\square+\frac{5}{14}\times\square+\frac{4}{35}\times\square=\frac{63}{70}\times\square=\frac{9}{10}\times\square$$

다른 과일을 좋아하는 학생 수 $\frac{1}{10}\times\square$가 56명입니다.

따라서 경진이네 학교 6학년 학생은

$\frac{1}{10}\times\square=56$, $\square=56\div\frac{1}{10}=56\times 10=560$(명)입니다.

9 300 g

마신 물의 양은 병에 가득 든 물의 양의 $\frac{3}{8}\times\frac{4}{7}=\frac{3}{14}$입니다.

마신 물의 양은 $510-390=120$ (g)이므로

병에 가득 든 물의 양을 $\square$g이라고 하면

$\square\times\frac{3}{14}=120$, $\square=120\div\frac{3}{14}=(120\div 3)\times 14=560$입니다.

따라서 (병에 넣은 물의 양)$=560\times\frac{3}{8}=210$ (g)이므로

(빈 병의 무게)$=510-210=300$ (g)입니다.

10 210 cm

물통에 들어 있는 물의 높이를 $\square$cm라고 하면

(㉮의 길이)$=\square\div\frac{4}{7}=\square\times\frac{7}{4}$,

(㉯의 길이)$=\square\div\frac{1}{5}=\square\times 5$입니다.

주어진 식에서 (㉯의 길이)$-$(㉮의 길이)$=130$cm이므로

$\square\times 5-\square\times\frac{7}{4}=130$, $\frac{13}{4}\times\square=130$,

$\square=130\div\frac{13}{4}=130\times\frac{4}{13}=40$(cm)입니다.

따라서 물통에 들어 있는 물의 높이는 40cm이므로

(㉮의 길이)$=40\div\frac{4}{7}=40\times\frac{7}{4}=70$(cm)이고

주어진 식에서 (㉮의 길이)$+$(㉯의 길이)$=280$cm이므로

$70+$(㉯의 길이)$=280$, (㉯의 길이)$=210$(cm)입니다.

2 소수의 나눗셈

1 2.8

어떤 수를 □라고 하면 □=2.3×4+0.3=9.5입니다.
9.5÷3.4=2.794……이므로 반올림하여 소수 첫째 자리까지 나타내면 2.8입니다.

2 78.5 km

2시간 36분=2.6시간입니다.
204÷2.6=78.461……이므로 반올림하여 소수 첫째 자리까지 나타내면 78.5입니다. 따라서 기차는 한 시간 동안 78.5km를 달렸습니다.

3 1.3 kg

3t=3000kg, (남은 고춧가루의 양)=3000-56×50=200(kg)이고 200÷3.3의 몫을 자연수까지 구하면 몫은 60이고 2가 남으므로 3.3kg씩 봉지에 담으면 60봉지가 되고 2kg이 남습니다.
따라서 남은 고춧가루도 봉지에 담아 팔려면 고춧가루는 적어도 3.3-2=1.3(kg)이 더 필요합니다.

4 2

5.99÷1.98=3.0252525……이므로 몫의 소수 첫째 자리 숫자는 0이고 소수 둘째 자리부터 짝수째 자리에는 2, 홀수째 자리에는 5가 반복됩니다.
따라서 몫의 소수 50째 자리 숫자는 짝수째 자리이므로 소수 둘째 자리 숫자와 같은 2 입니다.

5 22.1

몫이 가장 크게 되려면 큰 수를 작은 수로 나누어야 하고, 7>5>4>3>0이므로 나누어지는 수는 만들 수 있는 가장 큰 소수 한 자리 수 7.5, 나누는 수는 만들 수 있는 가장 작은 소수 두 자리 수 0.34가 되어야 합니다.
따라서 나눗셈의 몫을 구하면 7.5÷0.34=22.058……이므로 반올림하여 소수 첫째 자리까지 나타내면 22.1입니다.

6 78750원

(철근 1m의 무게)=53.04÷3.4=15.6(kg)
(철근 58.5kg의 길이)=58.5÷15.6=3.75(m)
➡ (철근 3.75m의 값)=3.75×21000=78750(원)

7 3.58

소수 첫째 자리에서 반올림하여 2.6이 되는 수는 2.55 이상 2.65 미만입니다.
1㉠.18÷5.8=2.55, 1㉠.18÷5.8=2.65에서
5.8×2.55=14.79, 5.8×2.65=15.37
1㉠.18이 될 수 있는 수는 14.79 이상 15.37 미만인 수이므로
㉠에 알맞은 숫자는 5입니다.

$$5.8 \overline{\smash{)}15.18} \quad \begin{array}{r} 2 \\ \hline 1\ 1\ 6 \\ \hline 3\ 5\ 8 \end{array}$$

8 3.68 kg

(간장 2.5L의 무게)=6.15−4.25=1.9(kg)
(간장 1L의 무게)=1.9÷2.5=0.76(kg)
(간장 6.5L의 무게)=0.76×6.5=4.94(kg)
(빈 통의 무게)=6.15−4.94=1.21(kg)
간장 3.25L가 담긴 통의 무게는 0.76×3.25+1.21=3.68(kg)입니다.

1 40개

36.1÷6.1=5.91……에서 가로로 자를 수 있는 정사각형은 5개이고,
52.7÷6.1=8.63……에서 세로로 자를 수 있는 정사각형은 8개입니다.
따라서 자를 수 있는 정사각형은 최대 5×8=40(개)입니다.

2 40분

(양초가 1분 동안 타는 길이)=1.3÷5=0.26(cm)
(줄어든 양초의 길이)=20−9.6=10.4(cm)
(양초 10.4cm가 타는 데 걸리는 시간)=10.4÷0.26
　　　　　　　　　　　　　　　　　　=40(분)

3 1.68 cm

(삼각형 ㄱㄴㄷ의 넓이)=(선분 ㄱㄴ)×(선분 ㄱㄷ)÷2
　　　　　　　　　　　=2.1×2.8÷2=2.94(cm²)이고
(삼각형 ㄱㄴㄷ의 넓이)=(선분 ㄴㄷ)×(선분 ㄱㄹ)÷2=2.94(cm²)이므로
3.5×(선분 ㄱㄹ)÷2=2.94,
(선분 ㄱㄹ)=2.94×2÷3.5=1.68(cm)입니다.

다른 풀이
삼각형 ㄱㄴㄷ에서 (선분 ㄴㄷ)×(선분 ㄱㄹ)=(선분 ㄱㄴ)×(선분 ㄱㄷ)
➡ 3.5×(선분 ㄱㄹ)=2.1×2.8, (선분 ㄱㄹ)=5.88÷3.5=1.68(cm)

---

4 12분 6초

(㉮ 수도꼭지에서 1분 동안 나오는 물의 양)=98.4÷4=24.6(L)
7분 15초=7$\frac{15}{60}$분=7.25분이므로
(㉯ 수도꼭지에서 1분 동안 나오는 물의 양)=246.5÷7.25=34(L)
(㉮와 ㉯ 수도꼭지에서 1분 동안 나오는 물의 양)=24.6+34=58.6(L)
따라서 두 수도꼭지를 동시에 틀어서 709.06L의 물을 받으려면 적어도
709.06÷58.6=12.1(분)=12분 6초가 걸립니다.

5 13장

4.5cm씩 겹치게 이어 붙였으므로 색 테이프를 한 장씩 더 이어 붙일 때마다
전체 길이는 $30-4.5=25.5$(cm)씩 늘어납니다.
더 이어 붙인 색 테이프의 수를 $\square$장이라고 하면
$30+25.5\times\square=336$, $25.5\times\square=306$, $\square=306\div25.5=12$입니다.
따라서 이어 붙인 색 테이프는 모두 $12+1=13$(장)입니다.

6 88

$6.79\div1.1=6.1727272\cdots$입니다.
소수 둘째 자리부터 숫자 7과 2가 반복되므로
몫을 소수 19째 자리까지 구하면 7과 2는 각각 $(19-1)\div2=9$(번) 나옵니다.
따라서 각 자리 숫자의 합은 $6+1+(7+2)\times9=88$입니다.

7 6.6 cm

정사각형 ㄱㄴㄷㄹ의 한 변의 길이를 $\square$cm라고 하면 $\square\times\square=36$, $\square=6$입니다.
삼각형 ㅁㄴㄷ에서 선분 ㅁㅂ을 $\triangle$cm라고 하면
$6\times\triangle\div2=36\div4$, $6\times\triangle=18$, $\triangle=3$입니다.
삼각형 ㅁㅂㄷ은 한 각이 직각이면서 이등변삼각형이므로
(선분 ㅁㅂ)＝(선분 ㅂㄷ)＝3cm입니다.
(직사각형 ㅁㅂㅅㅇ의 넓이)＝(선분 ㅂㅅ)×(선분 ㅁㅂ)이므로
$36\times0.8=$(선분 ㅂㅅ)$\times3$, $28.8=$(선분 ㅂㅅ)$\times3$,
(선분 ㅂㅅ)＝$28.8\div3=9.6$(cm)입니다
따라서 (선분 ㄷㅅ)＝$9.6-3=6.6$(cm)입니다.

8 2분 24초

60m＝0.06km이므로 기차가 터널을 완전히 통과하기 위해 가야 할 거리는
$7.38+0.06=7.44$(km)입니다.
(1분 동안 기차가 가는 거리)＝$186\div60=3.1$(km)
(기차가 터널을 완전히 통과하는 데 걸리는 시간)＝$7.44\div3.1=2.4$(분)
➡ 2분 24초

9 12시 28분

(긴바늘이 1분 동안 움직이는 각도)＝$360°\div60=6°$
(짧은바늘이 1분 동안 움직이는 각도)＝$30°\div60=0.5°$
두 시곗바늘은 1분 동안 $6°-0.5°=5.5°$만큼 차이 나므로 $154°\div5.5°=28$에서
시계의 긴바늘과 짧은바늘이 처음으로 $154°$를 이루는 시각은 12시 28분입니다.

10 0.5, 0.7, 2.2

$\dfrac{(㉮\times㉯)\times(㉯\times㉰)}{(㉮\times㉰)}=㉯\times㉯$이고, $\dfrac{0.35\times1.54}{1.1}=0.49$이므로
$㉯\times㉯=0.49$, $㉯=0.7$입니다.
$㉮\times㉯=0.35$ ➡ $㉮\times0.7=0.35$, $㉮=0.35\div0.7=0.5$
$㉯\times㉰=1.54$ ➡ $0.7\times㉰=1.54$, $㉰=1.54\div0.7=2.2$
따라서 $㉮=0.5$, $㉯=0.7$, $㉰=2.2$입니다.

3 공간과 입체

1 14개

(전체 쌓기나무의 수)=4+3+3+1+2+2+3+1+1+4=24(개)
(2층보다 낮은 층에 쌓인 쌓기나무의 수)=(1층에 쌓인 쌓기나무의 수)=10개
➡ (구하는 쌓기나무의 수)=24−10=14(개)

2 19개

쌓은 모양은 쌓기나무가 1층: 5개, 2층: 2개, 3층: 1개이므로
(쌓은 쌓기나무의 수)=5+2+1=8(개)입니다.
가장 작은 정육면체를 만들려면 한 모서리에 쌓기나무를 3개씩 쌓아야 하므로
(정육면체를 만드는 데 필요한 쌓기나무의 수)=3×3×3=27(개)입니다.
➡ (더 필요한 쌓기나무의 수)=27−8=19(개)

3 ㉠, ㉡, ㉢

㉠, ㉡, ㉢으로 다음과 같이 만들 수 있습니다.

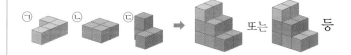

4

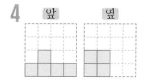

층별로 쌓은 쌓기나무의 수는 3층에 1개, 2층에 3개, 1층에 10−1−3=6(개)이므로
뒤에 보이지 않는 쌓기나무가 1개 있습니다. 색칠한 쌓기나무 3개를 빼내면 다음과 같은 모양이 됩니다.

5

옆에서 본 모양을 보면 ㉠=㉡=1, ㉺=3, ㉽=2입니다.
전체 쌓기나무는 13개이므로
㉢+㉣+㉤=13−1−1−3−2=6입니다.
㉢, ㉣, ㉤은 2 이하인 수이므로 ㉢=㉣=㉤=2입니다.

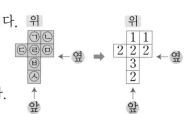

서술형 **6** 64개

㉤ 18÷3=6이므로 만들어진 정육면체는 한 모서리에 쌓기나무를 6개씩 쌓은 모양입니다. 이 중에서 한 면도 칠해지지 않은 쌓기나무는 정육면체 속에 보이지 않는 쌓기나무로 4×4×4=64(개)입니다.

채점 기준	배점
정육면체의 한 모서리에 쌓은 쌓기나무의 수를 구했나요?	2점
한 면도 칠해지지 않은 쌓기나무의 수를 구했나요?	3점

7 3가지

앞과 옆에서 본 모양을 보고 위에서 본 모양의 각 자리에 쌓은 쌓기나무의 개수를 알 수 있는 것부터 수를 씁니다.

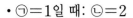

· ㉠=1일 때: ㉡=2
· ㉠=2일 때: ㉡=1 또는 2

따라서 쌓을 수 있는 서로 다른 모양은 다음과 같이 모두 3가지입니다.

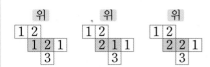

8 324개

$7 \times 7 \times 7 = 343$이므로 쌓기나무 343개로 만든 정육면체는 한 모서리에 쌓기나무를 7개씩 쌓은 모양입니다. 각 면의 한 가운데를 관통하도록 쌓기나무를 빼려면 쌓기나무 7개로 이루어진 사각기둥 3개를 빼면 됩니다. 이때, 정육면체의 가장 가운데에 있는 쌓기나무를 3번 중복해서 빼게 됩니다.

➡ (빼지는 쌓기나무의 수)$=7 \times 3-2=19$(개)

따라서 남은 쌓기나무는 $343-19=324$(개)입니다.

1 7가지

쌓기나무 1개를 더 붙여서 만들 수 있는 모양은 다음과 같이 7가지입니다.

2 30개

각 층의 가장자리에 있는 쌓기나무를 걷어내면 보이지 않는 안쪽의 쌓기나무는 오른쪽과 같습니다.

따라서 어느 방향에서도 보이지 않는 쌓기나무는 $1+4+9+16=30$(개)입니다.

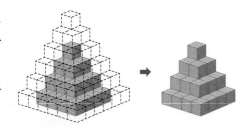

3 51개

㉠ 쌓은 쌓기나무의 수는 4층에 1개, 3층에 1개, 2층에 3개, 1층에 8개이므로
1+1+3+8=13(개)입니다.
가장 작은 정육면체를 만들려면 한 모서리에 쌓기나무를 4개씩 쌓아야 하므로
(정육면체를 만드는 데 필요한 쌓기나무의 수)=4×4×4=64(개)입니다.
따라서 더 필요한 쌓기나무는 64-13=51(개)입니다.

채점 기준	배점
쌓은 쌓기나무의 수를 구했나요?	1점
가장 작은 정육면체를 만들 때 필요한 쌓기나무의 수를 구했나요?	2점
더 필요한 쌓기나무의 수를 구했나요?	2점

4

만든 입체도형은 다음과 같습니다.

5 3가지

1층에 쌓은 쌓기나무는 4개이므로 2층에 쌓은 쌓기나무는 2개, 3층에 쌓은 쌓기나무는 1개입니다.
이때, 만들 수 있는 모양은 다음과 같이 모두 3가지입니다.

6 22개

층별로 빼낸 쌓기나무를 알아보면 다음과 같습니다.

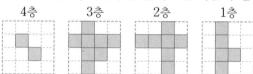

➡ (빼낸 쌓기나무의 수)=2+8+7+5=22(개)

7 5개

앞과 옆에서 본 모양을 보고 위에서 본 모양의 각 자리에 쌓은 쌓기나무의 개수를 알 수 있는 것부터 수를 씁니다.

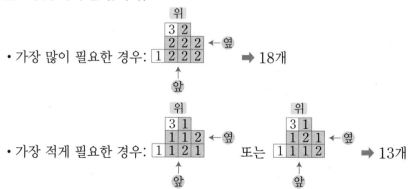

따라서 필요한 쌓기나무의 개수의 차는 18-13=5(개)입니다.

8 736 cm²

쌓은 모양은 오른쪽과 같습니다.

이 면과 마주 보는 면은 위, 앞, 옆에서 보이지 않습니다.

보이는 면은 위에서 8개, 아래에서 8개, 오른쪽 옆에서 6개, 왼쪽 옆에서 6개, 앞에서 8개, 뒤에서 8개로 $(8+6+8)×2=44$(개)이고, 어느 방향에서도 보이지 않는 면은 3층에 2개이므로 면의 수는 모두 $44+2=46$(개)입니다.

따라서 쌓기나무의 한 면의 넓이는 $4×4=16(cm^2)$이므로 페인트를 칠한 면의 넓이는 $46×16=736(cm^2)$입니다.

9 5개

층별로 알아보면 다음과 같습니다.

1층 　　2층

따라서 바꾸어 넣은 쌓기나무는 5개입니다.

10 504 cm²

만든 모양의 가로, 세로, 높이에 쌓은 쌓기나무의 수를 각각 ㉠개, ㉡개, ㉢개라 하면 한 면도 칠해지지 않은 쌓기나무가 12개이므로 $(㉠-2)×(㉡-2)×(㉢-2)=12$입니다.

- $1×1×12=12$, $2×2×3=12$인 경우 가로, 세로, 높이 중 길이가 같은 것이 있으므로 조건에 맞지 않습니다.
- $1×2×6=12$인 경우: ㉠$=3$, ㉡$=4$, ㉢$=8$이고 ㉠×㉡×㉢$=3×4×8=96$이므로 조건에 맞지 않습니다.
- $1×3×4=12$인 경우: ㉠$=3$, ㉡$=5$, ㉢$=6$이고 ㉠×㉡×㉢$=3×5×6=90$으로 조건에 맞습니다.

따라서 만든 모양은 오른쪽과 같고 이때의 겉넓이는 $30×4×2+18×4×2+15×4×2=504(cm^2)$입니다.

4 비례식과 비례배분

1 65

$$16 : 10 \Rightarrow \text{전항과 후항의 차}: 16-10=6$$
$$8 : 5 \begin{array}{l} 24 : 15 \Rightarrow \text{전항과 후항의 차}: 24-15=9 \\ 32 : 20 \Rightarrow \text{전항과 후항의 차}: 32-20=12 \\ 40 : 25 \Rightarrow \text{전항과 후항의 차}: 40-25=15 \end{array}$$

따라서 구하는 비는 40 : 25이므로 전항과 후항의 합은 $40+25=65$입니다.

다른 풀이

$8 : 5=(8\times\square) : (5\times\square)$이므로 구하는 비를 $(8\times\square) : (5\times\square)$라 하면

$8\times\square-5\times\square=15$, $3\times\square=15$, $\square=5$입니다.

따라서 구하는 비는 $(8\times5) : (5\times5)=40 : 25$이므로 전항과 후항의 합은 $40+25=65$입니다.

---

2 2가지

비례식에서 외항의 곱과 내항의 곱은 같으므로 $4\times\text{ⓒ}=108$, $\text{ⓒ}=108\div4=27$입니다. $\text{⊙}\times\text{ⓛ}=108$이 되는 $(\text{⊙}, \text{ⓛ})$ 중 $\text{⊙}<\text{ⓛ}$인 수는 $(1, 108)$, $(2, 54)$, $(3, 36)$, $(4, 27)$, $(6, 18)$, $(9, 12)$이고, 이 중 $\text{⊙}<\text{ⓛ}<\text{ⓒ}$이 되는 $(\text{⊙}, \text{ⓛ})$은 $(6, 18)$, $(9, 12)$로 모두 2가지입니다. 따라서 만들 수 있는 비례식은 모두 2가지 입니다.

3 10 : 7

- 정호네 학교: (남학생 수)$=8\times\square$, (여학생 수)$=7\times\square$라 하면
  $8\times\square-7\times\square=25$, $\square=25$입니다.
  $\Rightarrow$ (남학생 수)$=8\times25=200$(명), (여학생 수)$=7\times25=175$(명)
- 민희네 학교: (남학생 수)$=7\times\triangle$, (여학생 수)$=9\times\triangle$라 하면
  $7\times\triangle+9\times\triangle=320$, $16\times\triangle=320$, $\triangle=20$입니다.
  $\Rightarrow$ (남학생 수)$=7\times20=140$(명), (여학생 수)$=9\times20=180$(명)

따라서 정호네 학교와 민희네 학교 남학생 수의 비는 200 : 140이고,

가장 간단한 자연수의 비로 나타내면 $(200\div20) : (140\div20)=10 : 7$입니다.

4 15 cm

끈 ㉮와 ㉯의 길이를 각각 $(7\times\square)$ cm, $(6\times\square)$ cm,

잘라낸 끈의 길이를 $\triangle$ cm라 하면 $7\times\square=20+\triangle$ …… ㉠, $6\times\square=15+\triangle$ …… ㉡

입니다.

㉠$-$㉡을 하면 $(7\times\square)-(6\times\square)=(20+\triangle)-(15+\triangle)$, $\square=5$이고,

㉠에서 $35=20+\triangle$, $\triangle=15$입니다.

따라서 잘라낸 끈의 길이는 15 cm입니다.

다른 풀이

잘라낸 끈의 길이를 $\triangle$ cm라 하면 $20+\triangle : 15+\triangle=7 : 6$입니다.

$\Rightarrow (20+\triangle)\times6=(15+\triangle)\times7$, $120+6\times\triangle=105+7\times\triangle$, $\triangle=15$

따라서 잘라낸 끈의 길이는 15 cm입니다.

---

5 3400만 원

㉮ : ㉯ = 5000 : 3500 = 10 : 7

총 이익금을 □만 원이라 하면 □ × $\dfrac{10}{10+7}$ = 2000, □ × $\dfrac{10}{17}$ = 2000,

□ = 2000 ÷ $\dfrac{10}{17}$ = 3400입니다.

따라서 총 이익금은 3400만 원입니다.

6 오후 2시 50분

(오늘 오전 9시부터 다음 날 오후 3시까지의 시간) = 30시간

30시간 동안 시계가 늦어지는 시간을 □분이라 하고 비례식을 세우면

24 : 8 = 30 : □, 24 × □ = 8 × 30, 24 × □ = 240, □ = 10입니다.

따라서 다음 날 오후 3시에 이 시계가 가리키는 시각은

오후 3시 − 10분 = 오후 2시 50분입니다.

7 6 cm

삼각형 ㄱㄴㄹ과 삼각형 ㄹㄴㅁ에서 밑변의 길이가 각각 선분 ㄱㄹ, 선분 ㄹㅁ일 때, 높이가 서로 같으므로 (밑변의 길이의 비) = (넓이의 비)입니다.

(삼각형 ㄱㄴㄹ의 넓이) : (삼각형 ㄹㄴㅁ의 넓이)

= (선분 ㄱㄹ의 길이) : (선분 ㄹㅁ의 길이) = 6 : 9 = 2 : 3

삼각형 ㄱㄴㄹ과 삼각형 ㄹㄴㅁ의 넓이를 각각 2 × □, 3 × □라 하면

(삼각형 ㄱㅁㄷ의 넓이) = (삼각형 ㄱㄴㄹ의 넓이) = 2 × □입니다.

삼각형 ㄱㄴㅁ과 삼각형 ㄱㅁㄷ에서 밑변의 길이가 각각 선분 ㄴㅁ, 선분 ㅁㄷ일 때, 높이가 서로 같으므로 (밑변의 길이의 비) = (넓이의 비)입니다.

(삼각형 ㄱㄴㅁ의 넓이) : (삼각형 ㄱㅁㄷ의 넓이) = 5 × □ : 2 × □ = 5 : 2

➡ (선분 ㄴㅁ의 길이) : (선분 ㅁㄷ의 길이) = 5 : 2

따라서 (선분 ㅁㄷ의 길이) = 21 × $\dfrac{2}{5+2}$ = 21 × $\dfrac{2}{7}$ = 6(cm)입니다.

8 5개

전체 오렌지 수는 100개이므로

(옮긴 후 ㉮ 바구니에 들어 있는 오렌지 수) = 100 × $\dfrac{11}{11+9}$ = 100 × $\dfrac{11}{20}$ = 55(개)입니다.

따라서 처음 ㉮ 바구니와 ㉯ 바구니에 들어 있던 오렌지 수는 각각 100 ÷ 2 = 50(개)이므로 ㉯ 바구니에서 ㉮ 바구니로 옮긴 오렌지 수는 55 − 50 = 5(개)입니다.

9 48 cm

㉮ : ㉯ = $\dfrac{1}{2}$: $\dfrac{2}{3}$ = 3 : 4

75 %는 0.75이므로 ㉮ : ㉰ = 1 : 0.75 = 100 : 75 = 4 : 3입니다.

공통인 항 ㉮의 3과 4의 최소공배수는 12이므로

㉮ : ㉯ = 3 : 4   ㉮ : ㉯ = 12 : 16

㉮ : ㉰ = 4 : 3 ➡ ㉮ : ㉰ = 12 : 9

➡ ㉮ : ㉯ : ㉰ = 12 : 16 : 9

따라서 (끈 ㉮의 길이) = 148 × $\dfrac{12}{12+16+9}$ = 148 × $\dfrac{12}{37}$ = 48(cm)입니다.

1 $\dfrac{2}{3}$

30 %는 0.3이고, ㉮×0.3＝㉯×0.45이므로

㉮ : ㉯＝0.45 : 0.3＝45 : 30＝3 : 2입니다.

➡ $\dfrac{㉯}{㉮}＝\dfrac{2}{3}$

2 20 : 23

오르기 전 책의 가격을 □원이라 하면

$□×(1＋\dfrac{15}{100})＝17250$, □×1.15＝17250, □＝15000입니다.

➡ (오르기 전 책의 가격) : (오른 후 책의 가격)

＝15000 : 17250＝20 : 23

3 12개

⟨예⟩ (톱니바퀴 ㉮의 1분 동안 회전수)＝120÷8＝15(바퀴),

(톱니바퀴 ㉯의 1분 동안 회전수)＝175÷7＝25(바퀴)이므로

(톱니바퀴 ㉮와 ㉯의 회전수의 비)＝15 : 25＝3 : 5이고,

(톱니바퀴 ㉮와 ㉯의 톱니 수의 비)＝5 : 3입니다.

톱니바퀴 ㉯의 톱니를 □개라 하면 5 : 3＝20 : □, 5×□＝3×20, 5×□＝60,

□＝12입니다.

따라서 톱니바퀴 ㉯의 톱니는 12개입니다.

채점 기준	배점
톱니바퀴 ㉮와 ㉯의 회선수의 비를 구했나요?	2점
톱니바퀴 ㉮와 ㉯의 톱니 수의 비를 구했나요?	1점
톱니바퀴 ㉯의 톱니 수를 구했나요?	2점

4 6 m

두 막대의 길이를 각각 ㉮ m, ㉯ m라 하면 물에 잠긴 부분의 길이는

$(㉮×\dfrac{3}{8})$ m, $(㉯×\dfrac{3}{11})$ m입니다.

저수지의 깊이는 일정하므로

$㉮×\dfrac{3}{8}＝㉯×\dfrac{3}{11}$ ➡ $㉮ : ㉯＝\dfrac{3}{11} : \dfrac{3}{8}＝8 : 11$입니다.

두 막대의 길이의 합은 38 m이므로 $㉮＝38×\dfrac{8}{8＋11}＝38×\dfrac{8}{19}＝16(m)$입니다.

따라서 저수지의 깊이는 $16×\dfrac{3}{8}＝6(m)$입니다.

5 15°

1시간 동안 긴바늘은 360° 움직이고, 짧은바늘은 360°÷12＝30° 움직입니다.

30분 동안 긴바늘은 360°÷60×30＝180° 움직이므로 긴바늘이 180° 움직이는 동안

짧은바늘이 움직인 각도를 □°라 하면

360° : 30°＝180° : □°, 360°×□°＝30°×180°, □＝15입니다.

따라서 짧은바늘은 15° 움직입니다.

6 900원

$$(\text{산 자두 수}) = 36 \times \frac{7}{7+5} = 36 \times \frac{7}{12} = 21(\text{개})$$

$$(\text{산 참외 수}) = 36 \times \frac{5}{7+5} = 36 \times \frac{5}{12} = 15(\text{개})$$

자두 한 개의 가격과 참외 한 개의 가격을 각각 $(3 \times \square)$원, $(4 \times \square)$원이라 하면

$21 \times 3 \times \square + 15 \times 4 \times \square = 36900$, $123 \times \square = 36900$, $\square = 300$입니다.

따라서 자두 한 개의 가격은 $3 \times 300 = 900$(원)입니다.

7 80 m

기차의 길이를 $\square$ m라 하면

$(640 + \square) : 8 = (1000 + \square) : 12$입니다.

➡ $(640 + \square) \times 12 = 8 \times (1000 + \square)$, $7680 + 12 \times \square = 8000 + 8 \times \square$,

$4 \times \square = 320$, $\square = 80$이므로 기차의 길이는 80 m입니다.

8 40 cm

$2 : 3$에서 전항과 후항의 합은 5, $11 : 9$에서 전항과 후항의 합은 20이고 $20 \div 5 = 4$이므로 $2 : 3$의 전항과 후항에 4를 곱하면 $2 : 3$의 전항과 후항의 합이 $11 : 9$의 전항과 후항의 합과 같아집니다.

(선분 ㄱㄷ) : (선분 ㄷㄴ) $= 8 : 12$

(선분 ㄱㄹ) : (선분 ㄹㄴ) $= 11 : 9$

(선분 ㄷㄹ) : (선분 ㄱㄴ) $= 3 : 20$이므로

선분 ㄱㄴ을 $\square$ cm라 하면

$3 : 20 = 6 : \square$, $3 \times \square = 120$, $\square = 40$이므로 선분 ㄱㄴ의 길이는 40 cm입니다.

9 5시간 15분

밭 ㉮의 가로를 9, 세로를 7이라 하면 둘레는 $(9+7) \times 2 = 32$이므로

밭 ㉯의 둘레도 32입니다.

➡ (밭 ㉯의 가로와 세로의 합) $= 32 \div 2 = 16$

(밭 ㉯의 가로) $= 16 \times \frac{3}{3+5} = 16 \times \frac{3}{8} = 6$

(밭 ㉯의 세로) $= 16 \times \frac{5}{3+5} = 16 \times \frac{5}{8} = 10$

(밭 ㉮와 ㉯를 일구는 데 걸리는 시간의 비)

$=$ (밭 ㉮와 ㉯의 넓이의 비) $= (9 \times 7) : (6 \times 10) = 63 : 60 = 21 : 20$

밭 ㉮ 전체를 일구는 데 걸리는 시간을 $\square$시간이라 하면

$21 : 20 = \square : 5$, $21 \times 5 = 20 \times \square$, $20 \times \square = 105$, $\square = 5.25$입니다.

따라서 밭 ㉮ 전체를 일구는 데 걸리는 시간은 5.25시간 $=$ 5시간 15분입니다.

10 2배

철서가 600 m를 가는 동안 지효가 가는 거리를 $\square$ m라 하면

$5 : 4 = \square : 600$, $5 \times 600 = 4 \times \square$, $4 \times \square = 3000$, $\square = 750$입니다.

남은 거리는 지효가 $1000 - 750 = 250$(m), 철서가 $1000 - 600 = 400$(m)입니다.

지효의 빠르기와 철서의 바뀐 빠르기의 비를 $5 : \triangle$라 하면

$250 : 5 = 400 : \triangle$, $250 \times \triangle = 5 \times 400$, $250 \times \triangle = 2000$, $\triangle = 8$입니다.

따라서 철서는 처음 빠르기의 $8 \div 4 = 2$(배)로 바꾸어 달려야 합니다.

5 원의 넓이

1 24 cm

쟁반의 반지름을 □cm라 하면

(쟁반의 원주)=□×2×3.1=□×6.2(cm)입니다.

□×6.2×2.5=372이므로 □×15.5=372, □=24입니다.

따라서 쟁반의 반지름은 24cm입니다.

2 64 cm²

색칠한 부분을 둘로 나누어 알아봅니다.

(각 ㄱㅇㄴ)=360°÷12×2=60°

(각 ㄱㅇㄷ)=360°÷12×3=90°

$(①의 넓이)=8×8×3×\dfrac{60°}{360°}=32(cm^2)$

(②의 넓이)=8×8÷2=32(cm²)

따라서 (색칠한 부분의 넓이)=32+32=64(cm²)입니다.

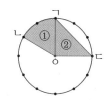

3 4 cm

$(원의 넓이)×\dfrac{1}{2}=(직각삼각형의 넓이)$이므로

원의 반지름을 □cm라 하면

$□×□×3×\dfrac{1}{2}=(2×□)×6÷2, □×□×\dfrac{3}{2}=□×6,$

$□×\dfrac{3}{2}=6, □=6÷\dfrac{3}{2}=6×\dfrac{2}{3}=4$입니다.

따라서 원의 반지름은 4cm입니다.

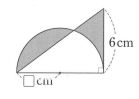

4 49.12 cm

① 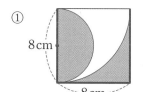   (정사각형의 한 변의 길이)×3=8×3=24(cm)

② 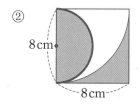 $(지름이 8cm인 원의 원주)×\dfrac{1}{2}=8×3.14×\dfrac{1}{2}$

$=12.56(cm)$

③ 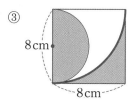 $(반지름이 8cm인 원의 원주)×\dfrac{1}{4}=8×2×3.14×\dfrac{1}{4}$

$=12.56(cm)$

➡ (색칠한 부분의 둘레)=①+②+③=24+12.56+12.56=49.12(cm)

5 334.8 cm²

사각형의 네 각의 크기의 합은 360°이므로 4개의 원에서 색칠하지 않은 부분의 넓이의 합은 원 1개의 넓이와 같습니다.

(색칠한 부분의 넓이)=(원 4개의 넓이)−(원 1개의 넓이)=(원 3개의 넓이)
=6×6×3.1×3=334.8(cm²)

6 72 cm²

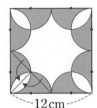

─12cm─

색칠한 부분을 왼쪽과 같이 옮겨 보면
색칠한 부분의 넓이는 밑변의 길이와 높이가 각각 6cm인 직각삼각형 4개의 넓이의 합과 같습니다.

➡ (색칠한 부분의 넓이)=6×6÷2×4=72(cm²)

7 18.6 cm

원통의 밑면의 반지름을 $\square$ cm라 하면 정사각형의 한 변의 길이는 ($\square$×4) cm입니다.
(비어 있는 부분의 넓이)=(정사각형의 넓이)−(원통의 밑면의 넓이)×4이므로
$\square$×4×$\square$×4−$\square$×$\square$×3.1×4=32.4, $\square$×$\square$×(16−12.4)=32.4,
$\square$×$\square$×3.6=32.4, $\square$×$\square$=32.4÷3.6=9, $\square$=3입니다.
따라서 원통의 한 밑면의 둘레는 3×2×3.1=18.6(cm)입니다.

8 1.96배

치즈 피자의 반지름을 $\square$ cm라 하면 불고기 피자의 반지름은 ($\square$×1.4)cm입니다.
(불고기 피자의 넓이)=$\square$×1.4×$\square$×1.4×3.14=$\square$×$\square$×3.14×1.96(cm²)
(치즈 피자의 넓이)=$\square$×$\square$×3.14(cm²)
$\dfrac{\square×\square×3.14×1.96}{\square×\square×3.14}$=1.96이므로 불고기 피자를 만드는 데 필요한 밀가루의 양은 치즈 피자를 만드는 데 필요한 밀가루의 양의 1.96배입니다.

9 18 cm²

(㉠ 부분의 넓이)
=(한 변이 3cm인 정사각형의 넓이)
    −(반지름이 3cm인 원의 넓이)×$\dfrac{1}{4}$
=3×3−3×3×3×$\dfrac{1}{4}$=2.25(cm²)
따라서 (색칠한 부분의 넓이)=2.25×8=18(cm²)입니다.

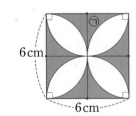

6cm

─6cm─

1 원, 4.26 cm²

색칠한 부분의 넓이는 한 변이 6 cm인 정사각형의 넓이의 $\frac{2}{3}$배입니다.

➡ (색칠한 부분의 넓이)$=6 \times 6 \times \frac{2}{3}=24$ (cm²)

(지름이 6 cm인 원의 넓이)$=3 \times 3 \times 3.14=28.26$ (cm²)

$28.26-24=4.26$ (cm²) 더 넓습니다.

2 163.2 cm²

색칠한 부분의 넓이는 반지름이 8 cm인 원의 넓이의 $\frac{1}{2}$배와 밑변의 길이가 16 cm, 높이가 8 cm인 삼각형의 넓이를 더한 것입니다.

➡ (색칠한 부분의 넓이)$=8 \times 8 \times 3.1 \times \frac{1}{2}+16 \times 8 \div 2$

$\qquad\qquad\qquad\qquad =99.2+64$

$\qquad\qquad\qquad\qquad =163.2$ (cm²)

3 35 cm

직선 부분과 곡선 부분으로 나누어 알아봅니다.

① 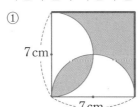 (직선 부분)$=7 \times 2=14$ (cm)

② 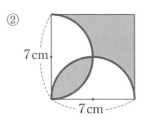 곡선 부분은 지름이 7 cm인 원의 원주의 $\frac{1}{2}$배인 것이 2개이

므로 (곡선 부분)$=7 \times 3 \times \frac{1}{2} \times 2=21$ (cm)입니다.

➡ (색칠한 부분의 둘레)$=$①$+$②$=14+21=35$ (cm)

4 42.39 cm²

겹쳐진 부분의 넓이는 원의 넓이의 $\frac{1}{4}$배이므로 $6 \times 6 \times 3.14 \times \frac{1}{4}=28.26$ (cm²)입니다.

(직사각형의 넓이)$\times \frac{2}{3}=28.26$이므로

(직사각형의 넓이)$=28.26 \div \frac{2}{3}=28.26 \times \frac{3}{2}=42.39$ (cm²)입니다.

5 72 cm

작은 원의 지름을 □ cm라 하면 □$\times 3=18$, □$=6$입니다.

(큰 원의 지름)$=$(작은 원의 지름)$\times 4=6 \times 4=24$ (cm)이므로

(큰 원의 원주)$=24 \times 3=72$ (cm)입니다.

6 4 cm

(지름이 5cm인 원의 원주)=5×3.14=15.7(cm)
(지름이 9cm인 원의 원주)=9×3.14=28.26(cm)
➡ (두 원의 원주의 차)=28.26−15.7=12.56(cm)
구하는 원의 지름을 □cm라 하면 □×3.14=12.56,
□=12.56÷3.14=4입니다.

7 71.4 cm

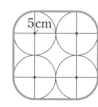

곡선 부분과 직선 부분으로 나누어 알아봅니다.
(곡선 부분)=(반지름이 5cm인 원의 원주)
  =5×2×3.14=31.4(cm)
(직선 부분)=(5×2)×4=40(cm)
➡ (필요한 끈의 길이)=31.4+40=71.4(cm)

8 9 cm²

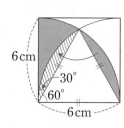

그림과 같이 색칠한 부분을 옮겨 보면 색칠한 부분의 넓이는
반지름이 6cm인 원의 넓이의 $\frac{30°}{360°}=\frac{1}{12}$과 같습니다.

➡ (색칠한 부분의 넓이)=$6×6×3×\frac{1}{12}=9(cm^2)$

9 157.6 cm²

원이 지나간 부분은 그림과 같으므로 곡선 부분과 직선 부분으로 나누어 알아봅니다.

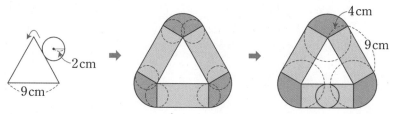

(곡선 부분)=(반지름이 4cm인 원의 넓이)=4×4×3.1=49.6(cm²)
(직선 부분)=(9×4)×3=108(cm²)
따라서 (원이 지나간 부분의 넓이)=49.6+108=157.6(cm²)입니다.

10 1176 m²

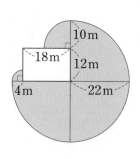

(소가 움직일 수 있는 부분의 최대 넓이)
=(반지름이 22m인 원의 넓이)$×\frac{3}{4}$
  +(반지름이 10m인 원의 넓이)$×\frac{1}{4}$
  +(반지름이 4m인 원의 넓이)$×\frac{1}{4}$
=$22×22×3×\frac{3}{4}+10×10×3×\frac{1}{4}+4×4×3×\frac{1}{4}$
=1089+75+12=1176(m²)

6 원기둥, 원뿔, 구

1 8 cm

밑면의 지름을 □ cm라 하면 밑면의 둘레는 (□×3.1) cm이므로
(원기둥의 전개도의 둘레)=□×3.1×4+14×2,
127.2=□×12.4+28, □×12.4=99.2, □=8입니다.
따라서 밑면의 지름은 8 cm입니다.

2 502.4 cm²

(처음 원기둥의 밑면의 넓이)=5×5×3.14=78.5(cm²)
(새로 만든 원기둥의 밑면의 넓이)=78.5×4=314(cm²)
새로 만든 원기둥의 밑면의 반지름을 □ cm라 하면
□×□×3.14=314, □×□=100, □=10입니다.
(새로 만든 원기둥의 옆면의 넓이)=10×2×3.14×8=502.4(cm²)

3 694.4 cm²

밑면의 반지름을 □ cm라 하면
□×□×3.1=198.4, □×□=64, □=8입니다.
(옆면의 넓이)=8×2×3.1×6=297.6(cm²)
➡ (원기둥의 겉넓이)=198.4×2+297.6=694.4(cm²)

4 149.6 cm

만든 입체도형은 밑면의 반지름이 10 cm인 원기둥입니다.
원기둥의 높이를 □ cm라 하면
원기둥의 겉넓이가 1381.6 cm²이므로
1381.6=(10×10×3.14)×2+10×2×3.14×□,
1381.6=628+62.8×□, 62.8×□=753.6, □=12입니다.
➡ (원기둥의 옆면의 둘레)=(10×2×3.14+12)×2=149.6(cm)

5 990 cm²

(밑면의 넓이)=8×8×3−3×3×3=192−27=165(cm²)
(바깥쪽 옆면의 넓이)=8×2×3×10=480(cm²)
(안쪽 옆면의 넓이)=3×2×3×10=180(cm²)
➡ (입체도형의 겉넓이)=165×2+480+180=990(cm²)

6 5 cm

원뿔의 밑면의 반지름을 □ cm라 하면 (원뿔의 밑면의 둘레)=□×2×3.1(cm)입니다.
(원뿔이 5바퀴 회전한 거리)=(원뿔의 밑면의 둘레)×5=(반지름이 25 cm인 원의 원주)
(□×2×3.1)×5=25×2×3.1, □×31=155, □=5
따라서 원뿔의 밑면의 반지름은 5 cm입니다.

1 6 cm

(원기둥 ㉮의 옆면의 넓이)$=4\times2\times3.14\times12=301.44(cm^2)$
원기둥 ㉯의 높이를 □ cm라 하면
(원기둥 ㉯의 옆면의 넓이)$=8\times2\times3.14\times□$, $8\times2\times3.14\times□=301.44$,
$50.24\times□=301.44$, □$=6$입니다.
따라서 원기둥 ㉯의 높이는 6 cm입니다.

다른 풀이
원기둥 ㉯의 높이를 □ cm라 하면
$4\times2\times3.14\times12=8\times2\times3.14\times□$, $12=2\times□$, □$=6$입니다.

---

2 5 cm

(밑면의 둘레)$=7\times2\times3=42(cm)$
원기둥의 높이를 □ cm라 하면
(원기둥의 전개도의 둘레)$=42\times4+□\times2$,
$178=168+□\times2$, □$\times2=10$, □$=5$입니다.
따라서 원기둥의 높이는 5 cm입니다.

3 706.5 cm²

구의 중심을 지나도록 자르면 단면의 모양은 반지름이 15 cm인 원이고, 이때의 넓이가
가장 넓습니다.
➡ (단면의 최대 넓이)$=15\times15\times3.14=706.5(cm^2)$

서술형
4 1674 cm²

예 (롤러의 옆면의 넓이)$=5\times2\times3.1\times18=558(cm^2)$
(페인트가 칠해진 부분의 넓이)$=$(롤러의 옆면의 넓이)$\times3=558\times3=1674(cm^2)$

채점 기준	배점
롤러의 옆면의 넓이를 구했나요?	3점
페인트가 칠해진 부분의 넓이를 구했나요?	2점

5 24 cm

원뿔을 앞에서 본 모양은 다음과 같은 이등변삼각형입니다.

이때, 나머지 한 각의 크기는 $180°-(60°\times2)=60°$이므로 원뿔을
앞에서 본 모양은 세 각의 크기가 60°로 모두 같은 정삼각형입니다.
➡ (필요한 끈 장식의 길이)$=12\times2=24(cm)$

6 2 cm

(구를 앞에서 본 모양의 둘레)$=$(반지름이 3 cm인 원의 원주)$=3\times2\times3=18(cm)$
원기둥의 밑면의 반지름을 □ cm라 하면
(원기둥을 앞에서 본 모양의 둘레)$=$(직사각형의 둘레)$=(□\times2)\times2+5\times2$입니다.
➡ $(□\times2)\times2+5\times2=18$, □$\times4+10=18$, □$\times4=8$, □$=2$
따라서 원기둥의 밑면의 반지름은 2 cm입니다.

7 48 cm²

만든 입체도형은 왼쪽과 같고 이 입체도형을 회전축을 품은 평면으로 자른 단면은 오른쪽과 같습니다.

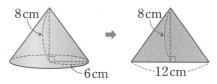

➡ (단면의 넓이)＝12×8÷2＝48(cm²)

8 308.8 cm²

(밑면의 넓이)＝5×5×3.1÷2－3×3×3.1÷2
　　　　　　＝38.75－13.95＝24.8(cm²)
(옆면의 넓이)
＝(바깥쪽 굽은 면의 넓이)＋(안쪽 굽은 면의 넓이)＋(직사각형의 넓이)×2
＝(5×2×3.1÷2)×9＋(3×2×3.1÷2)×9＋(2×9)×2
＝139.5＋83.7＋36＝259.2(cm²)
➡ (입체도형의 겉넓이)＝24.8×2＋259.2＝308.8(cm²)

9 1152 cm²

주어진 직각삼각형을 높이인 16 cm를 기준으로 한 바퀴 돌리면 원뿔이 만들어지고 300°만큼 돌리면 다음과 같은 입체도형이 만들어집니다.

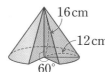

$\dfrac{300°}{360°}=\dfrac{5}{6}$이므로 (밑면의 넓이)＝$12×12×3×\dfrac{5}{6}=360(cm²)$

(옆면의 넓이)＝(원뿔의 옆면의 넓이)×$\dfrac{5}{6}$＋(삼각형의 넓이)×2

　　　　　＝$720×\dfrac{5}{6}+(12×16÷2)×2=600+192$

　　　　　＝792(cm²)

➡ (입체도형의 겉넓이)＝360＋792＝1152(cm²)

한걸음 한걸음 디딤돌을 걷다 보면
수학이 완성됩니다.

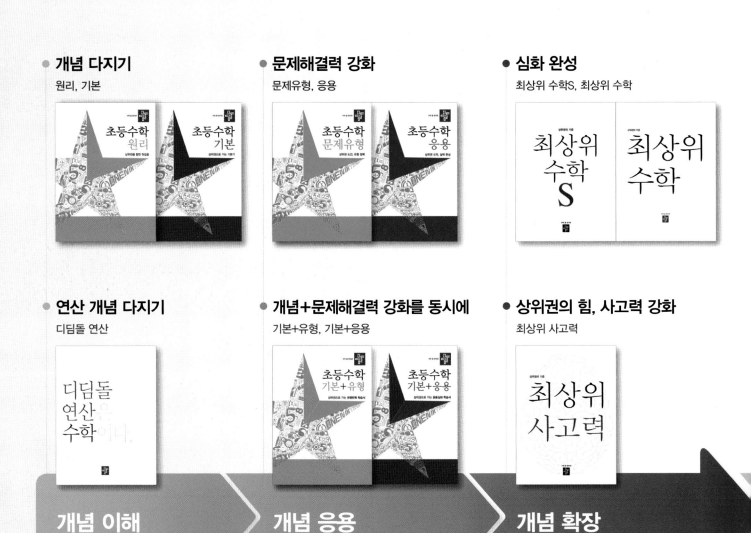

● 개념 다지기
원리, 기본

초등수학 원리
초등수학 기본

● 문제해결력 강화
문제유형, 응용

초등수학 문제유형
초등수학 응용

● 심화 완성
최상위 수학S, 최상위 수학

최상위 수학 S
최상위 수학

● 연산 개념 다지기
디딤돌 연산

디딤돌 연산은 수학이다.

● 개념+문제해결력 강화를 동시에
기본+유형, 기본+응용

초등수학 기본+유형
초등수학 기본+응용

● 상위권의 힘, 사고력 강화
최상위 사고력

최상위 사고력

개념 이해

개념 응용

개념 확장

학습 능력과 목표에 따라
맞춤형이 가능한 디딤돌 초등 수학